西点 ☆ 军校
送给男孩的最好礼物

秦泉 主编

汕头大学出版社

图书在版编目(CIP)数据

西点军校送给男孩的最好礼物/秦泉主编. —汕头：汕头大学出版社，2018.4(2020.6 重印)
ISBN 978－7－5658－3477－6

Ⅰ.①西… Ⅱ.①秦… Ⅲ.①男性－成功心理－通俗读物 Ⅳ.①B848.4－49

中国版本图书馆 CIP 数据核字(2018)第 054083 号

西点军校送给男孩的最好礼物
XIDIANJUNXIAO SONGGEI NANHAIDE ZUIHAOLIWU

主　　编：秦　泉
责任编辑：邹　峰
责任技编：黄东生
封面设计：松　雪
出版发行：汕头大学出版社
　　　　　广东省汕头市大学路 243 号汕头大学校园内　邮政编码：515063
电　　话：0754－82904613
印　　刷：北京楠萍印刷有限公司
开　　本：880mm×1270mm　1/32
印　　张：12
字　　数：260 千字
版　　次：2018 年 4 月第 1 版
印　　次：2020 年 6 月第 3 次印刷
定　　价：38.00 元
ISBN 978－7－5658－3477－6

版权所有，翻版必究
如发现印装质量问题，请与承印厂联系退换

前　言

西点军校，全称是"美国联邦西点陆军军官学校"，它创建于1802年，至今已有200多年的历史。建校之初，西点军校在美国高等工程教育史上被列为第一所工程技术学校。它在19世纪美国引进技术和开展科学技术教育的过程中，起了开创性的作用。后来的数十年，它在美国的土木工程和数学等领域一直居于领先地位。在军事教育实践方面，西点为美国军事教育的发展也提供了成功的经验，在美国军事教育史和军事教育理论的发展上，占有领导和核心地位。它创造了世人为之敬仰的"西点传奇"。

200多年来，西点军校先后培养了五万多名毕业生，还有几乎同样数量的年轻教官们在这里受过锻炼和熏陶。这里新老交替，风云汇集，人才辈出。一直由现役陆军军官担任的校长的军衔，也由最初的少校升为20世纪以来的中将。西点培育了无数英雄、领袖、权贵、战士，使它声名显赫。它的传统、校风、成就和传说使它充满了传奇色彩，可以毫不夸张地说，一部美国历史和一部现代国际关系史，都与这所学校难解难分。

战争年代，西点是美国的神话，英雄从这里走出；和平年代，西点依然是美国的传奇，美国军政要员中竟然有40%以上的人来自这座学府；再俯首今日之工商社会，西点俨然是美国的另一个"哈佛商学院"，多少叱咤经济舞台的风云人物都来自西点。

很多人说："只要在西点成功了，那么到哪里都能成功。"这是对西点军校最高的评价。西点的校训是"责任、荣誉、国家"，西点军校培养的不仅是一名军人，而且是美国社会的精英，这是在它的办学过程中最为引人注目的地方。

怀疑者一定要说它们只不过是几个名词，一句口号，一句浮夸的话，但这些名词的确能做到：塑造你的基本特性，使你将来成为国防卫士；使你坚强起来，认清自己的懦弱，并勇敢地面对自己的胆怯。

男孩，你们在20岁之前，都是父母眼中的孩子。因此，请允许我暂时称你们为：男孩。但我知道，在你们自己的眼中，你们已经是男子汉的预备役，是一个年轻的男人。你们渴望被认同，被理解，被赞美。你们讨厌唠唠叨叨的教条，反反复复的说理让你们困顿烦躁想要逃离。你们需要真正的偶像，渴望知道那些在你们心目中闪闪发光的人物曾经发生过什么样的故事。这里，没有老套的案例，不再提及教科书上念叨的名人。从现在起，翻开本书，与你的父母一起分享英雄的故事，期待榜样的力量！

勇气、荣誉、责任、意志、信念、自制、进取、宽容、谦虚、自信、勤奋、行动、团队合作——这才是男子汉所向披靡的人生武器！

现在，不管你身在何处，欢迎你的心灵加入西点！

2018年4月

目　录

第一篇
西点军校送给男孩的第一份礼物：要保持坚强勇敢

第一章
勇敢者的游戏

优秀是磨炼出来的 / 002
敢于冒险求胜 / 005
勇敢做出决定 / 007
理性的勇气很重要 / 009
没有什么不可能 / 011
永远冲在最前面 / 015

第二章
困难是一笔宝贵的财富

勇敢地"硬干" / 017
困难是为勇敢者准备的 / 021
坦然面对困难 / 025
越危险，越向前 / 029

第三章
恐惧是获得胜利的最大障碍

直面恐惧 / 035

037 / 不让恐惧左右自己

041 / 迈出战胜恐惧的第一步

042 / 打开恐惧虚掩的门

045 / 永不放弃，勇敢向前

第四章

你是自己最大的敌人

048 / 自信是成功的秘诀

051 / 主动进攻，马上行动

057 / 自己才是自己的征服者

063 / 最大的敌人是自己

第五章

成功不需要眼泪

067 / 做人一定要坚强

070 / 做个乐观的人

073 / 成大事者总会满怀希望

076 / "天才"是双倍努力换来的

第二篇

西点军校送给男孩的第二份礼物：要珍惜责任和荣誉

第一章

人生没有任何借口

080 / 不给自己找借口

085 / 借口是失败的温床

087 / 找方法而不是找借口

没有做不到的事 / 090

第二章
捍卫"荣誉准则"

维护自己的荣誉 / 093

视荣誉如生命 / 098

勇于坚持自己的原则 / 100

战斗，为了荣誉 / 102

像珍惜生命一样珍惜荣誉 / 106

第三章
勇于承担属于自己的责任

勇敢地承担责任 / 109

做个有担当的男子汉 / 112

先对自己负责 / 115

责任无处不在 / 119

不许推卸责任 / 125

认清自己的责任 / 129

第四章
诚信是成功的基础

最大的罪恶就是说谎 / 132

诚信是特殊的人格力量 / 135

说到做到 / 139

有诚信才会被人尊敬 / 141

用真诚赢得信任 / 142

第三篇
西点军校送给男孩的第三份礼物：要懂得谨慎自制

第一章
考虑风险后再行动

146 / 在等待中寻求突破

150 / 要有"理性的勇敢"

154 / 耐心会带来胜利

159 / 勇敢前要先沉着

第二章
随时随地保持理智

161 / 学会反省自己的不足

163 / 克制冲动

166 / 保持有分寸的激情

169 / 有勇更要有谋

第三章
学会智慧地"服从"

171 / 一切行动听指挥

173 / 成为权威前先学会服从

177 / 有纪律才能强大

179 / 学会服从与执行

第四章
控制自己才能控制他人

182 / 学会控制自己的情绪

185 / 克制自己是美德

自制力助你安全生存 / 188

控制自己，征服自己 / 190

第四篇
西点军校送给男孩的第四份礼物：要时刻宽容谦虚

第一章
海纳百川，有容乃大

学会宽恕 / 194

不宽恕敌人就会失去朋友 / 196

做人要豁达 / 198

放低自己，接纳世界 / 200

第二章
满足和狂妄是成功的大忌

具有一切从零开始的心态 / 203

勇于面对错误 / 205

完善自我源于谦逊 / 209

永不满足于现状 / 211

第三章
以礼待人的人最受欢迎

礼貌是一种习惯 / 215

成为会关心别人的人 / 216

优雅的举止给人力量 / 218

做一个有礼貌的男子汉 / 221

善良也是一种策略 / 223

第四章

学无止境

227 / 要不断自我提升

230 / 学习要有"挤"和"钻"的精神

233 / 向每个人学习

236 / 学习是一生的事情

第五篇
西点军校送给男孩的第五份礼物：要擅长团队合作

第一章

合作的力量

242 / 携手，难事可成

243 / 靠团队生存

246 / 信任你的"战友"

248 / 竞争的前提是合作

第二章

借助集体的力量解决问题

251 / 集体的力量助你成功

255 / 训练你的团队意识

257 / 团队合作势在必行

262 / 团队合作也需要有技巧

第三章

完美的团队造就完美个人

266 / 拥有团队归属感

把自己融入集体中 / 269
学会分享利益 / 272
有友谊，有忠诚 / 274

第六篇
西点军校送给男孩的第六份礼物：要能够吃苦耐劳

第一章
百炼才能成钢

历经严酷的训练是完善自我的必由之路 / 280
锲而不舍是成功的第一要素 / 282
经受住考验的人才能有大作为 / 285
在逆境中学会坚强 / 288

第二章
勤奋胜于天分

任何时候都不要懈怠 / 296
成功完全是努力的结果 / 299
今日之事今日做 / 303
养成日事日清的好习惯 / 307
立即行动，绝不拖延 / 310

第三章
身体是革命的本钱

坚强的体魄助你成功 / 313
离垃圾食品和饮料远点 / 317
到大自然中呼吸新鲜空气 / 319

321 / 让男孩选择适合自己的运动

322 / 早睡早起,养成良好的作息习惯

第七篇
西点军校送给男孩的第七份礼物:要心怀远大志向

第一章
理想决定发展方向

326 / 用明确的目标点亮梦想的灯塔

329 / 永远都要坐第一排

331 / 心有多大,舞台就有多大

第二章
只有行动才会带来结果

336 / 立即采取行动

340 / 做好正在经手的每件事

344 / 做一个追求结果的人

347 / 甘于做别人不愿意做的事

第三章
有必胜的信念才有胜利的结果

350 / 用坚定的信念创造奇迹

355 / 远大的理想激发无限潜能

362 / 战胜不了别人,至少也要战胜自己

369 / 吃得苦中苦,方为人上人

第一篇

西点军校送给男孩的第一份礼物：要保持坚强勇敢

第一章　勇敢者的游戏

优秀是磨炼出来的

西点人强调的是，在严酷的磨炼中完善自我。机遇之神只青睐于有实力的人，西点精英训练营的课程堪称魔鬼炼狱，任何一位想成功毕业的学员都要经过难以想象的非人磨炼。西点是"炼狱"，任何想成就一番大业的人都能在此锻造自身、迈向辉煌！一大批跨国集团的总裁、征战沙场的将领、指点江山的国家元首就是从西点的"魔鬼训练工厂"走出来的。作为男孩，你要经得起严酷的磨炼。

西点军校的宗旨是为陆军培养合格的人才。它的校训是"责任、荣誉、国家"。通过在学校的教育和严格管理，让学员树立起职业军人所特有的自觉遵守纪律的观念、责任感和荣誉观念。所以学校用各种条令、条例对学员进行严格约束，事无巨细，什么都有规定。在这里既要按军事训练部门下达的任务完成各种军事训练科目，又要学完大学本科的全部课程。由于学习内容多，要求高，学员压力很大，整天紧张地学习、训练，生活很艰苦。

麦克阿瑟就是在这样的磨炼中成长起来的。在西点学习期间，他不以为苦，认为这种磨炼是在为今后承担更艰巨的任务做准备。

在西点军校的4年里，麦克阿瑟在学业上比别人更用功，晚上熄灯号吹响以后，他还点着灯在被窝里看书。由于他记忆力特别好，理解能力强，再加上学习勤奋，所以学习成绩优异，除在3年级时降为第四名外，其他各学年都是全班第一名。他毕业时的总平均分数是98.14分，据说这是25年来学员取得的最高分数。在体育方面，他擅长足球、网球，还是学校棒球队的一把好手，在比赛中经常得分。在军事方面，由于他从小在军营中长大，对各种队列、战术训练科目耳闻目睹，都有一定的了解，有些他还亲自操练过。所以在军事训练中，对各种科目他都很精通，尤其擅长马术和射击，再加上他有组织和领导才能，在校4年中他连续3年都获得了同年级学员中的最高军衔。

勤奋与磨炼使麦克阿瑟成为在西点军校历史上同时获得学员队第一上尉和毕业成绩第一双重荣誉为数不多的人之一。

西点有很多很多的理念，有些内容也可能会遭到批判，但是西点认为对人在恶劣环境中进行培育、锻炼、磨炼，会使这个人以后有很强的抗压能力，这也是西点人成功率高的原因。 对于一个男人、一个未来的英雄来说，完善自我必经严酷的磨炼。

西点强调的是：能够在严酷环境中磨炼自己，就是强者。 因此，男孩要想成长为一个真正的自强不息者，就要敢于经受严酷的磨炼，并且借此机会完善自我。

那么作为男孩应该怎样磨炼自己呢？

1. 在挫折中锻炼承受能力

拥有良好的心态和对挫折的承受力，对个人的发展是非常重要的。习惯的养成总是从小开始，对挫折的承受力也不例外。

现在的独生子女在其成长的过程中，父母总是想尽办法去排除一切干扰，让其健康成长。但缺少甚至没有应激和磨难，适应力从何而来？遇到挫折又怎能输得起呢？应该有意识地培养自己的耐挫折能力，让自己在受挫中长一智，在抵抗挫折中不断成熟。

树立辩证挫折观，对挫折持积极态度。要想培养心理承受力，首先就应该形成对挫折的正确认识和态度。

事实上，挫折和教训可以让自己变得成熟，有助于提高自己对社会生活的适应能力。应该坦然面对现实，意识到成功建立在自己努力的基础上，建立在战胜挫折和失败之上，从而可以正确地面对挫折。

2. 学会化解因挫折带来的痛苦，在痛苦中磨炼自我

不管怎么说，挫折和失败都会带来痛苦，在面对挫折时，往往采用不利的应对方式，表现出焦虑、攻击、退缩、退让、固执等情绪。因此，要采取有效的态度和行为来应对挫折。

能够找到挫折的原因，并总结教训，找到克服挫折和失败的新方法，就等于转移和化解了痛苦，这才是最好的方法。

3. 调整目标，正确认识自我

我们对自己的评价，往往来自周围的人对我们的态度和评价。有时由于对未来充满了期望和幻想，对困难和问题难度的估计往往不足，对自己的能力、特长也缺乏全面的认识，目标定位有一定的盲目性，自我评价偏高。

也正因为如此，有些时候尽管实力稍逊，但仍然保持着高目标、高期望不变。期望越高，由于能力所限而无法达成目标，失

望也就越大，由此而产生的挫折感也就越强。

因此，应该正确地认识自己和评价自己，根据自己的条件，确立适当的目标，并学会在实践中调整自己的目标和行为，这样不失为一种减少挫折压力、提高心理承受力的有效措施。

【西点寄语】

对于一个男人、一个未来的英雄来说，完善自我必经严酷的磨炼。

敢于冒险求胜

西点的新学员训练营中经常弥漫着一股尖锐的杀伐之气。这些年轻的学员在种种场合中个个都想出人头地，崭露头角。棒球赛、跳水比赛、爬杆比赛，就像上心理课程一样，紧张刺激而全神贯注。学长们把课程排得非常紧凑而有趣。每一周都有节目，每一个新学员都要学习如何表现自己，怎样使他人感到快乐，把握自己的个性，使它能吸引众人，争取最能够管理而又最能影响别人的机会与地位。

在这样一个自我激励过程中，所有新学员都在全心全力地表现自我、发展自我。来西点受训的学员能体验到生命的各个方面都充满趣味。还有什么地方更能让他们体会到生命的新境界呢？训练营的格言是："随时随地，表现自我，敢于冒险，倾尽心力！"随着训练项目，他们尽其所能地生活着，光荣地完成训练科目。

对一个奉献自己的西点学员来讲，军人是一项光荣的冒险事业。他们一早从床上跳下来就充满着战斗力，因为只要学员肯对问题采取积极的态度，他的问题就已经解决了一半。只要他使出更大的心力，胜利就会提前到来。

西点学员明白积极进取地生活可以改变人生的面貌。大多数学员学会如何克服忧虑、恐惧，从不害怕生病、苦日子、失败。

事实上，勇气之中就含有忧虑和恐惧成分，关键在于如何去克服它。西点军人的可贵之处就在于他们敢于向忧虑和恐惧进攻，他们善于控制忧虑和恐惧，而不是为其所控制。

每一个人都希望自己成功。问题出在大家都坐等机会来临，机会是不会光临守株待兔的人的，只有积极进取、善于把握机会的人才能抓到机会。

或许你现在坐在椅子上阅读本章时会说："你说得很好，但是我的环境不同，不允许我去冒险。"这种观念就是你最大的敌人。你在这种情形之下，应当冒更大的险，愈是平平庸庸的人生愈需要冒险。你的弱点要靠坚强的行动来治疗它。不妨做些出人意料的事，必要时破窗而出。现在就开始！

西点的冒险精神要求的首先是勇敢精神，但不是盲目冒险。军人首要的是目标明确，在目标的召唤下勇敢地去做、冒险地去做。

毕业于西点的威廉·B.富兰克林说过这样一句话："要求永远不犯错，正是什么也做不成的原因。"因此，需要改掉的是一整套的坏习惯。首先，遇到有小事要决定的时候，像西点军人那样练习"快动作"。强制自己在某几分钟内做决定，决定好了就不要改变。你或许会觉得做这件事太莽撞，太不顾及后果，这种想法正是问题真正所在。事情过了几天，说不定你会意想不到地对自己的决定感到满意。

学习西点军人勇于冒险求胜的精神，你就能比你想象的做得更多更好。在勇冒风险的过程中，你就能使自己的平淡生活变成激动人心的探险经历，这种经历会不断地向你提出挑战，不断地奖赏你，也会不断地使你恢复活力。

西点军人的冒险精神品质实际上是成功必不可少的因素。现在有很多人渴望成功，却非常缺乏这一因素，所以只能看到希望，却无法达到希望。把西点军人当作自己行动的导师，去做自己想做的每一件事，那么成功就会在你脚下。

【西点寄语】

在勇冒风险的过程中，你就能使自己的平淡生活变成激动人心的探险经历，这种经历会不断地向你提出挑战，不断地奖赏你，也会不断地使你恢复活力。

勇敢做出决定

该出手时不出手，究其原因，就是怕犯错，怕"引火烧身"，而这种怕和顾虑却是一个人最大的弱点。

在历届西点军校的课堂上，都会讲到这样一个案例：

> 卡内基是一位身材矮小、相貌平平的青年。一天早晨，卡内基到达办公室的时候，发现一辆被毁的车身阻塞了铁路线，使得该区段的运输陷于混乱与瘫痪。而最糟的是，他的上司、该段段长斯科特又不在现场。
>
> 卡内基当时还是一个送信的，面对此事他该怎么办呢？或者立即想法去通知斯科特，让他来处理；或者坐在办公室里干自己分内的事。这是既能保全自己职业，又不至于冒风

险的做法。因为调动车辆的命令只有斯科特段长才能下达，其他人干了，都有可能受处分或被革职。但此时货车已全部停滞。载客的特快列车也因此延误了正点开出的时间，乘客们十分焦急。

经过认真、反复思考后，卡内基将自己的职业与名声弃之一边，他破坏了铁路规则中最严格的一条，果断地处理了调车领导的电报，并在电文下面签上斯科特的名字。当段长斯科特赶到现场时，所有客货车辆均已疏通，所有的事情都有条不紊地进行着。他起先是吃了一惊，最后他终于一句话也没有说。

事后，卡内基从别人口中得知斯科特对于他这一意外事件的处理感到非常满意，他由衷地感谢卡内基在关键时刻的果敢、正确的行为。

有些孩子会有这样的"谬论"：不做决定，就不会犯错。所以，有的人尽量不去做决定，而且尽量拖延决定，那么他们就不会行动，也就做不成大事；也有的人习惯仓促地做决定，但他们所做的决定大都不成熟，而且往往会半途而废，他们时常在冲动与考虑欠周的行动中自寻麻烦。

一些伟大的人物都是一些果敢决策的高手，即使面对突然变故，仍然镇定自若，该出手时就出手。而有些人则狐疑寡断，怕威胁自己的利益，怕做出错误的决定，怕吉凶难测，怕这怕那，所以他们不敢做出任何决定。这些人的能力并不比别人差，人格也没有什么缺陷，但就是因为优柔寡断、患得患失，导致不能展现自己的优势、发挥自己的潜能，碌碌无为地虚度一生。

记住一句话：世间最可怜的，是那些遇事举棋不定、犹豫不决，经常彷徨踌躇、不知所措的人，是那些自己没有主意、不能抉择、依赖别人的人。这种优柔寡断、意志不坚定的人，也难以得到别人的信任。

那些恐惧自主、恐惧批评、恐惧改变、迟迟不能决定的人，往往会因为犹豫而更加恐惧。所以，如果你想成为一名优秀的男子汉，在该做决定的时候就要勇敢决定！甚至简单到今天要穿什么衣服、到哪儿吃饭、先看哪本书等。在做决定之后，要按部就班地接着做下去，而不是过分担忧会有什么后果。

【西点寄语】
如果你想成为一名优秀的男子汉，在该做决定的时候就要勇敢决定！

理性的勇气很重要

西点的学员非常欣赏古罗马哲学家塞尼卡的一句名言："真正的伟人，是像神一样无所畏惧的凡人。"一个人在任何情况下都勇敢地面对人生，无论遭遇到什么，依然保持生活的勇气，保持不屈的奋斗精神，他就是生活中的强者，一个离成功最近的人。

西点通过一系列军事训练、体育活动，包括惊险的"生存滑降"等，不断激发学员的内在勇气，使他们能够在战争需要的紧急关头，无所畏惧地冲上去。同时，在文化教育过程中，西点着重智力开发、思维训练，不断提高学员认识问题的层次，使他们在有胆中有识，在有识中增胆。

在查塔努加之战中，麦克阿瑟所在团奉命向一座陡峭的高地发起冲锋，因受到猛烈火力的压制而溃退下来。副官麦克阿瑟中尉深知被压在高地上进退维谷十分危险，只有占领高地，才能保存自己。于是，他带领3名掌旗兵突然出现在山坡上，挥旗挺进。第一个士兵倒下了，第二个、第三个士兵也倒下了，这时，麦克阿瑟毫不畏惧地从倒下的士兵手中接过军旗继续前进，并高声呐喊："冲啊！威斯康星！"士兵们怒吼着冲上高地。

胜利了，麦克阿瑟却精疲力竭地倒在地上，烟尘满面，血染征衣。司令官谢里登奔上山顶，一把抱起这位年轻的副官，哽咽着对士兵说："要好好照顾他，他的实际行动真正无愧于任何荣誉勋章。"

看上去，麦克阿瑟在逞血气之勇，实则恰恰相反。他很清楚，若被压制在火力之下，敌人的援军一到他们就彻底失败了，冲上去夺取阵地，抢到先机就能立于不败之地。牺牲在所难免，但这牺牲是必要的、值得的，也是必要的选择。因此，他成了团里的英雄，一年之内连续得到晋升，成为该军中最年轻的团长和上校。此时，他年仅19岁，从"娃娃副官"变成了"娃娃上校"。

勇气很重要，但是理性的勇气更胜一筹，所以我们要把谋略当成勇气的朋友。

标新立异的人从不害怕犯错，更不会因一时的错误就谴责自己。因为他们知道，害怕犯错实际上是一个最大的错误，它制造了恐惧、疑惑和自卑，这可能导致一个更大的错误。

为了培养自己的勇气，我们应当创造条件，了解周围的事物，扩大知识面，积极发展多方面的能力。 从心理学的角度讲，人只是对自己不了解的东西才容易产生畏惧感，所以，我们要通过不断提高知识能力水平来培养自己的勇气，如运动能力、语言能力、交际能力、歌唱能力等的培养。 此外，我们还应当在任何时候、任何条件下都要敢于面对现实。 我们应当明白犯了错误要敢于承认和改正，失败了要敢于再做，对任何事物都要无所畏惧。

【西点寄语】

勇气很重要，但是理性的勇气更胜一筹，所以我们要把谋略当成勇气的朋友。

没有什么不可能

"没有什么不可能"，这是西点人的名言。 西点军校教官鲁斯对学生这样说："'没有办法'或'不可能'对你没有任何好处，它只能使事情画上句号，所以请马上删除这样的想法。 无论遇到什么事情，总有一种最合适的办法。 它使事情有突破的可能，你应该把它加入你的大脑中。"

第二次世界大战后期，盟军发动了一次进攻，当时的盟军统帅艾森豪威尔正在莱茵河附近散步，他遇到了一位看上去心事重重的上尉。"你有什么心事吗？"艾森豪威尔将军问道。

"将军，"那年轻人回答，"我心情很糟糕。"

"是你的士兵让你心烦吗？"艾森豪威尔将军问道。

"不是的,将军,是我的长官,他让我率领少得可怜的士兵执行一个艰巨的任务。我认为这不大可能。"

听到这里,艾森豪威尔将军忍不住给这位年轻的上尉讲述了自己的经历:"当年,我曾率领不到百名士兵攻占敌人的军事重地。在出发前,我也曾经疑虑重重,觉得根本没有可能攻下来。于是,我向长官解释敌人的地形,我军的劣势……但我的长官只说了一句话,'没有什么不可能'。所以,我只能带着军队出发了,在激战中,我军马上就要被击垮了,但我始终记得长官的那句话,最后以不可思议的顽强战斗完成了任务。"

每个人的内心始终存在着两股力量,其中一股是:"我天生是来做伟人的,我应该什么都可以做到";另一股力量却时时在打击我们:"你办不到!"两股力量的斗争在遇到困境与失败时会变得更加激烈。 其实,我们每个人最大的敌人就是自我怀疑和畏惧失败。

"不让恐惧左右自己",这是美国著名将领巴顿用以激励自己的格言。

在西点军校学习期间,巴顿有意锻炼自己的勇气。在骑术练习和比赛中,他总是挑最难越过的障碍和最高的跨栏。在学校的最后一年里,有几次狙击训练时,他突然站起来把头伸进火线区之内,要试试自己的胆量。他为此受到父亲的责备,却总是满不在乎地说:"我只是想看看我会不会害怕,我想锻炼自己,使自己不胆怯。"

巴顿的锻炼,使他的性格变得异常刚毅果断。巴顿在作战中总结出两条成功经验，那就是："果断，果断，永远果断！"和"攻击，攻击，再攻击！"在进攻德军并取得胜利的布列塔尼战役中，他的这种指挥思想得到了充分的体现。在布列塔尼战役中，身为集团军司令的巴顿，命令第八军冒着两翼和后方暴露挨打的危险，向两英里外德军防守的布雷斯特进攻。这使得那些参谋顿生忧愁，认为这是铤而走险的做法。但巴顿认为，战机稍纵即逝，当时德空军已被逐出诺曼底地区，德军大部分装甲部队也被牵制于其他战场无法脱身，故正面之敌实不堪一击，因此要果断进攻，而不能畏缩不前。

巴顿抓住战机，果断地指挥部队快速挺进攻击，使德军措手不及，从而把德军赶出了布列塔尼半岛的内陆，取得了此次战役的胜利。

他的勇猛果断，使他赢得了"血胆将军"的称号。巴顿在"不让恐惧左右自己"这一格言的激励下，实现了自己的雄心壮志。

西点《学员祷词》中有一句话："竭力鞭策我们在生活急流中勇进。"这是对上帝的请求，也是对人生的标示。西点的用意在于，培养学员永远进取、永不畏惧，挑战一切别人看起来不可能的事情，为国家和民族多做贡献的品格。

困难可以克服，敌人可以打倒，关键是要具备迎难而上的勇气。勇敢面对一切挑战的人，是勇敢的人，也必定是有决心和方法的智者。他懂得冷静思考，懂得寻找一个最为缜密、保险的方法攻克一切。每当攻克一个困难，他的脚底便会多一块走向成功的垫脚石。一个逃避困难、不敢面对挑战的人，很难让人相信，他会真正担当什么责任。

每个人一定要树立这样的观念：承担责任光荣，推卸责任可耻；迎接挑战光荣，规避风险可耻。我受到的挑战越大，承担的责任越大，说明我的能力越强，我今后的机会就越多。很难想象一个不敢迎接挑战、不能承担责任的人会有好的发展前景。

有时候，困难与挑战并非来自外部，而是来自自己。我们习惯了以往的方法与模式，但恰恰是这些麻痹了我们的神经，让我们放松了警惕，丧失了迎接困难、挑战自我的勇气与能力。优秀的男孩不仅要随时准备应对来自外部的压力与挑战，还要保持清醒的头脑，不断挑战自我，学会逆风飞翔。

亨利·福特准备制造V-8汽缸引擎时，交给他的工程师去设计，要求把8个汽缸放在一起。图纸很快画出来了，但是工程师们却异口同声地说："8个汽缸放在一起，是根本不可能的事情。"

"天下没有办不到的事，无论如何要做出来。"福特没有理会他们。

"但是，那真的是不可能的啊！"工程师们坚持说。

"现在就动手去做，不论花多少时间，都必须完成。"福特没有妥协。

工程师们只得着手去做。因为他们知道福特的脾气，不按他的话去做，就会丢掉饭碗。过了半年时间，一点动静也没有。然后又过了半年，还是没有一点进展。工程师想尽了一切办法，都没有成功，很多人都想放弃了，只是不敢提出来。接着，又过了一年，工程师实在没有办法了，来到福特面前，说："那根本是不可能的。"

"继续做！"福特的口气没有丝毫商量的余地，"我要8

汽缸引擎，一定要做出来！"

工程师们只好再次动手做起来，这一回，他们想到办法了，并很快做了出来，V－8汽缸宣告诞生。

美国著名钢铁大王安德鲁·卡内基在描述他心目中的优秀员工时说："我们所急需的人才，不是那些有着多么高贵的血统或者多么高学历的人，而是那些有着钢铁般的意志，勇于向工作中的'不可能'挑战的人。"这是多么掷地有声、发人深省的一句话啊！挑战的最高级别便是挑战自我、挑战已有的成功，把"不可能"的事情变成可能。每一个希望获得成功的男孩，都应该把这句话铭记在心！事实上，我们每个人的身上都蕴含着极大的能量。勇于向不可能的任务挑战，有利于我们不断打破自我限制，充分发挥出自我潜能。

【西点寄语】

勇敢面对一切挑战的人，是勇敢的人，也必定是有决心和方法的智者。

永远冲在最前面

西点军校1933届毕业生布莱德利有一句名言："微笑面对死亡的勇士将不会畏惧任何危险，勇气会贯穿他们的一生，牺牲是他们战胜一切困难的武器。"

不管是高举着红旗跑在最前面的人，还是吹响冲锋号时最先跃出战壕的人，不管是抢在前面接受挑战的人，还是站在游行队伍最前面的人，他们都是值得人们为之欢呼和崇敬的人，他们都是勇敢无畏的人。

谁都知道冲在前面是危险的,而正因为危险,所以冲在前面的人才更具有勇敢精神和牺牲精神,更令人钦佩。但是,冲在前面的人也会最先尝到胜利果实,最先享受成功的喜悦。

来自西点的精英们同样是冲在前面的人,他们在战斗中冲在队伍的前面,也鼓励、号召年轻人勇敢往前冲。

在西点,凡是遇到两军对阵的训练,学长们总是冲在最前面。尽管这是最危险的位置,但对西点学生来说,这是一个象征荣誉的位置。恺撒说:"如果我是块泥土,那么我这块泥土也要预备给勇士来践踏。"

西点学生明白,具有勇敢精神往往能使平凡的人做出惊人的事业来。胆怯和意志不坚定的人即使有出众的才干、优良的天赋、高尚的性格,也难成就伟大的事业。

在西点,军人非常清楚,他们的成就绝不会超出其勇敢精神所能达到的高度。假如拿破仑在率领军队翻越阿尔卑斯山的时候,说"这件事太冒险了",那么,拿破仑的军队是永远不会越过那座高山的。所以,西点新生被灌输着这种冒险意识,无论做什么事,都争取冲在前面,只有冲在前面,你才会赢。

西点军人尊敬勇者,更敬佩冲在最前面的人。没有要冲在最前面的意识的人,势必会成为战场上的逃兵、生活中的失败者。

"永远冲在最前面"是一种积极的态度,是一种敢为天下先的勇气。面对危险,胆小鬼掉头逃跑,勇敢者却选择向前。

【西点寄语】

"永远冲在最前面"是一种积极的态度,是一种敢为天下先的勇气。面对危险,胆小鬼掉头逃跑,勇敢者却选择向前。

第二章　困难是一笔宝贵的财富

勇敢地"硬干"

"要迅速、无情地、勇猛地、无休止地进攻！"这是1909年西点军校毕业生巴顿将军的名言。在西点教育中，一直强调的就是勇敢无畏，战胜一切困难。西点军校认为，人的勇气和胆识是在无路可走时被逼出来的，是在屡战屡败中锻炼出来的，也是自己给自己灌输出来的。鼓足勇气，直面困难，你会发现自己抵抗逆境的力量其实也很强。因此，要想困难躲着你，男孩就要敢于"硬干"。

罗伯特·爱德华·李是美国内战中南方的著名将领，从西点学校毕业后，李将军曾驻防于格鲁吉亚州考克斯珀岛上的普拉斯基堡7个月。1834年至1837年间，李在位于华盛顿的工兵总司令部担任助手。1837年，他接获平生第一个重要任命，担任工兵中尉，监督圣路易斯港以及密西西比河上游与密苏里河工程。其成果使他得以升为上尉。

在参加攻打墨西哥的部队时，李还只是一个低级军官，他的上司就是温菲尔德·斯科特。斯科特的计划是从海上首先攻打维拉克鲁斯城，拿下这个据点之后再从内陆直插墨西哥城，尽管李不太同意上司的想法，但毕竟孤军深入是兵法大忌，他也没什么办法能让自己的上司改变主意，不过这一切幸好都顺利，只是李对于那些在战争中受到伤害的墨西哥妇女与儿童感到难过和不安。

当时墨西哥军队总司令桑塔·安纳认为，美国军队在进入墨西哥境内之后，很快便会遭受到当时在军队中普遍流行的黄热病的打击，抱有轻敌思想的墨军总司令把他最重要的炮火力量部署在维拉克鲁斯和墨西哥城之间的国家公路上，显然这是兵家大忌。

在斯科特的同意下，李只身一人前往这条国家公路附近察看地形，并寻找出了一个可以对这个墨西哥炮兵阵地进行彻底摧毁的地点。

尽管这是一条国家公路，但是由于地形曲折复杂，李的行程并不顺利，几次都差点儿被墨西哥的巡逻队伍给发现。好在机灵的他始终能够及时发现危险并躲开。这一路尽是森林和灌木丛，虽然路不好走，但也适合隐蔽。

出发后的第二天下午，李来到了距离墨西哥阵地非常近的一片灌木丛中。就在他全神贯注地观察对方的部署时，突然他听到后面有说话的声音，那声音很大，说的是西班牙语。很显然正在靠近他的是对方士兵。不过还好，那些士兵没有发现他，好险。

李顺势躲在一根大的木头下面，两个墨西哥士兵越来越近了，最后竟然在他藏身的木头上坐了下来，一边聊天一边抽烟。这一坐就是好几个小时，两个墨西哥士兵或许是太累了想多休息一阵子，不过这就苦了李了，热带灌木丛里的蚊子猖獗，但是他却不得不忍受着。

过了几个小时，天都快黑了，这两个墨西哥士兵终于走了。李终于从木头底下爬了出来，他来不及休息便连夜返回驻地，向斯科特汇报了这一行的收获。

现在美军可以站在附近的山头上俯瞰墨西哥城，斯科特命令部队将该城层层包围起来，准备对墨西哥城发起最后的冲击。

墨西哥战争之后，罗伯特·李迅速得到晋升。1852年他开始担任西点军校校长，并且将西点军校经营得非常出色。

西点军校的学生毕业时，分配到什么国家或是哪个师自然是个大问题，但是学生们绝对不崇尚好逸恶劳，他们通常是哪里强者多困难大就选择去哪里。他们坚信，要想困难躲着你，就要敢于"硬干"。

爱尔兰著名的诗人和小说家克里斯蒂·布朗，自出生时便患上了严重的大脑瘫痪症，直到5岁时，他仍然不会走路，不会说话，头部、身体和四肢都不能自由活动，只有一只左脚能够活动。在5岁那年，他第一次用左脚夹起粉笔在地上写字，从此开启了他生命的另一扇窗。随着年龄的增长，布朗不仅学会了写简单的英文，而且他还以坚强的毅力学会了用左脚画画、打字，还逐渐开始尝试着写小说和诗歌，并成为他每天必做的事。在他21岁那年，终于发表了自己的第一部自传体小说《我的左脚》；16年后，他又出版了另一部自传体小说《生不逢辰》。不久，这本小说便成为国际畅销书，有15个国家出版了他的作品，还被摄制成电影。

找借口的实质是推脱责任，西点军校强化的是每一位学员都要想尽办法去完成任何一项任务，而不是为没有完成任务去寻找借口，哪怕是看似合理的借口。

作为男孩，就要敢于肩负起责任，做到凡事积极解决，凡是做不好的事，都不要找借口来敷衍和推脱。无论遭遇什么样的困难，都必须对自己的一切行为负责！

正如同西点著名校友、美国前国务卿黑格所说的那样："重要的不是到底面临怎样的困难，而是你如何对待它们。"男孩要想勇敢面对困难，就要大胆采取行动，客观地检讨自己行动背后成功或失败的原因，汲取经验然后继续前进，这才是勇者的道路。

怎样做才能让自己敢于面对困难呢？

1. 要正确认识困难，从小培养自己勇敢面对困难的能力

男孩的成长过程，本身就是一个不断地遇到困难，进而克服困难的过程。对于一些摔倒、磕碰的小意外，应当把它们当作生活中很自然的事情去看待。只有这样，才会弱化对困难的恐惧，才会在困难面前坚定信念，并勇敢地面对。

2. 以同龄人为榜样

同龄人之间的相互模仿力很强，要多向同龄人学习，培养勇敢面对困难的信心。

在榜样的影响下，会慢慢增加锻炼勇气的信心，在一次次战胜困难后，战胜困难的勇气就会增加了。

【西点寄语】

人生就是一个不断遇到困难、克服困难的过程，要有坚定的信念，敢于面对生活中的各种困难，以高涨的积极性迎接每一次挑战，坚持自己的志向。

困难是为勇敢者准备的

困难是什么？在西点军校毕业生，美国军火大亨亨利·杜邦看来，困难是让弱者逃跑的噩梦，但却是让勇者前进的号角！不仅亨利·杜邦这么认为，所有西点学员也都这么认为，他们相信困难能让人成长，让人更坚强，从而更容易接近成功。

要论困难多，强者多，非美国陆军的两大王牌精锐部队——第82空降师和第101空降师莫属。就是因为这两个师强者如云，需要大家时时刻刻都做好接受最艰巨任务的准备，所以，它们成了那些梦想成为元帅的西点优等生最向往的地方。如果能够在这里取得成功，就意味着他们也成了美国陆军军事行动主力中的一分子，预示着一个又一个年轻军人即将走向事业的巅峰。

与此不同的是，驻日美军的生活条件非常优越，据说驻日美军的住宿娱乐和办公服务设施都是第一流的，而且经济条件和生活环境都好得难以想象。尽管如此，大多数西点毕业生都不会将目光聚焦于此。

西点人之所以会选择困难，因为他们勇敢，他们想要在困难的磨炼之下不断前进，最终取得成功。其实，那些在我们看来，叱咤风云、所向披靡的将军，都是伴随着困难和挫折成长起来的。著名的麦克阿瑟将军曾经说过："我出来了，但是我将回来。"这是他一生之中最具号召力的一句话，也是他面对困难时吹响的最强劲的号角。

当太平洋战争爆发时，麦克阿瑟在菲律宾担任美军总司令，率领美军抗击日本军队。然而，最终他们没能抵挡住日军的攻击，罗斯福总统只能命令他撤离菲律宾。面对这样的挫折，麦克阿瑟一时间无法承受。于是他找出了父亲留给他的手枪，决定在关键时刻与菲律宾共存亡。没过多久，罗斯福总统不间断地给麦克阿瑟发电报，要求他立刻撤离，并答应他到澳大利亚任总指挥，重新组建军队进行反攻。最终，麦克阿瑟无奈地撤离了菲律宾。同年，美军缴械投降，日军占领了菲律宾全境。

对于菲律宾战役的失败，麦克阿瑟将军在回忆录中曾经这样说道："我从没想到，美军历史上最庞大的一次缴械投降就发生在我的手中。"

尽管，此次战役最终以美军惨败告终，但是麦克阿瑟并没有选择自杀，更没有选择退缩畏惧，而是在人生中最大的困难和挫折面前，他勇敢地吹响了前进的号角，当他撤退到澳大利亚时，他对媒体说："我出来了，但是我将回去！"

胜利永远属于那些迎难而上的人，麦克阿瑟兑现了自己的承诺，当他重新率领28万大军再次登陆菲律宾时，他向菲律宾乃至全世界庄严宣告："我——美国陆军五星上将道格拉斯·麦克阿瑟回来了！"

面对强大的困难和挫折，麦克阿瑟没有轻言放弃，而是带着勇敢无畏的精神奋勇前行。对于一个真正的勇者来说，勇敢面对困难，客观检讨自己失败的原因，大胆采取行动，争取成功，是最正确的选择。

应该说，每一个西点人都具备这种直视困难的勇气和决心。

美国心理学家曾经选取 150 名西点军校的优秀毕业生进行分析研究，发现他们身上具备三种优秀的品格：性格坚韧、为目标执着奋斗、自信。这些优秀的品格都是西点学子克服困难的勇气、自信和决心的表现。

因此，生活需要你像西点人一样拥有克服困难的勇气和决心。要知道，对于一个百折不挠的人来说，愈是恶劣的环境，反而愈能让其奋勇前行，不战栗不惧怕，嘲笑任何阻碍。

约瑟夫·林肯曾说："困难对于人们会产生不同的作用：正像炎热的天气，可以使牛奶变酸，却能使苹果变甜。"的确如此，困难可以使人沉沦，也可以催人奋进；可以使人浑噩，也可以让人聪慧；可以使人贫困，也可以助人富有——全在于你如何对待。

在《启示录》中有这样一句话："勇于克服困难的人。我邀请他与我共享荣耀。"而在西点，同样有这样的认知：唯有那些能战胜逆境，从逆境中奋起的人才能走向成功，才能得享成功的荣耀。

正是基于这样一些认知，西点不允许学员被逆境打倒，不允许学员成为被逆境击垮的弱者。它要求学员直面逆境，勇敢地向逆境宣战。而在西点的教育之下，西点的学员一个个成为了战胜逆境的强者，以至于他们敢自豪地告诉全世界的人：在西点面前，没有逆境、没有失败，更不会被一切困难打倒。

美国内战时期，发生过这样一件事：

在南方的一个庄园里，庄园主手里拿着皮鞭正在向黑奴们交代要完成的活计，这时有一个黑人小姑娘站到了庄园主的面前，庄园主问她："你站在这里干什么？"小姑娘回答说："我妈妈让我向你要一块钱。"听了这话，庄园主没有搭理她而是挥手让奴隶们都去干活。

当奴隶们都离开的时候,小姑娘并没有走开,这时庄园主有点发怒了,自然地举起了皮鞭,对着小姑娘怒吼道:"你也给我走。"可是,出乎他意料的是,小姑娘非但没走,反而又向他跨进了一步,并大声说道:"我说了,我妈让我向你要一块钱,在我拿到钱之前,我是不会走的。"庄园主被小姑娘的勇气惊呆了,他已经举起的皮鞭无力地落了下来,并鬼使神差般地从腰里掏出一块钱,送到了小姑娘的手中。

要达到目的就要勇往直前,要不怕任何困难和险阻,而一旦在困难与险阻面前永不退缩,再大的困难、再苦的逆境也会被克服。可以说,这个黑人小姑娘给我们很好地上了一课。

人生之路,漫漫修远,根本不可能一帆风顺,难免会遇到这样那样的挫折、磨难、不幸,甚至失败。那么,男孩们,当你遇到逆境的时候,比如竞选班干部失败、评选优秀学生落选、考试成绩不理想……你是退缩,还是迎难而上?是逃避,还是勇敢面对?

大凡铸就辉煌绚丽人生的人,都选择了迎难而上和勇敢面对。

贝多芬,这位伟大的音乐家,他的许多乐曲为后人所称赞,而他生前的生活并不尽如人意,生活上的困苦、双耳失聪的疾病都给他以沉重的打击。然而,面对如此巨大的苦难,他没有低头,而是勇敢地向逆境宣战,用自己的双手"扼住了命运的喉咙",创作出了举世闻名的《命运交响曲》。

前苏联"火箭之父"奥尔科夫斯基10岁染上了猩红热,

失去听力。更不幸的是，他妈妈在不久后也去世了，他陷入了极大的痛苦中。这时，父亲告诉他："孩子，要有志气，靠自己的努力走下去。"年幼的奥尔科夫斯基从此开始了自学之路。由于他始终如一地勤奋学习，刻苦钻研，终成为了一名伟大的科学家。

男孩们，不妨想想这样一个简单的问题：如果贝多芬和奥尔科夫斯基在遇到逆境的时候选择了逃避和退缩，他们日后还会取得辉煌的成就吗？其实答案再明显不过了，这是不可能的。

年轻但却意志坚定的男子汉，你要知道，在西点学子眼中，困难越大，就越要去征服。这样的成功虽然来之不易，但它却尽显了英雄的本色，这是他们最渴望得到的结果。因此，年轻人，如果你相信自己是一把刀，那就要相信困难和挫折是一块不可或缺的磨刀石。磨的次数越多，你才会越锋利。在困难面前，吹响前进的号角，你就是未来的英雄。

【西点寄语】

只有经历了逆境的锤炼，一个人才能真正走向成功。只有那些没有被不利与艰难遭遇打垮的人，那些面对困难依然百折不挠的人，才是真正的强者。

坦然面对困难

在生活的道路上，极少有人是一帆风顺的，都会遭到这样或那样的挫折和困难。有的人在逆境中奋起，做出惊人的成绩，也有的人没有勇气正视人生，沉沦下去，颓废一生。如果我们转换一种思路，既然困难不可避免，那么我们何不坦然面对困难，去征服困难呢？渴望成功的男孩们，应具备这一心态并做好征服困难的准备，这是你们走好人生路的热身运动。

西点军校前校长伊·L.班尼迪克说："遭遇挫折并不可怕，可怕的是因挫折而产生对自己能力的怀疑。只要精神不倒，敢于放手一搏，就有胜利的希望。"的确，困难是对成功者的考验，任何重大的成功往往要经过一波三折方可获得。镭的发现者，玛丽·居里在研究的过程中也是充满了挫折，兄弟、丈夫在试验中丧生，家庭经济因为试验而捉襟见肘，一次又一次的失败、一次又一次的挫折打击着她，但她没有放弃，没有沉沦，而是在一次又一次的挫折中奋起，最终发现了镭，获得诺贝尔奖，同时也造福全人类。

挫折也能磨炼一个人，使一个人逐渐走向成熟。著名作家史铁生，因病致瘫。开始时，他恨过，也怨过，甚至想到过放弃生命，对生活满心怨愤，脾气也非常暴躁。但最终他还是坚持住了，并且成熟了，他在作品《病隙碎笔》中记录了自己在困厄之中的陷落与自救——那是一种不折不扣的自救，"有一天，我认识了神，在科学的迷茫之处，在命运的混沌之点，人唯有乞灵于自己的精神，不管我们信仰什么，都是我们自己的精神的描述与引导"。在这种精神的引导下，他勇敢地面对挫折，把挫折当成财富，当成上帝对他的垂爱，经过努力，他终于成熟，成为大作家。

而最重要的是，困难是无法避免的，任何惋惜与沉沦都改变不了现状，而唯有征服可以有所改变。

一位很有名气的心理学教师，给学生上课时拿出一只十分精美的咖啡杯。当学生们正在赞美这只杯子独特的造型时，教师装出失手的样子，咖啡杯掉在水泥地上摔成了碎片，学生们发出了惋惜声。教师指着咖啡杯的碎片说："你们一定对这只杯子感到惋惜，可是这种惋惜也无法使咖啡杯再恢复原形。今后在你们生活中发生了无可挽回的事时，请记住这只破碎的咖啡杯。"

这是一堂很成功的素质教育课。

荷兰阿姆斯特丹有一座15世纪的教堂遗迹，有这样一句让人过目不忘的题词——"事必如此，别无选择"。

命运中总是充满了不可捉摸的变数，如果它给我们带来了快乐，当然是很好的，我们也很容易接受。但事情却往往并非如此，有时，它带给我们的会是可怕的灾难，这时如果我们不能学会接受它，如果让灾难主宰了我们的心灵，那生活就会永远地失去阳光。

任何一个男孩迟早都要接受困难的考验，而你们每个人迟早要懂得这个道理，那就是我们只有接受并配合不可改变的事实。"事必如此，别无选择"，这并非一件容易做的事情。即使贵为一国之君也不能不经常提醒自己。英王乔治五世在白金汉宫的图书室里就挂着这样一句话："请教导我不要凭空妄想，或做无谓的怨叹。"哲学家叔本华曾表达过相同的想法："逆来顺受是人生的必修课程。"

有这样一个故事，说的是一个伟大的苏格兰国王罗伯特·布鲁斯以蜘蛛为榜样，从而回到了他自己的王国。这个可怜的国王被可恶的叛徒驱逐而离开自己的王国。他不断努力，想要把他的王国夺回来。他打了许多仗，却一次又一次地被击败。他开始认为这一切都是白费力气。他想放弃，不再奋斗。就在那时，有一天清早他醒来，躺在床上，看见一只蜘蛛在结网。这只蜘蛛正要把一根丝从屋子的一头牵到另一头。它试了12次，12次它都失败了。12次丝断，它掉到地上，12次它又爬起来再试。它不肯放弃，而是坚持了下来。第13次它终于成功了。国王看到这一切，就对自己说："为什么我不努力坚持回到我的王国？虽然我失败了这么多次，谁敢说我最后不能成功？"他振作精神，再次努力，终于打败了仇敌，获得了成功，重新统治了他的王国。

一只小小的蜘蛛让国王罗伯特·布鲁斯重拾信心。同时，这只小小的蜘蛛也告诉所有处于困难中的男孩，困难已经产生，何不坦然面对，然后以顽强的意志力战胜它。

可能有些男孩会怀疑自己的能力：我能成功渡过困难吗？而在西点军校，任何学员的字典里都没有"不可能"三个字，工程学家乔治·S.格林说，"'可能'只存在于你的心中，只要你能超越自己的心理极限，你就会发现做什么事情都会变得游刃有余。正是这一点成就了百年西点"。

那么，男孩们该如何征服困难呢？

1. 不找任何借口，而要总结经验教训

有时候，可能一次可怕的遭遇会使我们备受打击，认为未来都失去了意义。在这种情况下，我们必须让自己相信：灾难中也常常蕴含着我们未来的机遇。但前提是，在既成事实面前，你要懂得反省，懂得总结，只有这样，你才能不断前进，征服困难。

2. 不妨拼一拼

年轻就是资本，坎坷也好，挫折也罢，你不仅需要一份坦然的心态，更需要一份拼搏的勇气。挫折并不可怕，关键是你以什么样的态度面对。每一次的跌倒，你都可以重新爬起来，总有一天，困难会被你踩在脚下。

【西点寄语】

即使是灾难也不足以让我们垂头丧气。因为垂头丧气无济于事，而唯有勇敢面对，迎接困难并征服它，我们才有出路！

越危险，越向前

勇敢就是在面临危险的时候毫不畏惧，就是客观评估风险之后的果断行动，就是在困难面前绝不后退，就是在狂风暴雨里始终走在最前面。这是一种积极的态度，是一种敢为天下先的勇气。当胆小者掉头逃跑了的时候，勇敢者选择的却是越是危险越向前。

人的一生中不可能一帆风顺，不遇艰难险阻。问题是，有的人在面临困难时，无所畏惧，百折不挠，将困难视为生活中的一种考验，并从中锻炼自己的意志力；而有些人在遇到困难时，首先就会畏惧退缩，并且抱怨，他们把困难当作一种无法逾越的障碍，没有克服困难的意志力。一个不成熟的人随时可以把自己与众不同的地方看成是缺陷，是障碍，然后期望自己能享受特别的待遇。成熟的人则不然，他们先认清自己的不同之处，然后看是要接受它们，还是应加以改进。

美国南北战争时的名将格兰特有"战场上的想象大师"之称，他创造了无数影响后人的经典战役。在维克斯堡战役中，格兰特曾经历两次失败，但他没有气馁，而是再次进行了精心策划。格兰特在仔细地研究过地图，聆听过大家谈论维克斯堡后，对部下说出了他决定再次攻打维克斯堡的意图。大多数人都反对他再这样做，说他的计划太冒险了。他们说，格兰特的计划会毁掉北方打胜这场战争的全部可能性。但是，格兰特还是出兵来到密西西比河西岸，从维克斯堡城前经过。他让部队在城南的一个地方乘上炮舰，渡过了河。部队在东岸登陆，在司令官的催促下，向内陆突进。为了闪电般地袭击敌军，任何非必需的物品都不准携带。格兰特本人只带了一把梳子和一柄牙刷，没有替换的衣服，没有毯子，甚至没有坐骑，军队从维克斯堡南面向内陆进发。格兰特在城北的活动已经麻痹了南方军，他们不明白他在要塞南面登陆的用意。南方军指挥官慌忙南下，想摧毁格兰特的给养线，却发现根本没有什么给养线。因为格兰特违背了一条基本的作战原则：进攻部队的活动不能脱离掩护得很好的给养基地。他完全不受条条框框的约束，他以这片土地为生，一边前进，一边就地征集他所需要的食物和马匹。这场战役的胜利改变了南北双方力量的对比，是使北方走向胜利的转折点。

莎士比亚说:"本来无望的事,大胆尝试,往往能成功。"大胆尝试常常会带给你更多的机会。在困境中,不要把自己当作老鼠,否则肯定会被猫吃掉。

人生充满了各种各样的困境,贫穷就是其中之一。美国总统赫伯特·胡佛是爱荷华一名铁匠的儿子,后来又成了孤儿;IBM的董事长托马斯·沃森,年轻时曾担任过簿记员,每星期只赚两美元。但是贫穷并没有成为他们成功的障碍。他们把所有的精力都用在工作上面,因此,根本没有时间去自怜。

有时这种困境表现为疾病,或者某种身体的缺陷。罗伯·路易·史蒂文森,他一生多病,却不愿让疾病影响自己的生活和工作。与他交往的人,都认为他十分开朗、有精力,并且他所写的每一行文字也充分流露出这种精神。正是由于他不愿向身体的缺陷屈服,因此,他的文学作品更精彩,更丰厚。

有个男孩,长得十分高大英俊,就是自小患有口吃的毛病。他在学校里的成绩一向很好,也很受同学们欢迎。从小学开始,他的父母就为他找过许多心理专家和口吃治疗专家来帮忙,却都没有什么成效。

一天,男孩回家兴致勃勃地告诉父母,说他将代表全体毕业学生在毕业典礼上致辞,并开始着手准备演讲稿。男孩的父母也提供不少意见帮助他准备,但一直都没有提到该如何在演讲时避免口吃这个毛病。毕业典礼的当天晚上,男孩起立,开始发表演讲。他站得挺直、端正,会场观众都鸦雀无声地注视着他,因为许多人都知道男孩患有口吃的毛病。男孩一开始讲得很慢,但很有信心,接着便很顺利地把15分钟的演讲说完，没有丝毫停顿或含混不清的地方。等他演讲完，全场报以热烈的掌声，因为大家都知道，这男孩患有口吃，而他却克服了自身的缺陷，将演讲进行得如此完美。

历史上还有着无数克服自身困难与缺陷而取得伟大成就的光辉事迹。贝多芬30岁便失去了听觉，耳朵聋到听不见一个音节的程度，但他仍为世界谱写了宏伟壮丽的《第九交响乐》。托马斯·爱迪生是个聋子，他要听到自己发明的留声机唱片的声音，只能靠用牙齿咬住留声机盒子的边缘，通过头骨受到震动，才得到声音的感觉。

美国科学家弗罗斯特教授不屈不挠地苦斗了25年，硬是用数学方法推算出太空星群以及银河系的活动、变化规律，他是个盲人，看不见他终生热爱着的天空。英国辞典编纂家塞缪尔·约翰生视力衰弱，但他顽强地编纂了全世界第一本真正堪称伟大的《英语词典》。英国大诗人密尔顿最完美的杰作也是诞生于他双目失明之后。达尔文被病魔缠身40年，可是他从未间断过对改变整个世界观念的科学设想的探索。爱默生一身多病，包括患有眼疾，但是他留下了美国文学史上第一流的诗文集。查尔斯·狄更斯，病魔没有一刻离开过他，却正是他在小说中为世界创造了许多最健康的人物。莫里哀有肺结核，米开朗琪罗肠功能紊乱，易卜生有糖尿病……或许你对这些都不屑一顾，你会觉得自己也可以轻而易举地克服，那么下面的例子你一定会感动。

埃及著名文学家塔哈·侯赛因，号称"阿拉伯文学之柱"，他代表了20世纪30年代以来阿拉伯文学的新方向。但就是这样一位伟大文豪，竟是一位双目失明的人。塔哈由于患眼疾，在三四岁时就双目失明。但性格倔强的小塔哈，没有向命运屈服，他以惊人的毅力，顽强地闯出了一条光明之路。他刻苦认真地学习，课余时间从不荒废。他经常到邻居中间，学习来自民间的淳朴、生动的语言。他听别人朗诵诗歌，就默默在心里记下，并请别人帮助自己朗读。这一切为他进入大学进一步深造打下了坚实的基础。塔哈凭着自己的努力，进入了著名的埃及大学，毕业时获得了埃及历史上第一个博士学位，并得到国王的亲准，到法国巴黎留学，后又获法国的博士学位。

塔哈通过个人不懈的努力和奋斗，为阿拉伯文学宝库留下了不朽的伟大诗篇。

困难并不能成为借口。贝多芬说过"我要扼住命运的咽喉"，命运其实掌握在自己手中，只要凭着坚强的意志力和无比的勇气，就一定能克服困难，成就伟业。和困难一样，逆境也不应成为成功的阻力。"自古英雄多磨难，从来纨绔少伟男"说的就是逆境造就人才，许多家境贫寒、环境不利的人，都能通过自己的努力奋斗而最终取得成功。

逆境是把双刃剑，它既能使人坚强，也能使人脆弱，从来没有人能在经历逆境后而毫无改变。只是有的人能够战胜和超越逆境并站立起来，而有些人则被逆境击垮。在逆境中站起来的是强者，正如鲁迅所说："真的猛士敢于直面惨淡的人生，敢于正视淋漓的鲜血。"古今中外，强者战胜逆境的感人事迹不胜枚举，而被逆境击垮的则是弱者。弱者在逆境面前只看到困难和威胁，只看到所遭受的损失,只会后悔自己的行为或怨天尤人,因而整天处于焦虑不安、悲观失望、精神沮丧等情绪之中;而强者却能战胜逆境,坚持到最后。

逆境不会持久,而强者必将胜利。逆境,是阻止人前进的阻力,同时也是造就强者的动力。萧伯纳对那些时常抱怨逆境的人很不耐烦。他说:"人们时常抱怨自己的环境不顺利,使他们没有什么成就。我是不相信这种说法的。假如你得不到所要的环境,可以制造出一个来啊!"面对困难与逆境,我们要勇敢出击。

【西点寄语】

逆境不会持久,而强者必将胜利。逆境,是阻止人前进的阻力,同时也是造就强者的动力。

第三章　恐惧是获得胜利的最大障碍

直面恐惧

西点军校出来的人，大都非常自信，除了出身西点的荣耀让他们自信之外，他们更相信自信的力量。

在面对信心的死敌——恐惧的时候，西点军校一位著名校友曾说："不正面迎向恐惧，就得一生一世躲着它。"只有直面恐惧，才不会心有恐惧。

"西点军校史上最英俊的学员"麦克阿瑟就是一个没有畏惧心理的人，在把德军从奥尔克河赶走的过程中，他在雨夜里身穿大衣、头戴钢盔冲在84旅的前方，以这种方式带兵作战的将领大概只有他一人。在一次执行任务的过程中，他遭到两名游击队员的袭击，一颗子弹掀掉了他的军帽，他拔枪还击，打死了这两名游击队员。

1918年2月中旬，麦克阿瑟率彩虹师开进洛林南部吕内维尔防区的堑壕中。2月26日，他乔装打扮，手提马鞭，脸上涂泥，随法国人的突击队去袭击德军阵地。经过异常激烈且残酷的战斗，最后大约有600名德国人被俘，其中有一名德军上校是被麦克阿瑟用马鞭击倒擒获的。

提到麦克阿瑟非同一般的勇气，他的师长这样说道：

"在英雄主义和勇敢行为非常普遍的地方,他的勇敢是很杰出的。"有一次敌军进行炮击,他镇静地坐在指挥所里无动于衷,他身边的参谋人员都为他捏一把汗,他却对他们说:"整个德国还没造出一发能打死麦克阿瑟的炮弹。"

在麦克阿瑟就要卸任师参谋长去任旅长的时候,彩虹师师部的参谋们给了他一个永久的纪念,一枚金质烟盒,上面刻着:"给勇者中的最勇者。"这个铭文可能是美军参谋军官历史上独一无二的。

巴顿曾在一场战役中写信给他的妻子说:"我正好行进在一个旅的阵地上。他们都卧倒在弹坑里,但麦克阿瑟将军没有,他站在一个小高地上……我走过去,一阵炮火向我们袭来……我想两个人都想离开但又不肯开口,于是我们就等着炮火向我们扑来。"当一发炮弹在他们身边爆炸,尘土扑面而来时,巴顿直直地站着,但向后退了一步。"别害怕,上校,"麦克阿瑟幽默地说,"你是听不到打中你的那发炮弹的。"这一天,麦克阿瑟在战场上的表现使他赢得了第5枚银星勋章和巴顿永久的尊敬。巴顿告诉家人,麦克阿瑟是"我见过的最勇敢的人"。

勇敢是信心的朋友,恐惧是信心的死敌。 如果面对成功的时候心存太多的恐惧和忐忑,很容易与成功擦肩而过。 特别是失败留下的沉重阴影,更容易在潜意识里牵引着我们不知不觉地重复失败的老路。

恐惧极大地削弱人的能力,它往往会破坏人的思维能力,毁灭一个人的创造性、激情和自信。 恐惧能对一个人的思想、情绪和各种努力产生不良的影响。

失败的人不一定懦弱,而懦弱的人却常常失败。因为,懦弱的人害怕有压力的状态,因而他们害怕竞争。在对手或困难面前,他们往往不善于坚持,而选择回避或屈服。

懦弱通常是恐惧的伙伴。懦弱带来恐惧,恐惧加强懦弱。它们都束缚了人的心灵和手脚。恐惧的字眼和言语,却常常将我们所恐惧的东西招致身边。

最坏的一种恐惧,就是常常预感着某种不祥之事即将发生。这种不祥的预感,会笼罩一个人的生命,像云雾笼罩着爆发之前的火山一样。世界上没有永远的成功者,也没有永远的失败者。有人畏缩,得到的也会失去;有人勇敢,失去的也会重新得到。只要不断尝试、不断磨砺,我们就一定能战胜恐惧。告别恐惧,勇敢地朝前走,别人能做到的我们也能做到。畏惧是人生路上一道深深的壕沟,跨过去你就拥有了出路和希望。

男孩们,我们不要做懦弱的人,要做一个勇敢的人,做一个面对恐惧仍然勇往直前的人。

【西点寄语】

告别恐惧,勇敢地朝前走,别人能做到的我们也能做到。畏惧是人生路上一道深深的壕沟,跨过去你就拥有了出路和希望。

不让恐惧左右自己

毕业于西点军校的著名的巴顿将军,从踏入西点军校的那一刻起,就把杰克逊的一句名言作为自己的人生信条——"不让恐惧左右自己"。 罗斯福也曾说："我们唯一值得恐惧的就是恐惧本身——模糊的、莫名的、轻率的、毫无根据的恐惧。"

西点人深知恐惧是获得胜利的最大障碍：恐惧让人变得莫名的胆怯，不敢向前，让人安于现状，为了前进所付出的努力都付诸东流，最终让梦想遥遥无期。 所以，西点军校为了让学员学会控制恐惧感，准备了各项体能训练，而且还在体能训练中加大恐惧感，放大困难，这样，学员不但可以在训练中体会什么是胜利和荣誉，还可以培养自己的勇气。

西点学员相信，很多时候，面对困难和挑战的时候，你不是输给了困难，而是输给了自身对困难的畏惧。 正如西点校友，美国著名的学者本杰明所说："失败的原因往往不是能力低下或力量薄弱，而是自信心不足，克服不了恐惧的心理，还没有上场就已经败下阵来。"因此，不要畏惧困难，而是要保持一颗平常心，这样才能更好地解决问题，收获胜利的喜悦。

1914 年 4 月，美国总统伍德罗·威尔逊以墨西哥当局扣留美国水兵为借口，出兵攻占墨西哥东海岸最大城市韦拉克鲁斯。在这次行动中，麦克阿瑟父亲的老部下芬斯顿将军指挥一个旅的兵力执行占领任务，麦克阿瑟本人则受命作为参谋部成员随芬斯顿将军于 5 月 1 日到韦拉克鲁斯搜集情报。

麦克阿瑟发现，那里缺少机械化交通工具，要是陆军开过来，将完全依赖畜力运输。当他听说有几台铁路机车被藏在敌方防线后面时，便准备深入敌后进行侦察。但芬斯顿认为这样做太冒险，不予支持。麦克阿瑟经过冷静分析，认为确实有些冒险，但是依旧决定克服恐惧心理进行一次孤胆探险。于是，他找来两个向导，偷偷越过防线去查看虚实。结果发现那里确有 5 台机车，其中 3 台完好无损，陆军可以使用。虽然他在归途中遭遇到了一些危险，但最终还是成功地返回了营地。

巴顿将军说过："每个人都害怕，越是聪明的人，越是害怕。勇敢的人是这样一些人，他们不惧怕恐惧，强迫自己坚持去做。"麦克阿瑟将军就是这样一个勇士，他凭借自己的勇气和判断，深入敌后，为己方获得了重要的情报。

其实，每个人遇到危险、紧急的情况都会害怕，都想过选择退缩以策安全，但是勇士与懦夫的区别就在于：懦夫选择逃避，而勇士能够战胜内心的恐惧，强迫自己面对恐惧。如果你想成为一名勇士，你就要无所畏惧。

一直以来，在西点军校流传这样一句话：如果你选择了天空，就不要渴望风和日丽。西点人爱冒险，而冒险的首要前提就是必须克服内心的恐惧。这也正是西点军校为学员准备各种克服恐惧训练的原因。

当然，在现实生活中，要想成就一番事业也必须能够克服恐惧，这是成功的必备条件。敢想才能敢做，才有机会成功。其实，很多时候，成功离你只是寸步之遥，只因恐惧，过于恐惧，你没有迈出那最后的一步，最终失去机会，与成功擦肩而过。

一次，有人问一个农夫："你是不是种了水稻？"

农夫说："没有，我担心天不下雨。"

那人又问："那你种棉花了吗？"

农夫说："没有，我担心虫子吃了棉花。"

接着那人又问："那你种了什么？"

农夫说:"为了确保安全,我什么也没种。"

对于成天恐惧这、担心那的人来说,这个世界上无时无刻不存在着危险。就像这个农夫,由于种种莫名的担心,觉得到处充满风险,为了避免损失,最后什么都不敢种。其实,这个农夫有些愚昧,什么也没有种,也就没有收获,这才是最大的损失。

如果你总是前怕狼后怕虎,对别人提出的问题或者看法,采取逢迎的态度,从来不去表达自己的观点和看法,生怕自己的想法有错误,惹来责怪、鄙视等,因此,什么都不敢想,什么也不敢做,只是一味地求安全,你就很难取得进步。

困难的出现经常出人意料,但只要不被困难吓倒,勇敢面对,就能克服看似克服不了的困难。那些充满恐惧,见到困难就会退缩,畏首畏尾的人注定是要失败的。所以,面对困难时,不要被恐惧本身吓倒,而是要认定自己的最终目标,积极地去寻求解决方法。

"软弱就会一事无成,我们必须拥有强大的实力。"这是艾森豪威尔将军对所有年轻人的忠告。其实,无论是西点的学员还是一个普通人,都应该学会克服恐惧,克服了自己内心的恐惧,就等于战胜了自己最大的敌人,即使面对再大的困难也绝不会后退。

年轻人,拿出你的冒险精神,开始一段充满挑战的人生之旅吧!

【西点寄语】

你若失去了勇敢,你就将失去一切。其实每个人在危险面前都会感到恐惧。恐惧不丢人,也不可耻,但是,你绝对不能被恐惧吓倒,要敢于克服内心的恐惧,做一个直面恐惧的勇士。

迈出战胜恐惧的第一步

1983年,伯森·汉姆徒手登上纽约帝国大厦,在创造了吉尼斯纪录的同时,也赢得了"蜘蛛人"的称号。美国恐高症康复协会得知这一消息,致电"蜘蛛人"汉姆,打算聘请他做康复协会的心理顾问,因为在美国,有数万人患有恐高症,他们被这种疾病困扰着,有的甚至不敢站在椅子上换一只灯泡。

伯森·汉姆接到聘书,打电话给协会主席诺曼斯,让他查一查他们协会里的第1042号会员情况。这位会员的资料很快被调了出来,他的名字叫伯森·汉姆,就是"蜘蛛人"自己。原来,这位创造了吉尼斯纪录的高楼攀登者,本身就是一位恐高症患者。

诺曼斯对此大为惊讶。一个站在一楼阳台上都心跳加快的人,竟然能徒手攀上400多米高的大楼,这确实是个令人费解的谜,他决定去拜访一下伯森·汉姆。

诺曼斯来到费城郊外汉姆的住所。这儿正在举行一个庆祝会,十几名记者正围着一位老太太拍照采访。

原来伯森·汉姆94岁的曾祖母听说汉姆创造了吉尼斯纪录,特意从100公里外的葛拉斯堡罗徒步赶来,她想以这一行动,为汉姆的纪录添彩。

谁知这一异想天开的想法,无意间竟创造了一个百岁老人徒步百里的世界纪录。

《纽约时报》的一位记者问她："当你打算徒步而来的时候，你是否因年龄关系而动摇过？"老太太精神矍铄，朗朗地笑着说："小伙子，打算一口气跑100公里也许需要勇气，但是走一步路是不需要勇气的，只要你走一步，接着再走一步。然后一步接一步，100公里也就走完了。"

恐高症康复协会主席诺曼斯紧接着问伯森·汉姆："你的诀窍是什么？"伯森·汉姆看着自己的曾祖母说："我和曾祖母一样，虽然我害怕400多米高的大厦，但我并不恐惧一步的高度。所以，我战胜的只是无数个'一步'而已。"

我们也许没有能力一次就取得一个大成功，但我们可以积累无数个小成功。一个小成功并不能改变什么，但无数的小成功加起来就可以让我们成为巨人。

【西点寄语】

困难只能吓倒懒汉懦夫，而胜利永远属于攀登高峰的人们，关键是看能不能迈出战胜恐惧的一步再一步。

打开恐惧虚掩的门

对一所致力于将学员培养成坚强的勇士，而非畏首畏尾的懦夫的学校来说，西点岂会眼睁睁地看着学员向恐惧投降。因此，西点经常为学员创造一些让他们感到恐惧的事件，以此训练他们在重大关头能处变不惊、克服恐惧的能力。就比如说西点设置了拳击这样一种体能训练，让学员赤裸裸地面对即将打向自己脸部的拳头。当然,学员并不会因为拳击训练受重伤,但眼睁睁地看着拳头朝着自己挥过来可比受伤恐怖多了。

1909年,巴顿从西点军校毕业后被任命为骑兵连少尉,保卫芝加哥以北27英里的谢里登堡。初出茅庐之际,他就因为在那里驯服了一匹疯马而闻名,当时马匹踢中了他的脸颊,鲜血直流,但是他依然冷静处理并降伏了这匹马。

巴顿不害怕再次被踢伤吗?不,他同一般人一样恐惧,但是他的勇气让他克服了内心的恐惧,最后降伏了疯马。

男孩们,正如西点所说的那样,恐惧是每个人不可避免会遇到的,你也会有产生恐惧的时候。如第一次学游泳时,看着淹到脖子的水,你害怕极了;第一次学骑自行车时,看着车轮不听你使唤径自往前滚,你简直吓坏了;第一次学做饭,看着滚滚冒烟的锅,你越想越害怕……这时,千万不要让恐惧压倒你。如果恐惧占据了你的内心,你失去了勇敢,那你就失去了一切。

事实上,现实中的恐惧,远比不上想象中的那么可怕。如果你被恐惧打倒,那么你永远也无法体会到战胜恐惧的快乐;相反,如果你能够战胜恐惧,那么你曾经恐惧的一切将会倒过来惧怕你。这样的道理,是西点人从亲身经历中得出来的。艾森豪威尔小时候的经历就是最好的证明:

艾森豪威尔5岁的时候,有一次去叔叔家玩,叔叔的房子后面养了一对大鹅,结果公鹅一见到他就一边怪叫一边向他扑过来。他哪受得了这种恐吓,于是拼命跑开,向大人哭诉。受了几次惊吓后,叔叔找了把旧扫帚交给他,然后指着大鹅对他说："你一定能战胜它。"当鹅再次向他冲来时，他手里拿着扫帚，压抑住浑身不停地颤抖。猛然间，他鼓足勇气大吼一声，挥起扫帚向鹅冲去，鹅掉头便跑，他紧追不舍，最后狠狠地给了鹅一下，鹅惨叫着逃跑了。从那以后，鹅只要一见他就会远远地躲开。从此，他懂得了一个道理：只要克服了恐惧，就能战胜对手。

后来有一段时间，他每天放学回家的时候，都被一个与他年龄相仿、粗壮好斗的男孩追赶。一天，这一幕正好被他父亲看见，于是冲他大喊："你干吗容忍那小子追得你满街跑？去把那小子给我赶走！"

于是，他不得不停下来，面对自己很怕的对手，摆出反击的姿态。这一招立刻把对手吓住了，对手慌忙夺路而逃。艾森豪威尔顿时勇气大增，一把将对手抓住，正颜厉色地警告他："如果你再敢找我的麻烦，我不会对你客气。"

通过这件事，他进一步悟出一个道理：别看有些人耀武扬威，其实不过是外强中干，唬人而已。

心理学家斯科特·派克说："在这个世界上，只要你真实地付出，就会发现许多门都是虚掩的。微小的勇气，能够完成无限的成就。如果你幸运与生俱来就拥有勇气这种品性，那么很值得祝贺；如果你还没有养成这种性格，那么尽快培养吧，人的生命很需要它。"男孩们，在此用这句话与你共勉，希望你对迎面而来的恐惧感，选择勇往直前而不是畏惧不前。

对于克服恐惧，西点精英们总结出了一套符合自己特点的技巧，即借助于新兴的运动心理学。

西点从研究中发现,体育运动员心中同样存在压力,与战斗中的战士是一样的,因此,借助运动心理学训练学员的勇气是非常有效的。

因此,在消除学员的恐惧心理方面,西点要求学员从6个方面训练自己:①设想心理期望的结果;②调节对压力的反应;③建立目标;④专心致志,避免分心;⑤相信自己,保持乐观;⑥达到无意识的境界。

当你感到恐惧时,不妨试试这种方法,也许会让你很快克服它。

【西点寄语】

在这个世界上,只要你真实地付出,就会发现许多门都是虚掩的。微小的勇气,能够完成无限的成就。

永不放弃,勇敢向前

西点军校的学员们在艰苦的训练中收获了"永不放弃"的精神。 他们在面对危难时,不是选择坐以待毙,而是主动出击,发挥自己最大的能力战胜恐惧,不退缩,从而取得成功。

平静、晴朗的一天,北弗吉尼亚森林里有一队测量人员正在安静地分享午餐。突然,女人惨烈的痛哭和尖叫声传了过来,他们吃了一惊,并迅速站起身朝发出声音的方向奔去,想看看到底是怎么回事。

他们看到了痛哭和尖叫的女人,她的孩子不幸掉进了河里,但不远处就是高达数丈的瀑布,极其危险。一个中年人死死地抓住那个女人,不让她跳河去救孩子,因为他知道,只要她一跳下去,激流会把她和孩子一起卷到瀑布下面去。但是那个女人疯狂地想挣脱他,并大声叫着:"我的孩子快淹死了,我一定要去救他。"看到测量人员过来,她向他们发出求救声:"求求你们,让他放开我,让我去救我的孩子。"

测量队中有一个18岁左右的青年,他身材高大,了解了情势之后,他快步冲到河边,并迅速脱掉外衣,在观察了一会儿河里的礁石和乱流后,他看见了孩子的衣服和挣扎的双手。他跳入河中,任由汹涌的波涛拍打着,但他拼命地朝着孩子挣扎的地方游去。

所有的人都冲到河床边,用紧张的神情注视着河中的年轻人和若隐若现的孩子。孩子已经接近河中最危险的地方了。年轻人正在用他最坚强的意志拼搏着。他不顾岩石的撞击,不顾激流的冲击,他拼尽所有的力气奋力想去抓住孩子。可是好几次就在即将抓住孩子的那一刻,激流又将他们冲开了。眼看孩子就被卷进漩涡并被冲到瀑布下面了,但是年轻人依旧没有放弃,他奋力地与激流搏斗着。就在他终于抓住孩子并用健壮的臂膀托起孩子的那一刻,他们被漩涡卷了进去,并一起被冲到了高高的瀑布下面。

河床边的人们心都要跳出来了,他们朝着下游跑去,希望能看到奇迹发生。孩子的母亲带着紧张和希望也拼命地跑着。就在他们站稳后努力地向河中搜索年轻人和孩子的踪迹时,孩子的母亲狂喜地喊道:"他们在那儿!他们安全了!

感谢上帝!"

是的,年轻人和孩子都安全了,他们勇敢地从危险的涡流中逃脱了,来到了岸边上。孩子失去了知觉,但他的性命已经无忧了,而那个年轻人已经筋疲力尽地瘫倒在地上了。

这个年轻人就是后来著名的美国总统乔治·华盛顿。

激流、漩涡、瀑布,每个都充满了危险,每个都有可能会吞噬他的性命,但华盛顿没有在恐惧与危险面前退缩,他没有放弃,而是在用最坚强的声音不停地告诉自己"我能行"!

华盛顿的这种面对危险不退缩、不放弃的精神经常被西点军校作为典型的案例来教授西点学员。西点不允许退缩、不允许放弃,因为一旦退缩与放弃就意味着失败。就算是在毫无办法的情况下失败了,也要不舍不弃,用百折不挠的精神争取最后的胜利。

西点人深知,恐惧是取得成功的最大障碍,一个面对困难或风险畏缩不前的人是不敢渴望胜利与荣誉的。只有克服心里的恐惧,勇敢向前,才能获得最终的胜利。

我们也应该学习西点人不怕恐惧的精神,因为只要战胜了自己内心的恐惧,就等于战胜了最强大的敌人。接下来只要我们不放弃,只要我们努力坚持,最后的胜利就一定属于我们。

【西点寄语】

只要战胜了自己内心的恐惧,就等于战胜了最强大的敌人。接下来只要我们不放弃,只要我们努力坚持,最后的胜利就一定属于我们。

第四章　你是自己最大的敌人

自信是成功的秘诀

自信是每一个年轻人都应具备的必然态度。无论在哪个领域，自信这个亮丽的字眼都始终占据第一位。

自信是成功的秘诀，自信也是生活中必不可少的金钥匙。世界上的各行各业都尊重和崇尚高度自信的人！自信表明了一种对自我能力、优势的认可与肯定，自信可以使一个年轻人相信自己有能力冒风险，敢于接受各种挑战和工作任务，并信守承诺，实现理想。

自信十足的年轻人是职业中的佼佼者，值得每一个员工学习和效仿，他的思想和言行必将影响周围的人，他会增进团队的凝聚力、向心力和核心竞争力。

这个世界是由自信心创造出来的。没有自信就没有一切。自信是成功的基石。树立巨大的雄心和拥有坚定的信心的年轻人，就是时代的弄潮儿，是未来的掌舵者。世界这么广阔，生活这么美好，时代这么先进，我们应该具备怎样的心理素质来面对生活呢？

这种必备的心理素质就是自信。

你也许才华并不出众，实力也比较薄弱，可能只是一个不起眼的小角色，别人根本就没在意你，这时，自信就是你求得生存的可靠法宝。你可以积极主动地发挥自己的特长,在拼搏进取中展现你内心的特质:自信和热情,相信有一天,你终会脱颖而出,鹤立鸡群!因为由于你十分相信自己,其他人无法打击你的自尊心,反而对你刮目相看了。

自信是帆,搏击在人生大海中的水手,只有升起自信的风帆,才能在波涛汹涌的大海中,推开自卑的浪头,胜利抵达成功的彼岸。

美国布鲁金斯学会有一位名叫乔治·赫伯特的推销员在2001年5月20日这天,成功地把一把斧子推销给了美国总统小布什。这是继该学会的一名学员在1975年成功地把一台微型录音机卖给尼克松后在销售史上所刻写的又一宏伟篇章。

乔治·赫伯特推销成功后,他所在的布鲁金斯学会就把刻有"最伟大推销员"的一只金靴子赠予了他。

布鲁金斯学会创建于1927年,该学会以培养世界上最杰出的推销员著称于世。布鲁金斯学会有一个传统,就是在每期学员毕业时,都会设计一道最能体现推销员能力的实习题,让学员去完成。

克林顿当政期间,布鲁金斯学会设计了这样一个题目:请把一条三角裤推销给现任总统。在克林顿执政的八年时间内,众多学员为此绞尽脑汁,最后都没有成功。克林顿卸任后,布鲁金斯学会把题目换成:把一把斧子推销给小布什总统。

但是,这个题目公布之后,许多学员都认为这是不可能做到的，有的学员认为把一把斧子卖给小布什简直是太困难了，结局会和把一条三角裤卖给克林顿一样，毫无结果，因为现在的布什总统什么都不缺，即使缺少，也用不着你去推销，更不用说他亲自去购买，他完全可以让其他人去购买，而且卖斧子的商家众多，布什不一定会买你的。

但是，乔治·赫伯特却没有产生如此消极的想法，他也没有找任何借口不去做，他认为不管结果如何，只要自己去做了，即使没有结果也没关系，做总比没做好。在他看来，把一把斧子推销给小布什总统是完全有可能的，因为布什总统在得克萨斯州有一个农场，里面长着许多树。于是乔治·赫伯特就给布什总统写了一封信说："有一次，我有幸参观您的农场，发现里面长着许多矢菊树，有些已经死掉，木质已变得松软。我想，您一定需要一把小斧头，但是从您现在的体质来看，这种小斧头显然太轻，因此您需要一把不甚锋利的老斧头。现在我这儿正好有一把这样的斧头，它是我祖父留给我的，很适合砍伐枯树。假若您有兴趣，请按这封信所留的信箱，给予回复……"

在乔治·赫伯特把这封信寄出去不久，布什总统就给他汇来了15美元。

乔治·赫伯特成功后，布鲁金斯学会在表彰他的时候说："金靴子奖已空置了26年，26年间，布鲁金斯学会培养了数以万计的百万富翁，这只金靴子之所以没有授予他们，是因为本学会一直想寻找一个人，这个人不会因为有人说某一目标不能实现而放弃，不因某件事情难以办到而失去自信。"

从乔治·赫伯特把斧子卖给布什总统这件事来看,自信对每个人都非常重要。 无论我们面临的是学习还是工作的压力,无论我们身处顺境还是逆境,只要我们有自信,就可以用它神奇的放大效应为我们的表现加分。

卓越的人物在成功之前,总是充分相信自己的能力,深信自己必能成功。 所以,他们就能全力以赴,直到胜利。

成功人士总是一开始就充分相信自己的能力,深信自己必能成功。 千万不要认为自己能力有限,你永远可以比现在更好,只要敢于尝试,勇于拼搏,不断进取,不懈地追求自己的梦想,你就能真正拥有自信,取得非凡的成就。

年轻人要取得成就,自信是第一要素。 有的事情不是因为我们难以做到,才失去了自信,而是因为我们没有自信,才失去了成功的机会。

【西点寄语】

有的事情不是因为我们难以做到,才失去了自信,而是因为我们没有自信,才失去了成功的机会。

主动进攻,马上行动

在西点军校,教官在指导学生们习剑时告诉他们:"不要假设自己手中的剑要是再长一点,你就能够击败对方了。 实际上,不管你的剑有多长,不主动进攻,都是无济于事的。 只要你前进一步,你的剑自然就变长了。"

西点军校的精英们都知道,在残酷的战场上,没有人可以让你重新再打你曾经打败的一场战斗。只要被打败,你就一定要付出惨重的代价。因此,必须要扔掉那些想找借口的想法。

当西点毕业的格兰特将军赢得了美国内战的胜利,开辟了美国历史的新篇章后,很多人开始试图找到格兰特制胜的原因。在格兰特将军做了美国总统后,有一次,他到西点军校视察,一名学员毕恭毕敬地向格兰特提问:

"总统先生,请问西点军校授予您什么精神使您义无反顾、勇往直前?"

"没有任何借口。"格兰特的回答声音洪亮、掷地有声。

"假如您在战争中打了败仗,您必须为自己的失败找一个借口时,您会怎么做?"

"我唯一的借口就是:没有任何借口。"

执行任务,不找任何借口地去落实,这是千百年来每个士兵甚至将军最基本的职责。军人的天职就是无条件地执行上级的命令,全力以赴地完成,哪怕是牺牲自己的生命也在所不惜。成功的人没有借口,不成功的人也有一种共同的性格特征,他们明白失败的原因,并且对于自己有着他们认为的一套托词。

对于人类来说,制造借口已经成了本能的习惯。这是一种不容易被打破的坏习惯,特别是我们要以此作为某事的借口之时。艾乐勃·赫巴德说:"为何人们用这么多的时间制造借口以隐藏他们的弱点,并且故意愚弄自己。倘若用在正确的用途上,这些时间足够矫正这些弱点,那时便不需要借口了。"

比尔·盖茨也说:"一心想着享乐,又为享乐找借口,这就是怠惰。"任何人在任何时候都可以找到"充分"的理由证明"失败与我无关",就算对于关系到自身前途和命运的问题,我们也可以找出理由来为自己开脱。当我们以别人配合不利为借口时,其实就是在纵容自己的依赖心;当我们抱怨环境不好找不到机会的时候,其实正在原谅自己的懦弱和懒惰。

一般状态下,有两种人习惯为自己找借口。第一种人是从一开始就找借口为自己开脱,他本来就"不想去做"。在日常生活和工作中,我们常常会听到各种各样的借口,"那个客人我对付不了""我明天有事情,完不成这个工作""我现在下班了,明天再说吧""我很忙,现在没空""这件事不能怪我,不适合我来干"……诸如此类的借口,让人苦笑连连、无可奈何。

第二种人一开始确实是努力去做,或者看似努力,实际上并没有全力以赴,他们善于为失败找借口。"我已经尽力了,最后没做好不能怪我一个人""对手太强大了""我已经做了分内的事,别的事儿我不负责""××中间出了差错,不是我干不好"等。这一类人尝试去做,可是他们都没有竭尽所能,他们寻找看似合理的借口为自己的半途而废百般狡辩。

一个又一个的借口只会让我们的激情、热情和信心都蜷缩在阴暗的角落里,而自己的自私、怯懦、懈怠、懒惰等却披着借口的外衣大摇大摆地登上舞台。

西点军校流传着这么一个老故事,讲述的是一位长相粗犷的士兵在别人围坐在营火旁讲述他们的大无畏故事,吹嘘自己的个人成就时,却在拨着营火的余烬。尽管这位沉默的士兵什么故事也没讲,其他人对他却有着同样的敬重。之所以这样,是因为他摒弃了自我吹嘘的机会,而用实际行动对每个人做着贡献。

因此，西点人把少说话、多做事奉为行动的准则，通过脚踏实地的行动、完美复命来升华自我。而且，只停留在"想"的阶段永远不会有所成就，只有马上行动才能获得成功。

1973年，布莱德雷获得塞耶奖发表演讲时，反复要求西点学员要学会脚踏实地地做事，绝不迟到、绝不拖延。在西点的游泳救生训练中，学员们最害怕的一个动作是：穿着军服、背着背包和步枪，从大约10米的高台上跳进游泳池，然后在水中解开背包，脱掉皮鞋和上衣，把这些东西绑在临时的浮板上。尽管学员们事前都已经演练过多次，可是真到了要往下跳的那一刻，大部分人还是会迟疑，走到跳板尽头之后就会停下来。当然，学员是绝不会退缩的，因为那意味着被勒令退学。即便是有些犹豫，他们最终还是会行动起来，纵身跃下，相信这成功一跃之后的兴奋之情是无法言说的。行动产生了信心，信心又促使了行动。在西点，行动指引着一切。

洛克菲勒曾说："不要等待奇迹发生才开始实践你的梦想。今天就开始行动！"行动是根治恐惧的良药，而犹豫、拖延将不断滋养恐惧。

因此，西点军校打造了一个理想的教育环境，在这个环境中，学员并不是随随便便不管什么时候想在图书馆都行，他必须在规定的时间里尽最大努力做完规定的事。他必须做到今日事今日毕，绝不能将任何事情拖到第二天。"绝不将任何事情拖到第二天"的要求，让学员自觉适应军校生活、自觉完成规定课程，自我提升的意识也逐日倍增。

"绝不将任何事情拖到第二天"，这是严格的军人准则，也是战争需要的准则。迅捷、及时、准确是军事活动中最宝贵的概念。就作战来说，只有快速、准确才可以出其不意，攻其不备，使敌人措手不及，才可以把握战机，争取主动，稳操胜券。

西点人就像卓越的人士一样，爱用实际行动来表现自己，而不是空洞的语言和虚假的宣传。因为他们相信，只有行动才可以更好地说明一切，才能赢得真正的胜利。

我们要积极行动起来，只有积极行动，才可能脱颖而出，同时，要学着马上行动。只有马上行动才可以把握这一切。

迈克在伦敦一家公司工作，他是一个低级职员，有个外号叫"奔跑的鸭子"。每天上班的时候，他就会像一只笨拙的鸭子在办公室飞来飞去，就算是职位比迈克低的人，也会使唤迈克，让他去办事。后来，迈克被调入销售部。一次，公司下达了一项任务：必须完成本年度500万美元的销售额。

销售部经理认为这个目标是无法实现的，开始私下里怨天尤人，并认为老板对他太苛刻。但迈克没有这样，他从不抱怨，一直都是埋头苦干，距年终还有1个月的时候，他已经全部完成了原定的销售额。其他人可就没迈克那么幸运了，他们只完成了目标的50%。迫于压力经理主动提出了辞职，而迈克被任命为新的销售部经理。"奔跑的鸭子"迈克在上任后忘我地工作。他的行为感染了其他人，在年底的最后一天，他们竟然完成了剩下的50%。后来，该公司被另一家公司收购。新公司的董事长第一天来上班时，亲自任命迈克为这家公司的总经理。因为在双方商谈收购的过程中，这位董事长来公司视察多次，这位"奔跑的鸭子"给他留下了深刻印象。从不抱怨、只知执行的迈克不仅给公司带来了丰厚的利润，也给自己带来了光明的前程。

或许你也会这样问：成功的秘诀是什么？答案其实十分简单，就是像迈克那样执行任务，无条件地执行，并且马上执行。"一等二靠三落空，一想二干三成功。"成功的秘诀其实就这么简单。

有一位心理学家在多年来一直探寻成功人士的精神世界，他发现了两种本质的力量：一种是在严格而缜密的逻辑思维引导下艰苦工作；第二种就是在突发、热烈的灵感激励下立即行动。

当也许会改变命运的灵感在世俗生活中喷发时，绝大多数人习惯于无视它，而后又回到原来的生活轨道：什么时候该做什么照常做什么。他们并没有意识到，内在的冲动是人类潜意识通向客观世界的直达快车。毫不犹豫地抓住一切有利时机，才将成功的果实牢牢地攥在了自己手中！

不过与马上行动相反，有些人总是擅长找出成千上万个理由辩解事情为什么无法完成，而对事情应该完成的理由却没有想法。却不知道，很多简单的事情将就此变得复杂，许多本可成功的事情将因此变得毫无希望。最关键是，拖延会悄悄地消耗我们的生命。

我们在做任何事的时候，都要积极行动、自觉行动、绝不拖延，只有这样，效率才能够更高，工作才会变得更出色。

【西点寄语】

我们在做任何事的时候，都要积极行动、自觉行动、绝不拖延，只有这样，效率才能够更高，工作才会变得更出色。

自己才是自己的征服者

巴顿将军说过:"训练时多流一加仑汗,战场上少流一加仑血。"恐惧能摧残一个人的意志和生命,它能打破人的希望、消退人的意志,而使人的心力"衰弱"至不能创造或从事任何事业。许多人似乎对一切都怀着恐惧之心:他们怕风,怕受寒;他们吃东西时怕有毒,经营商业时怕赔钱;他们怕舆论;他们怕困苦的时候到来,怕贫穷,怕失败,怕收获不佳,怕雷电,怕暴风……他们的生命,充满了怕,怕,怕!恐惧能摧残人的创造精神,足以杀灭个性而使人的精神机能趋于衰弱。一旦心怀恐惧、不祥的预感,则做什么事都不可能有效率。恐惧代表着、指示着人的无能与胆怯。这个恶魔,从古到今,都是人类最可怕的敌人,是人类文明事业的破坏者。

卫斯里为了领略山间的野趣,一个人来到一片陌生的山林,左转右转,迷失了方向。正当他一筹莫展的时候,迎面走来了一个挑山货的美丽少女。少女嫣然一笑,问道:"先生是从景点那边迷失的吧?请跟我来吧,我带你抄小路往山下赶,那里有旅游公司的汽车在等着你。"卫斯里跟着少女穿越丛林,阳光在林间映出千万道漂亮的光柱,晶莹的水汽在光柱里飘飘忽忽。正当他陶醉于这美妙的景致时,少女开口说话了:"先生,前面就是我们这儿的鬼谷,是这片山林中最危险的路段,一不小心就会摔进万丈深渊。我们这儿的规矩是路过此地,一定要挑点或者扛点什么东西。"

卫斯里惊问："这么危险的地方，再负重前行，那不是更危险吗？"少女笑了，解释道："只有你意识到危险了，才会更加集中精力，那样反而会更安全。这儿发生过好几起坠谷事件，都是迷路的游客在毫无压力的情况下一不小心摔下去的。我们每天都挑东西来来去去，却从来没人出事。"

卫斯里冒出一身冷汗，对少女的解释并不相信。他让少女先走，自己去寻找别的路，企图绕过鬼谷。少女无奈，只好一个人走了。卫斯里在山间来回绕了两圈，也没有找到下山的路。眼看天色将晚，卫斯里还在犹豫不决。夜里的山间极不安全，在山里过夜，他恐惧；过鬼谷下山，他也恐惧，况且，此时只有他一个人。后来，山间又走来一个挑山货的少女。极度恐惧的卫斯里拦住少女，让她帮自己拿主意。少女沉默着将两根沉沉的木条递到卫斯里的手上。卫斯里胆战心惊地跟在少女身后，小心翼翼地走过了这段"鬼谷"。

过了一段时间，卫斯里故意挑着东西又走了一次"鬼谷"。这时，他才发现"鬼谷"没有想象中那么深，最深的是自己心中的恐惧。

恐惧是人生命情感中难解的症结之一。面对自然界和人类社会，生命的进程从来都不是一帆风顺、平安无事的，总会遭到各种各样、意想不到的挫折、失败和痛苦。当一个人预料将会有某种不良后果产生或受到威胁时，就会产生这种不愉快情绪，并为此紧张不安，程度从轻微的忧虑一直到惊慌失措。现实生活中每个人都可能经历某种困难或危险的处境，从而体验不同程度的焦虑。恐惧作为一种生命情感的痛苦体验，是一种心理折磨。人们往往并不为已经到来的，或正在经历的事而惧怕，而是对结果的预感产生恐慌。人们生怕无助、生怕排斥、生怕孤独、生怕伤害、生怕死亡的突然降临，同时人们也生怕失官、生怕失职、生怕失恋、生怕失亲、生怕声誉的瞬息失落。

马克·富莱顿说："人的内心隐藏任何一点恐惧，都会使他受魔鬼的利用。"美国著名作家、诺贝尔文学奖获得者福克纳说："世界上最懦弱的事情就是害怕，应该忘了恐惧感，而把全部身心放在属于人类情感的真理上。"爱因斯坦说："人只有献身社会，才能找出那实际上是短暂而有风险的生命的意义。"循着哲人们的脚步，聆听他们智慧的声音，我们还有什么可以恐惧的理由？

而克服了恐惧，意志力的另一大敌人——绝望就出现了，它成为你前进的最后一重障碍，战胜了它，你就获得了真正无坚不摧、无往不利的意志力，你的人生也终将辉煌。

"天哪，面对厄运，我彻底绝望了！"这是懦弱者最常有的心态。的确，每个人都不希望厄运降临，希望自己顺顺利利地做成自己想做的事，但在现实生活中，这无疑是天方夜谭。正确的观念应该是——每个人都会遭遇厄运，都会面临绝望的境地，但对成大事者而言，厄运与绝望并不能置人于死地，相反是另一种命运的开始！

"马拉松人"约翰·布伦迪战胜了绝望，这是众所周知的事实。

1973年6月6日那天，约翰照常做20分钟的晨跑运动，然而他没想到的是，这次晨跑成了他一生中的最后一次跑步。

那天早晨跑完以后，约翰照旧到工地去，他和另外3人一同在屋顶上工作。天气非常炎热，工作也很艰苦，这时监工叫约翰拿一样工具给他，约翰便移动双脚，不料房顶水泥尚未凝固，就这样，他从上面掉下去了。

约翰失去了控制，他头朝下坠入空中。约翰事后回忆说："那时候我听到很多杂音和脊骨折碎的声音……现在想起来真是害怕，我整个身体一直往下掉，整个人就像饼干一样，那一瞬间我发现脚一点知觉也没有。以后的数秒之中恐怖、愤怒、绝望——向我袭来，我很想站起来，可是心有余而力不足，能听从脑部指挥的只有头部，其他部位已完全没有知觉。我好像听到有人在上面说：'哎哟！约翰掉下去了。'我心里不断期望，也不断诅咒。我把头转向左边，看到10厘米远的地方有穿着鞋子的双脚，脚尖就在眼前，好像是我的脚，可是怎么会在这里呢？那一刻，我绝望了。醒来时，我发现头部两侧的针头已经取出来，原来我已经在医院里。当时我想，只要安静下来，痛苦就会逐渐减轻。令我惊讶的是，我全身竟像木乃伊一样，被白布包裹起来，而我一点知觉也没有。"

经过几个星期之后，约翰的伤势已被认定终生无法痊愈，可是他并未因此而绝望，而且依旧充满希望，盼望奇迹出现，使他的脊椎再度恢复健康，因此他专心致志地接受治疗。约翰急切地想知道自己的病情，唯一的方法只有向护士打听，有一天他听到护士指着他房间的方向对助手说："四肢麻痹就是像他那个样子。"约翰从来没有见过四肢麻痹的人，他甚至没有想过四肢会同时麻痹，更未曾想到自己竟变成这个样子。

简单的一句话揭开了真相。原来他是一个年轻又健康的丈夫和父亲,可是现在他头部以下全部麻痹,完全形同废人。虽然如此,约翰仍然决定活下去,虽然痛苦不曾减轻,可是他活得比谁都坚强。约翰说:"我之所以决心生存下来,是因为有3个老师作为我人生的指针,这3个老师是愿望、献身、意志。我想活下去,想治好病,想知道自己究竟可以做什么事,我有这些愿望,这3个老师经常在心中,我为此而奋斗,并相信有一天我可以得到胜利,所以我永不绝望。"

如今约翰坐在轮椅上已经11年了,从人生的观点上来看,他实在太伟大了。他的心中没有埋怨,没有苦恼,也没有憎恨。他认为如果相信宿命或憎恨别人,对自己并没有好处;相反地,应该爱护他人,自己的身体虽然受到伤害,但是自己的心理却很正常。事实上,约翰证明了一件事,那就是即使你身处厄运与绝望之中,你仍然能够成功,仍然可以掌握自己的命运。

约翰一直这样告诉自己,厄运与绝望是不可避免的。他又这么想,厄运是自己一生的转折点,命运的不公不能让自己失去生存的勇气,失去生命的希望。自己应该下定决心努力。这种想法是既健康又正确的,所以约翰总是这么勉励自己。其实他认为自己并不是受害者,自己只是很自然地接受这个安排而已。当约翰骑电动轮椅进入超级市场或通过马路时,轮椅不断发出声音,引起许多孩子的注意,他们有的在笑,有的一脸迷惑,也有的说:"蛮不错嘛!"像是很羡慕的样子。遇到这种情形,约翰会做各种鬼脸逗孩子们发笑,但是他并不是整天和小孩玩，他还经营公司，为附近社区做介绍婴儿保姆的工作。另外，他还在一家教会里，做"新希望电话商谈中心"之类的服务，他对人生充满新希望，非常愿意帮助那些绝望中的人寻找希望。

约翰胜利了，因为他能生存下去。他曾说过："艰苦的日子总有结束的时候。心中充满希望并能继续为生活而努力的人，才能享有新生命。"他不但明白这个道理，而且也是努力把厄运与绝望视为命运重新开始、希望重新孕育的人。要想战胜绝望，你必须寻找并抓住希望，哪怕是百分之一的希望。

一位饱经风霜的老人讲过这样一个故事：

"战时在桂林，等车非常困难。有一天，在马路上看到一张海报，说有一部车子开入昆明，还有三个空位。贴海报的日子已经过了好几天了，哪里还有什么希望。谁知，正是人人看了都以为没有希望的这三个位子，居然还有两个空着，正等着我和一位女同学两个抱着何妨一试的心理去碰碰运气的人。而且，由于这次长途旅行，那位女同学变成了我的妻子。希望就是希望，无所谓百分之一、千分之一。"

在成功者的词汇里，从来就没有给困难与恐惧、挫折、失败、绝望以地位。如果你拥有无坚不摧、无往不利的意志力，那么困难与逆境可以成为强项，挫折可以化作动力，而失败也可以转化为成功，绝望之中也会孕育着希望。同样的，如果你能将这四重难关一一渡过，你将真正拥有一颗强大的内心，你就不会自己把自己吓到，到了那个时候，成功离你就不远了。

【西点寄语】

如果你拥有无坚不摧、无往不利的意志力，那么困难与逆境可以成为强项，挫折可以化作动力，而失败也可以转化为成功，绝望之中也会孕育着希望。同样的，如果你能将这四重难关一一渡过，你将真正拥有一颗强大的内心，你就不会自己把自己吓到，到了那个时候，成功离你就不远了。

最大的敌人是自己

每一位西点学员都需要冒险，而冒险的首要前提就是克服内心的恐惧。风险愈高，人的情绪愈接近恐慌。要训练自己在重要关头处理恐慌的能力，最好的办法就是在控制的情境下练习克服恐惧。

一位在越南战争中失去一条腿的西点军官说："最恐怖的是眼睛看不见的敌人。跟眼睛看得见的敌人作战，心中多少有些充实感。但在热带密林中作战，看不见敌人，冲进去却没有抵抗，时间五分钟、十分钟地过去，静谧中可怕至极，恐怖成了我们心中的敌人。"

如果你想有所作为就必须具有冒险精神，如果惧怕失败，不冒风险，求稳怕乱，平平稳稳地过一辈子，虽然可靠，虽然平静，但那真正是一个悲哀而无聊的人，一个懦夫。最可惜的是，你葬送了自己的潜能。本来可以摘取成功之果，分享成功的最大喜悦，可是你却甘愿把它放弃了。与其造成这样的悔恨和遗憾，不如去勇敢地闯荡和探索。与其平庸地过一生，不如做一个敢于冒险的英雄。

用"冒险"这个词去概括西点军人克服困难时所表现出来的品质，是再恰当不过了。

世界上有许许多多的人不敢冒险，缺乏胆量只求稳妥，所以一事无成。所谓胆量，就是指做事时胆子要大一点，要克服只求稳妥的弱点，要敢作敢为、勇于冒险，相信自己能展翅飞翔。有时胆子要大一点不是说要粗枝大叶、闭眼蛮干，也不是谈论只求前进而不管实际，要分清楚哪个是敢作敢为，哪个是莽撞蛮干。

西点学员考虑的是：在我们这一生中，在某些时候我们必须采取重大而勇敢的行动，但这只是在仔细考虑这次行动具有较大的成功的可能性之后，才把胆子放大而采取行动的。

在面对是否采取行动的问题上，特别是这种行动涉及冒险时，我们会发现自己犹豫不决、坐失良机：在这种情况中，是传统的观点在作怪，"不要鲁莽行动，这里很可能有危险，不要去尝试"，这常常是明智的劝告。但毕业于西点军校的威廉·埃勒里·查宁却这样说道："有时，把胆子放大一点，敢作敢为最聪明。"

第一次世界大战时，麦克阿瑟是远征军中勇敢无畏、特别引人注目的人物。

> 他率领彩虹师自愿参加了法国人的突击队，在战斗中表现出异乎寻常的勇敢。战斗进行得非常激烈残酷，彩虹第42师在洛林地区前线坚守了四个月之久，在这四个月中，几乎一直不断地进行战斗。麦克阿瑟虽然是专职参谋长，但他不断深入前线，率领和激励部队勇敢作战，同他父亲在南北战争中所做的一模一样。他因作战英勇而获得服务优异十字勋

章。他曾"轻微中毒"，因此而获得紫心勋章。该师于6月21日终于撤离前线时，军团司令官——一位法国将军，表彰了麦克阿瑟对彩虹第42师参谋部的出色指导。此时，该师已成为英勇善战的部队，麦克阿瑟也成为法国尽人皆知的美军指挥官。

　　彩虹师以令人畏惧的勇敢和顽强投入了战斗。麦克阿瑟准将——头戴软帽，手拎马鞭，身着卡其布军装，绑着裹腿。进攻时，总是第一个跳出战壕，率领他的部下进行短兵相接的战斗。这次战役把不可一世的德国人打得落花流水，麦克阿瑟因作战英勇而获得第二枚和第三枚银星章。

　　麦克阿瑟将军就是这样一位勇士。他以自己的勇敢和无畏的精神率领着彩虹师取得了战争的胜利。面对敌人，麦克阿瑟将军并没有畏缩不前，他的内心并不是没有恐惧，只是他战胜了恐惧，通过胜利和荣誉证明了自己的勇气。

　　我们所有的人做任何事都不会一帆风顺，都可能会出现意外、曲折，甚至失败。因此，冒险是难免的。冒险可以给我们带来一些全新的体验，一些我们所未知的领域的体验。可以说，冒险的体验正是我们生活中进步和快乐的本源，因此对于未知的事物完全不必心怀恐惧，也不必费心做无谓的尝试。试图把生活中的方方面面都规划好。如果想让自己的生活丰富多彩，那么就让自己的生活多一些意外，多一些弹性。事实上，无论是工作，还是生活，如果总是重复同一个内容，我们又怎么能有新的收获呢？因为我们清楚生活并不是可以预先设计的，所以对于不可预知的未来，我们没有必要担心惧怕，我们应该具有敢为人先的冒险精神，打破规矩，突破闭锁，去体验冒险给我们带来的快乐。

有句话说:"一个不懂得悲伤的人,就不可能懂得欢乐。"同样可以这样说:"没有冒险的生活是毫无意义的生活。"事实上,我们的生活总是处在这样或那样的冒险境地里。因为我们别无选择。

无论是在事业上、生活中,或是在其他方面,我们都可能需要恰当的冒险。当然,在冒险之前,我们必须清楚地认识到那是一种什么样的冒险,必须认真权衡自己的得失,比如时间、金钱、精力以及其他牺牲或让步。面对真实的现实,面对人生转折,我们每个人都只有利用好自己的人生阅历、知识的积累以及直觉,来做出决定。因为我们本来就应该去贡献、争取和创造,所以我们必须学会把握生活,才不至于浪费生命。

【西点寄语】

只要勇敢地去做,就没有不可能!永远不要被"不可能"3个字束缚和左右。有时,我们只要再向前迈进一步,再坚持一下,"不可能"也许就变成了"可能"。

第五章　成功不需要眼泪

做人一定要坚强

看古今成大事者，都有一个共同的特点，那就是自强不息，拥有一颗刚毅的心。要知道，现今社会，谁若不能主宰自己，谁就永远是一个奴隶。渴望成功的男孩们，你们天性刚强，必定有自强不息的力量。精诚所至，金石为开。任何一件事能够成功，并做到一帆风顺其实很不简单，而通常情况下，只有刚毅、自强不息的人才能做到不畏困难，排除千难万险，并突破人生的困厄走向成功。

谁都不能否认一个事实，很多西点人都经历着种种苦难，遭受着种种挫折和打击，这的确是人生的磨炼。可是，人们也惊奇地发现，无数杰出的西点人都是从苦难中走过来的，正是苦难成就了他们，苦难对于他们来说，是上天的一种恩赐。

西点学子非常敬仰美国总统罗斯福。罗斯福在上学的时候，一到课堂上，他就显得很恐慌，呼吸就好像喘大气一样，回答问题，吞吞吐吐，含糊不清。如果被喊起来背诵，他这种恐惧感就更为明显，并立即会双腿发抖，嘴唇也颤动不已。然而，这些缺点并没有磨灭罗斯福奋斗的心，相反，正是因为这些不足的存在，他在学习上比别人付出更多的努力。他有时也会因为同伴对他的嘲笑而丧失勇气。但是他用坚强的意志，咬紧自己的牙床使嘴唇不颤动而克服他的惧怕。

  罗斯福没有在困难面前退缩和消沉，而是顽强地与之抗争。他不因缺憾而气馁，甚至加以利用，后来很少有人知道他曾患有严重的恐惧症。

  的确，我们才是自己的救世主。在困难面前，只有做到不退缩、勇敢向前，才能冲破困境，迎来胜利。所以，男孩们，不要认为你的梦想实现不了，除非你放弃了一颗刚毅的心。

  对于自强不息、奋发向上者来说，身体的残疾不是障碍，只要信心不垮，仍能取得令人吃惊的成绩。

  约瑟夫·贺希哈是一位股票经纪人，他从250美元起家，不到一年就拥有了168万美元。

  小时候，贺希哈一度沦为在垃圾桶里寻找食物的小乞丐。贺希哈"人穷志不短"，在乞讨过程中，他没有像其他孩子那样走向堕落，而是渴望有朝一日能取得事业的成功。在街头乞讨的日子里，他每天都在捡拾别人扔的报纸、杂志和书，晚上就借着路灯读白天拾到的书报。由于他强烈渴望摆脱贫困，他对书报上的经济信息尤其是对股票信息渐渐产生了浓厚兴趣。"兴趣是最好的老师"，他想尽一切办法去钻研股票和股市行情。这一段时期的学习为他日后的发展奠定了基础。

  用不到一年的时间把250美元变成168万美元，这是一个奇迹。那么，这个奇迹是怎样产生的？贺希哈摆脱贫穷的渴望非常强烈，他对成功的渴望非常强烈，对股票有着浓厚的兴趣，对股票的学习很深入，对股市很熟悉，我们完全可以说，股票投资是贺希哈最想做而又最能做好的工作。如果找到了自己最想做而又最能做好的事，并拥有超强的意志力，那么，只要250美元，你也能创造奇迹。

有句话说得好，"命运掌握在自己手里"。如果一味地将自己的命运交由别人主宰，在逃避所有的责任与打击的同时，我们还将失去自信、依靠自己努力获得成功之后的幸福感和成就感。

男孩们，你要敞开胸怀接纳社会赋予你的一切。的确，你还年轻，人生旅途上可能沼泽遍布，荆棘丛生，也许会山重水复，也许会步履蹒跚，也许我们需要在黑暗中摸索很长时间，才能找寻到光明……但这些都算不了什么，一个人只要有刚毅的心，能把握自己该干什么，那么就应该勇敢地去敲那一扇扇机会之门。逆境和困难对于你来说，也是一笔成长的财富，你要用自己的全部努力化悲伤为力量，从过去的失败中汲取智慧和勇气，然后用这些力量、智慧和勇气去开拓属于自己的生活和事业，掌握自己的命运！

强者是因为他敢于接受挑战，自强不息，正是这种自我肯定给他带来了源源不断的动力，让他最终能够实现自己的价值。即使身处逆境，只要你敢于挑战自我，勇于突破极限，那么逆境就会变成推动你前进的动力。

从这启示中，男孩们应该能正视人生中的种种境况了，面对困境和挫折，你们需要抱着这样的心态。

1. 困难是一笔宝贵的财富

经历苦难是一种痛苦，因为苦难常常会使人走投无路，寸步难行，苦难常常会使人失去生活的乐趣甚至生存的希望。但有过苦难体验的人，都不会忘记在泥潭里奋力挣扎的情景。苦难能磨砺人的意志，使你的心超发坚强。当你战胜苦难之后，这种由苦难带来的痛苦往往也会变为千金难买的人生财富。

2. 胜利只属于坚持到最后的人

拥有坚韧和耐心，坚定必胜的信念，勇敢地与困难拼搏，就一定能有所成就。胜利只属于坚持到最后的人。成功的人之所以能够成功，是由于他们具有坚韧不拔的毅力，更重要的是他们能够把失败化作无形的动力，从而最终反败为胜。

【西点寄语】

任何一件事能够成功，并做到一帆风顺其实很不简单，而通常情况下，只有刚毅、自强不息的人才能做到不畏困难，排除千难万险，并突破人生的困厄走向成功。

做个乐观的人

无论面临何种困境，绝不可抱着悲观的心理。否则，就不能发挥出自己的智慧，并且会失去明确的判断力，对所有事情都会感到一筹莫展。此时必须摒弃悲观的念头，并且以冷静的态度，追究原因。如此才不会迷失方向，并且能以稳定的脚步向前迈进，开拓出一条属于你的康庄大道。

即使在最困难的时候，也要保持乐观态度，这样才能保证你获取最后的成功。那么，怎样才能保持乐观态度呢？

科学家发现，不论外界现实环境多么恶劣，我们都能控制我们的情绪和感受，而始终维持乐观态度。著名的心理学家怀恩·迪尔还曾说过一段有趣的评论。他说："现实环境并不重要,重要的是你对它们做何解释。"

诺曼·柯辛斯在《一场病的剖析》这本书中,就曾证明心理对身体的影响有多大。他用这种方法将自己从癌症的死亡宣判中救出来。他是如何做到的呢?

在他得知染上癌症以后,他将自己关在一家旅馆的房间里,不断看着他喜欢看的录像带和电视节目,这些节目能使他开怀大笑。他发现,即使在病情发作、感到疼痛的时候,看几个小时的录像带,仍可以睡几分钟。

他利用看录像带忘却忧愁,疼痛也跟着减轻,他能得到的睡眠也就越来越多。渐渐地,他的身体自己治疗着自己,最后不可能的事儿竟发生了——他的癌症治好了。

柯辛斯的秘密是什么呢?柯辛斯发现,人体本身就是个大药房,里面贮放着能治疗自己的各种药品。要领是如何用心灵将这些药品释放出来。

在我们这种活动中所释放出的药物是内分泌。我们以"欺骗"自己潜意识的方式使体内释放出某种内分泌。它会改变我们的观感,使我们抱有更乐观的态度。不管我们周围的真实环境如何,这种更乐观的态度都是可以存在的。

乐观的态度还可以培养你作为男孩所必需的自信的方法,就是训练自己多做乐观的想象。可以举出一个例子,让自己去试一试。

现在开始想象:有一块半米厚、1米宽、10米长的硬木板放在地面上。假如放一张100元的钞票在木板那一头,只要你走过这块木板,那张钞票就是你的。你不会有什么犹豫,你会满怀信心地走过木板,把钞票捡起来。

假如将木板升高到离地面 5 米,情形又会怎样呢?你也许仍然可以拿到这 100 元,但行动要困难得多。你每一步都会多加小心,走的速度也要慢得多,每走一步都得有所顾虑。这两种情形的差别在哪里呢?距离没变,木板的宽度和厚度也没变,甚至 100 元钞票和你开始位置的关系都没变——只是木板放的高度变了。这实际上并没任何不同,但真正一样吗?

现在再让我们将木板的高度升到 100 米,置放在两幢摩天大楼之间,除了高度以外,其他任何条件都没变:木板、距离、宽度、厚度甚至钞票的位置都未变。你还想要这 100 元吗?也许至少要 1 万元,你才愿意试上一试,也许出再多钱你也不干。即使你肯试,我敢打赌你会非常非常小心。

当然,真正的差异在于你的想象起了变化,这是由高度变化所引起的。当木板放在地面上时,我们的想象完全集中在那张 100 元的钞票,不过,当高度增加,我们的想象不再集中在钞票上,而是想到跌下来会产生的后果。

美国的卡尔·华伦达也许是人类有史以来最伟大的走钢索专家。他走的距离远,钢索高悬在半空中,从来不用安全网。尽管年龄渐老,他在索上都不做一点停留,70 岁时的表演,依然和 20 岁时同样惊人。

最后在 1978 年,当他在波多黎各的圣约翰表演,走在两幢大楼之间的钢索上时,不慎摔下致死。

几个星期后,他的妻子接受电视台的访问,谈到华伦达最后一次的表演:"那次非常奇怪,通常在他做表演的几个月前，除了成功的演出外，他就不想其他的事情。这是第一次他不想自己的成功，而想到会摔下来。"

毫无疑问，华伦达悲观性的想象，和他这次失事大有关系。
就像悲观性想象能伤害到你的自信一样，乐观性想象也能增加你的自信。

【西点寄语】
现实环境并不重要，重要的是你对它们做何解释。

成大事者总会满怀希望

走在追求梦想的途中，太多羁绊使原本丰盈的生活日渐憔悴。
如何在到了绝境后又找到生还的途径？生活中，有的挫折单靠个人的努力难以战胜，因此，有的人便会不战而败，捶胸顿足，怨天尤人。这样的人永远也无法走出困境。
真正的成大事者，则会满怀希望。没有希望过却得到的，只能算作幸运；满怀希望并得到的，才算重生。幸运不常有，但人生却在自己的掌握之中。
有一位外国女人被抢劫犯在她的头部击了五枪，竟然还能继续活下去，医生把她的康复归功于求生的希望。她自己也说："希望和积极的求生意念是我活下去的两大支柱。"同她一样，许多癌症患者在面临死神的威胁时，对生寄托着希望，竟然活了许多年。在挫折面前只有充满希望，永不放弃，才有机会取得成功。
希望使人增强了对挫折的心理承受能力。经历过挫折打击而能心平气和地忍下来的人都有一种切身体验：人之所以能够忍耐，是因为他对未来充满了希望。比如，一些受到不公待遇的人产生了极强的挫折感，他们本来可以找领导去讨个公道。可是，又怕因此会给有意整他们的人留话柄，说他们计较个人名利。为了今后的前途，他们忍了，一次、两次、三次，每次忍让时他们心中想的都是希望。否则，如果一个人绝望了，对未来不抱任何希望，他就不会忍耐，而会破罐子破摔，自暴自弃，不去做任何努力，对一点点挫折都失去了承受能力。

从这个意义上说，成大事者在对人生充满希望的同时，也表现了他们对人生积极乐观的态度。生命对于一个人只有一次，是否以积极乐观的态度去对待人生，那是大有讲究的。就像一首歌里唱的：

> 太阳忍受着悲伤
> 带给人间这希望之光
> 我们飞向遥远地方
> 去寻找美丽的梦想……

欣赏这段词的人可能会明白，凡是有理想、有思想、有追求的人，都没有理由将这肥沃的希望之田荒芜，没有理由让灵魂苍白地活在凄凉的土地上。守护希望的人是乐观的，因为乐观才能一直守护下去。

有这样一则故事很能说明乐观者的人生态度。

一个人同一位准备远航的水手交谈，他问："你父亲是怎么死的？""出海捕鱼，遇着风暴，死在海上。"

"你祖父呢?""也死在海上。"

"那么,你还去航海,不怕死在海上吗?"

水手问:"你父亲死在哪里?"

"死在床上。"

"你的祖父呢?""也死在床上。"

"那么,你每天睡在床上不害怕吗?"

这个故事很幽默却含有深刻的人生哲理。言简意赅,反映出了水手明知祖父、父亲都死在海上,却没有因失去亲人的痛苦和挫折而改变自己的奋斗目标,仍然乐观地从事自己喜欢的事业。因为希望总是在明天而不在以前。

希望是奔向前途的航标和指路明灯。人若没有了希望就会迷失方向,生活就会失去意义。成大事者之所以对挫折的心理承受力强,就是因为他们相信"山重水复疑无路,柳暗花明又一村"。

乐观是指人在遭受挫折打击时,仍坚信情况将会好转,前途是光明的。从情感智商的角度来看,乐观是人们身处逆境时不心灰意冷、不绝望或抑郁消沉的心态。与希望一样,乐观能施恩于人生。当然,乐观必须根植于现实,如果盲目乐观,其后果绝不乐观。

做一个乐观的守护者吧,在面对挫折的时候痛也会少一点。因为乐观是一种良好的心理特征,能排遣和挫败一切痛苦与烦恼,给人生活的勇气、信心和力量。马克思也说:"一种美好的心情,比十服良药更能解除生理上的疲惫和痛楚。"

乐观的生活态度还有利于促进人际关系和事业的发展。持一种乐观、豁达的生活态度参与活动,你会发现很容易与人和谐相处。乐观者浑身充满活力,容易与社会合拍,由于心情舒畅,在与人交往中就会对别人谦虚、尊重、理解，自然会得到别人的理解和尊敬，双方情感的相悦就能形成和谐融洽的人际关系。这种力量把自己展现于外，参与人群和事业，从而得到成功和成就。成功和成就的愉快情感会使自己更乐观地去继续从事未完的事业或开辟新的天地，这样的良性循环使人们的事业充满生机，为人们的生活带来无穷的乐趣和意义。成长中的人以乐观的态度对待人，将形成较为全面发展的、聪颖、开朗和进取的个性。

乐观能促进身体健康。乐观者一生中收益最大的是他们的身体机能完好。人们常说"笑一笑，十年少"，没错，乐天派自然心宽体胖，乐天派会笑对生命中的坎坷与挫折。

既然做一个乐观的守护者有这么多的好处，那么何乐而不为呢？让我们满怀希望地等待明天的朝阳。

【西点寄语】

既然做一个乐观的守护者有这么多的好处，那么何乐而不为呢？让我们满怀希望地等待明天的朝阳。

"天才"是双倍努力换来的

天才的标志就是他做每一件事时都愿意付出200％的努力。天才之所以被称为天才，也许一开始是因为先天的优秀，但是没有一个天才不是靠自身努力来捍卫天才的称号的。正是因为有这份压力，才有这种加倍努力的动力，这种动力就要求做每一件事情的时候都竭尽全力并力求完美。放眼全球，不管是什么领域，只要达到了世界级水平的大师，都是对自己相当苛刻的人，因为他们明白，只有这样苛刻才会有辉煌的成功。

卡罗斯·桑塔纳是一位世界级的吉他大师，他出生在墨西哥，7岁的时候他随父母移居美国。由于英语太差，桑塔纳一开始在学校的功课是一团糟。

有一天，他的美术老师克努森把他叫到办公室，说："桑塔纳，我翻看了一下你来美国以后的各科成绩，除了'及格'就是'不及格'，真是太糟了。但是你的美术成绩却有很多'优'，我看得出你有绘画的天分，而且我还看得出你是个音乐天才。如果你想成为艺术家，那么我可以带你到旧金山的美术学院去参观，这样你就能知道你所面临的挑战了。"

几天以后，克努森便真的把全班同学都带到旧金山美术学院参观。在那里，桑塔纳亲眼看到了别人是如何作画的，深切地感到自己与他们的巨大差距。

克努森先生告诉他说："心不在焉、不求进取的人根本进不了这里。你应该拿出150%的努力，不管你做什么或想做什么都要这样。"

克努森的这句话对桑塔纳影响至深，并成为他的座右铭。

2000年，桑塔纳以《超自然》专辑一举获得了8项格莱美音乐大奖。

一个人若想有所成就，该花心血的时候一定要投入；该有过程的时候，一定要努力付出。相信自己的选择，不间断地努力，你觉得怎么做是正确的就怎么做。这样你的人生才会拥有意义。至于要怎么努力，你把眼光放远一点，想想十年后的事，或者去看看已经比你强的人在做什么，我想你就知道自己要怎么努力了。

一个人倘若对待自己都马马虎虎，能懒就懒，那么对待别人的时候，可想而知会让人多么担心了。这样的人也容易失去别人的信任。无论是谁，都应该先学会拿出全部的精力对自己。

人生中任何一种成功和获得，大多来自勤奋努力，这会是一种无形的资产，可以给人以无穷的力量。不管是多么有天赋的人都不能跨过努力直接获得成功，勤奋努力是通往成功的道路上必须经过的桥。而且勤奋是可以感染周围人的，自然而然地，你的勤奋也会得到别人的认可，那么当你获得成功的时候，每个人都是心悦诚服的眼神，而不是嫉妒或者其他。

一个普通的灵魂，在勤奋努力的火中燃烧，才有可能发出夺目的光芒。每一天，我们都应该问问自己：今天你努力过了吗？

【西点寄语】

天才的标志就是他做每一件事时都愿意付出 200% 的努力。天才之所以被称为天才，也许一开始是因为先天的优秀，但是没有一个天才不是靠自身努力来捍卫天才的称号的。

第二篇

西点军校送给男孩的第二份礼物:要珍惜责任和荣誉

第一章 人生没有任何借口

不给自己找借口

在西点军校,有一个广为流传的悠久传统,那就是当学员遇到军官问话时,只能有 4 种回答:

报告长官,是。
报告长官,不是。
报告长官,不知道。
报告长官,没有任何借口。

在西点,你可以根据长官的问题,回答是或不是,对于你所不知道的事情也可以坦白回答不知道,假如长官质疑你的行为,则严禁为自己的行为找借口,必须直截了当回答"没有任何借口"。

例如,在西点军校里,一位学长问一位学员:"你认为你的皮鞋这样就算擦亮了吗?"一般的情况下,被问到的人的第一反应肯定是为自己辩解:"报告长官,刚才排队时有人不小心踩到了我。"这样的回答是通不过的,都会遭到长官的一顿训斥。再比如军官派一名新学员去完成一项任务,而且限定在一定时间内完成。这项任务完全可能会因种种原因而不能按时完成,但军官只要结果,根本不会听学员长篇大论地解释为何完不成任务。

"没有任何借口"是西点军校奉行的最重要的行为准则，是西点军校传授给每一位新生的第一个理念。它强化的是每一位学员想尽办法去完成任何一项任务，而不是为没有完成任务去寻找借口，哪怕看似合理的借口。

　　这样的说法并不夸张，放眼整个社会，常常将借口挂在嘴边的人从没一个成功的，而那些从不为自己找借口的人不说个个都成就斐然，但也凌驾于一般人之上。

　　西点军校之所以培养了一批批优秀的军旅将帅、政坛要人、科技名流、商企巨贾，它的"没有任何借口"就是其中的奥妙之一。

　　在西点 200 多年的历史中，最著名的不找任何借口，忠实地履行自己责任的人要算是"把信送给加西亚"的罗文上校了。

　　安德鲁·罗文，弗吉尼亚人，1881 年毕业于西点军校。作为一名军人，他与陆军情报局一道完成了一项重要的任务——把信送给加西亚，被授予杰出军人勋章。

　　当美西战争爆发后，美国必须立即跟西班牙的反抗军首领加西亚取得联系。加西亚在古巴丛林的山里——没有人知道确切的地点，无法带信给他。美国总统必须尽快地获得他的合作。怎么办呢？有人对总统说："有一个名叫罗文的人，有办法找到加西亚，也只有他才能找得到。"

　　他们把罗文找来，交给他一封写给加西亚的信。罗文拿了信，把它装进一个油布制的袋里，封好，吊在胸口，划着一艘小船，4 天之后的一个夜里在古巴上岸，消失于丛林中。接着在 3 个星期后，从古巴岛的另一边出来，徒步走过一个危机四伏的国家，把那封信交给了加西亚。当然了，这些细节都不是重点,重点是:麦金利总统把一封写给加西亚的信交给了罗文,而罗文接过信之后,并没有问"他在什么地方",也没有抱怨这是个几乎不可能完成的任务,而是接受了命令并且尽一切努力去完成它。

罗文的事迹通过美国作家阿尔伯特·哈伯德之手传遍了全世界,他成为众人争相学习的榜样。如今在管理界,人们把罗文精神定义为一种不找借口立即行动的执行力,是当今企业最看重的一种能力。

1886年的西点毕业生,美国名将潘兴将军有这样一句名言:"请直接告诉我结果。不必做过多的解释。"曾在他旗下为他效力的副官巴顿可以说为他的这番话做出了完美的诠释。

在自己的回忆录《我所知道的战争》中,巴顿将军写了这样一个故事:

有一次巴顿将军想要提拔一个军官,但是候选人有6个。于是巴顿将军将6位候选人全部找来,给他们布置了一个任务:要求他们在仓库后面挖一条战壕,2.4米长,1米宽,2.5厘米深。巴顿将军只说了这么多就走开了,然后偷偷躲在仓库的角落观察这6位候选人。

6位候选人将工具放在仓库后面的地上,沉默几分钟后,开始纷纷讨论起来,有人疑惑:巴顿将军为什么让我们挖那么浅的战壕?2.5厘米深还不够火炮掩体呢。也有人抱怨:这样的体力活是不是应该找新兵来做?但有一位候选人斩钉截铁地说道:"让我们把战壕挖好后离开这里吧,将军既然要这样做总有他的理由。"最后巴顿就提拔了这位候选人。

巴顿在回忆录中这样写道："我并非希望所有伙计都不去思考问题背后的原因，但是有建议可以和我提前或稍后讨论，当下接受了命令就必须不抱怨不质疑地去立即完成，我想要挑选的是不为任务找借口、全力以赴完成任务的人。"

从这几个西点人的故事中，我们可以看出，西点对做好任何一件事的高度负责任的精神。

实际上，一个人成功的最大障碍就是找借口。因为借口往往是做不成事、做错事的挡箭牌；是敷衍别人，原谅自己的护身符；是无处不在如影随形的掩饰弱点、逃避责任的百验灵丹。当一个人养成了找借口的习惯，将原本属于自己的责任推脱得干干净净，他还会有成功可言吗？

所以，千万不要养成找借口的习惯，凡事你都要找借口，最终只会什么事也做不成，唯一擅长的只有找借口了。

让西点为之骄傲的是，西点对学员这种精神的培养，得到了外界的认同和赞扬。一位名校的研究学者曾指出，他所接触的西点毕业生在跟随自己继续研究深造时，给他留下了非常深刻的印象。他这样说道："就态度而言，西点毕业的学员堪称完美。只要我给他们布置一项作业，他们就不会埋怨或是找任何借口，而是选择立即动手埋头苦干，全力以赴完成任务。"

西点毕业生亚历山大·黑格将军曾经叱咤美国政坛，被肯尼迪、尼克松、基辛格视为首席幕僚。这几位总统为何如此青睐黑格将军呢？有人将原因总结为这样几点：夜以继日的艰苦工作，卓越的参谋才能，以及与上司亲密无间的合作。难能可贵的是，黑格将军的政敌也给予了他极高的评价："黑格一天工作时间长达 14 小时，一星期 7 天他总是保持高昂的斗志，从来不会为自己的工作去找任何无用的借口。"

男孩们，找借口虽然能减低或消除你们的责任，或者给你们的心理带来些许安慰，但你们要知道，当你们养成了找借口的习惯，成了一个"借口专家"，受到伤害的可是你们自己。事实上，借口是完全应该从你们大脑里删除的概念。你们一旦删除了借口，那么就意味着你们将逐步地拥有高效而成功的人生。

那么，如何摆脱找借口的坏习惯呢？

日本最著名的首相伊藤博文的人生座右铭就是"永不向人讲'因为'"。可以说，这是一种为人处世、办事做事最高深的学问，不用任何理由为自己开脱，相应的借口也就无法从嘴里说出来。

要想成就伟大的辉煌人生，其实，也不是件多难的事，只要你愿意去做，就一定能做得到。像伊藤博文那样，永不向人讲"因为"，你就没有了找借口的机会。而抛弃了找借口的习惯，你就会在生活中学会解决问题的技巧，这样成功就会离你越来越近。

【西点寄语】

一个人一旦为自己做不成事、做错事找到了借口，这个借口就会掩盖住自己的过失，逃避掉属于自己的责任，然后自己原谅自己。结果呢，过失是掩盖了，责任是逃避了，心理也暂时平衡了，可长此以往，就会被自己的借口过度"保护"而消磨了斗志，最终成为碌碌无为之人。

借口是失败的温床

西点军校一直在向学员们灌输这样一个理念：借口是失败的温床，没有借口就没有失败。

不久前，在一家大公司的年会上，哈利先生当场宣布退休，公司董事长首先站起来做一次例行讲话，说一些哈利先生对我们公司多么有价值、有贡献，以及现在他要退休，我们对他多么怀念的话。

庆祝大会结束后，哈利先生好像被人遗忘了一样，他后来找到一位倾吐对象，说："你是否能给我30分钟的时间，我有话要对你说，顺便发泄一下我心中的郁气。"

"在公司待了那么多年，可谓是劳苦功高，今天晚上光荣退休，真是一个值得纪念的日子，怎么会呢？"一般人都这么认为，然而哈利先生却说道："今天我并不快乐，我真是不知道该怎么说才好，这是我一生中最悲伤的夜晚。"

"今晚我只是坐在那里面对我惨痛的一生而已：我感到自己一事无成，彻底失败了。"

"你准备做些什么？"那人问道。

"还能做什么，我将要搬到老人村里去了，住在那里直到老死为止，我有一笔不少的退休金以及社会保险金，这些钱足够我养老了。"他很痛苦地说，"我希望这样的日子很快就来临。"

他们陷入了沉默，然后他从口袋中取出今晚才拿到的退休纪念表，说道："我想把这件礼物丢掉，我不希望留下这些痛苦的记忆。"

渐渐地，哈利先生已经放松下来，他继续说道：

"今天晚上，当乔治先生（该公司的董事长）站起来致辞时，你可能无法想象我当时多么悲伤。乔治先生和我一起进入公司，但是他很上进，节节攀升，我却不然。我在公司领到的薪水最高不过7250美元，而乔治先生却是我的10倍，还不包括种种红利以及其他福利在内。每当我想起这件事，我总是认为乔治先生并没有比我聪明多少，他只是不怕吃苦，经得起磨炼，能完全投入工作，而我没有做到这一点。

"公司内外有很多机会，我都可能获得晋升。例如，我在公司待了5年后，有一次公司要我到南方去掌管分公司，但是我自己因为感到无能为力而拒绝了。每次当这种绝好的机会到来时，我总是找一些借口来推托。现在，我退休了，一切都已经过去了，我什么也没有得到，真是往事不堪回首啊。"

在哈利的一生中，他一直游移不定，没有任何实际目标可言。他惧怕真正地面对生活，害怕挺身而出，承担责任，总是找借口来推搪工作，结果到工作生涯结束时也毫无成就感可言。

哈利先生像无数人一样，把自己判入终身的心理奴隶的牢笼之中。这种奴隶并不限于某一种类型的工作：在办公室中，在商店里，在农场上，以及每一个地方，我们都发现有这种奴隶存在。

这些现代的奴隶都是他们自己选择的，而不是被其他人强迫去当奴隶的。他们之所以会选择当奴隶，是因为他们不知道如何获得解脱，获得自由。

是太多的借口，阻碍了哈利先生，使他本可辉煌的人生一事无成。相信，如果他有机会再选择一次的话，他一定会拒绝借口，珍惜任何机会，努力为自己的前程奋斗，只是一切都太晚了。真诚劝勉各位男孩不要重蹈哈利先生的旧窠。

【西点寄语】
借口是失败的温床，没有借口就没有失败。

找方法而不是找借口

凡事第一反应：找方法，而不是找借口。因为借来的东西总是要还的，"借"得多了，自然还得也多。

一个人的一生可能不撒谎，但是一个人的一生不可能没有找过借口，哪怕只有一次。

如果说谎言说三遍就成了真理，那么借口说三遍就没人再相信。找借口某种意义上比说谎更可恶。至少这世上还有善意的谎言，但却没有一个有价值的借口。没有存在价值的东西当然不会有保留的理由。所以，千万别把找借口养成习惯。

这说明不找借口才是正确的，值得人们去尊崇的习惯，甚至可以说是一个有价值的人生的存在。

在现实生活中，我们缺少的不是找借口的人，而是那种想尽办法去完成任务的人。很多时候，与其找借口不如实话实说，这种以退为进的人生策略常常会收到意想不到的良好效果。被人当作一时的傻气总比自己一辈子心虚强。

美国列克公司总裁在一次员工大会上,讲了一个他的好友——网球教练彭皮尔给他讲的故事,其意在于告诉每位员工拒绝借口的意义!故事是这样的:

有一次有位学生向彭皮尔请假,因为他想随网球队到外地比赛。

彭皮尔问他:"你是自愿,还是不得不去?"

"我真的没办法不去。"

"不去会有什么后果?"

"他们会把我从校队中剔除。"

"你希望有这种结果吗?"

"不希望。"

"换句话说,你为了想待在校队所以要请假,可是缺了我的课,后果又如何呢?"

"我不知道。"

"仔细想一想,缺课的自然后果是什么?"

"你不会开除我吧?"

"那是社会后果。缺课会有什么自然后果?"

"我想大概是失去学习的机会。"

"不错,所以你必须两相权衡,做个决定。换了我,也会选择网球队,但请决不要说你是被迫这么选的。"

最后这个学生当然还是参加比赛,但却是出于自己的选择。真诚地面对自己的选择,也是对自己的肯定。 心口一致的人更容易获得信任。其实，一个人遇到类似问题的时候，是想找借口还是积极面对，是可以预见的。我们常说"性格决定命运"就是这个道理，积极与消极两种不同性格类型的人在这个问题上的表现会大不相同。

下面我们以日常沟通的语句为例，真切反映一个人对环境的态度。习惯于消极被动的人，言语中就会流露出寻找借口、推卸责任的个性。例如：

"我就这脾气。"仿佛是说：注定改不了。

"他太气人了欺人太甚！"意味着：责任不在我，是别人控制了我的情绪。

"我根本没时间去做。"就是说：是外在的条件不允许。

"要是某人不那么较真就好了"，意思是：别人的行为会影响我的效率。

"你以为我愿意？"意味着：迫于环境或他人。

"如果没堵车我不会迟到。"就是说：错不在我，是遇到不可抗力。

相反的，一向不找借口敷衍别人的人，属于积极主动的人群，言语中自然会流露出对可能性的追求和对自我能力的自信与肯定。例如，他们常说：

"再试试看有没有其他办法。"就是说：即使希望再渺小也不会轻易放弃。

"我相信我可以选择不同的风格。"意思是：遇到问题解决办法不止一条。

"我可以控制自己的情绪。"就是说：对自我控制能力的自信表现。

"请等一下，我可以想出更有效的方法。"意思说自己有一定的解决问题的能力。

两组比较看看，寻找借口、推诿责任的话语往往会强化宿命论。消极被动的人一遍遍地给自己做心理暗示，变得更加自怨自艾，怪罪别人的不是、埋怨环境等一切外在因素，甚至把自己的遭遇和星座运势好坏相联系。人逐渐变得神经质起来，越发不现实越发离谱。而积极承担又有自信的人，凡事的第一反应：找解决问题的方法而不是找借口。这才是成功者应有的态度。

【西点寄语】

凡事第一反应：找方法，而不是找借口。因为借来的东西总是要还的，"借"得多了，自然还得也多。

没有做不到的事

"阳光之下创造自己的传奇，暴雨之中也有无限勇气，不畏惧，向前冲，没有做不到的事。"

世界是无奇不有的，因此具有无穷的魅力；人生是可以创造出奇迹的，所以每个人都应该对自己的人生抱有期待。

然而，生命中的神奇都是如何而来的呢？

敢为人先的精神，创造了多少成功者的神话。但这种神话在实现以前，却是如此让人望而却步。也正是这种机遇和危机共存的特点，才使一部分敢想又敢做的人脱颖而出。

记得王菲的歌里有这么一句词：就像蝴蝶飞不过沧海，没有人忍心责怪。但就是这小小的蝴蝶也有出人意料的勇气。蝴蝶一族在沧海边徘徊了几千年，它一直纳闷海的那边是什么样子。它问那些鸟儿，海的那边是什么？鸟儿说，那边有美丽的森林、绿色的植物和鲜艳的花朵。

　　蝴蝶的祖辈们已经在这个沧海边的花丛里生活了很多年，它没有勇气尝试飞越沧海去领略海那边不一样的世界。直到它慢慢地老了，郊外的花草树木被现代文明挤压得所剩无几，它不得不做一次冒险的尝试。如果可以，它的后辈们便能生活在花朵的世界。那天，它展开翅膀在海边一次次试飞。终于，它闭起眼睛，朝前方飞去。飞到海的中央，头顶是碧蓝的天空，下面是一望无垠的海水。又不知飞了多久，终于，它飞到了梦想中的地方，成了那片花海中唯一的一只蝴蝶，受到了所有植物的拥戴。

　　尝试，很难也很简单。 梦想，离我们很远也很近。

　　这是一个神奇的世界，没有什么不可能的事情，也正是因为这许多可能性的存在，我们的地球，我们的世界才如此生机勃勃。动物尚且如此，充满智慧的人类又如何呢？

　　汉字在 2008 年北京奥运会开幕式上独领风骚，也由此使世人更加热衷了解中华文化的博大精深，我们就拿一个很简单的字来说明这一点。

　　一个口字任意加上两笔，可以变出多少字来？不算不知道，一算太奇妙，答案也是多种多样，现有的结果已经超过 50 个。"旧、目、田、由、甲、申、电、白、石、巴、巨、尺、户、兄、句、叼、叩、叫、叨、叹、占、台、囚、白、四、右、且、史、另、虫、叱、卟、叮、叶、台、加、召、古、叵、可、号、叭、兄、叽、叹、司、叻、尺、由、甲、另、叴、囚、旦……"

感慨的同时也更加肯定一点：没有做不到，只有想不到。我们本身就是为了创造无限的可能才存在的，每个人的一生都是独特而有意义的。如果每个人都能抱着这种想法肯定自己的独一无二，那么请相信人生中也没有什么事情可以让你感到没有信心和郁闷的了。

当父母问孩子：长大之后想做什么，如果孩子说：我想当个科学家，那么请千万不要一笑而过，尊重孩子单纯但又最真实的想法，也是在尊重一种值得称赞的可能性。很多科学家都是从儿时就表现出与众不同的思维。

当老师问自己的学生：以后想上什么样的大学，如果得到的回答是哈佛或者剑桥，那么这是一件值得老师激动的事情。即使这个学生成绩平平，至少他已经拥有了无限可能的精神，值得人去相信即使不是哈佛或者剑桥，他的人生也一定与众不同。

不管想经历怎样的人生，前提都要对未来保持一种积极探索的精神，就像老歌里唱的那样："阳光之下创造自己的传奇，暴雨之中也有无限勇气，不畏惧，向前冲，没有做不到的事。"

想法在头脑里生成；做法在实践里证明。两者之间是相互信任的亲密关系，那么就没有什么是不可能的。只要你能想到的，都可以去尝试，只要你尝试了就是一种收获。做到与否，要靠实践和时间去证明，所以尽请相信：没有做不到，只有想不到。

【西点寄语】

阳光之下创造自己的传奇，暴雨之中也有无限勇气，不畏惧，向前冲，没有做不到的事。

第二章　捍卫"荣誉准则"

维护自己的荣誉

1962年5月,82岁的麦克阿瑟应邀来到他的母校西点军校,接受军校的最高奖励——西尔维纳斯·塞耶荣誉勋章。在这里,他检阅了学员队,进行了自己的告别演说:

今天早晨,当我走出旅馆时,看门人问道:"将军,您上哪儿去?"一听说我要去西点,他说:"您从前去过吗?那可是个好地方!"这样的荣誉是没有人不深受感动的。长期以来,我从事这个职业,又如此热爱这个民族,能获得这样的荣誉简直使我无法表达我的感情。

然而,这种奖赏并不意味着对个人的尊崇,而是象征一个伟大的道德准则:捍卫这块可爱土地上的文化与古老传统的那些人的行为与品质的准则。

这就是这个大奖章的意义。

无论现在还是将来,它都是美国军人道德标准的一种体现。

我一定要遵循这个标准,结合崇高的理想,唤起自豪感,同时始终保持谦虚。

责任、荣誉、国家，这三个神圣的名词庄严地提醒你应该成为怎样的人，可能成为怎样的人，一定要成为怎样的人。

它们将使你精神振奋，让你在丧失勇气时鼓起勇气，在似乎没有理由相信时重建信念，几乎绝望时产生希望。

遗憾得很，我既没有雄辩的辞令、诗意的想象，也没有华丽的隐喻向你们说明它们的意义。

怀疑者一定要说它们只不过是几个名词，一句口号，一句浮夸的话。

每一个迂腐的学究，每一个蛊惑人心的政客，每一个玩世不恭的人，每一个伪君子，每一个惹是生非之徒，很遗憾，还有其他个性不甚正常的人，一定企图贬低它们，甚至对它们进行愚弄和嘲笑。

但这些名词的确能做到：塑造你的基本特性，使你将来成为国防卫士；使你坚强起来，认清自己的懦弱，并勇敢地面对自己的胆怯。

它们教导你在失败时要自尊，要不屈不挠；胜利时要谦和，不要以言语代替行动，不要贪图舒适；要面对重压和困难，勇敢地接受挑战；要学会巍然屹立于风浪之中，但对遇难者要寄予同情；要先律己而后律人；要有纯洁的心灵和崇高的目标；要学会笑，但不要忘记怎么哭；要向往未来，但不可忽略过去；要为人持重，但不可过于严肃；要谦虚，铭记真正伟大的纯朴，真正智慧的虚心，真正强大的温顺。

它们赋予你意志的韧性、想象的质量、感情的活力，从生命的深处焕发精神，以勇敢的姿态克服胆怯，甘于冒险而不贪图安逸。

它们在你们心中创造奇妙的意想不到的希望,以及生命的灵感与欢乐。

它们就是以这种方式教导你们成为军人和君子。

你所率领的是哪一类士兵?他可靠吗?勇敢吗?他有能力赢得胜利吗?

他的故事你全都熟悉,那是一个美国士兵的故事。

我对他的估价是多年前在战场上形成的,至今没有改变。

那时,我把他看作是世界上最高尚的人;现在,我仍然这样看他。他不仅是一个军事品德最优秀的人,而且也是一个最纯洁的人。

他的名字与威望是每一个美国公民的骄傲。

在青壮年时期,他献出了一切人类所赋予的爱情与忠贞。他不需要我及其他人的颂扬,因为他已用自己的鲜血在敌人的胸前谱写了自传。

可是,当我想到他在灾难中的坚忍、在战火里的勇气、在胜利时的谦虚,我满怀的赞美之情油然而生。

他在历史上已成为一位成功爱国者的伟大典范;他在未来将成为子孙认识解放与自由的教导者;现在,他把美德与成就献给我们。

在数十次战役中,在上百个战场上,在成千堆营火旁,我亲眼目睹他坚忍不拔的不朽精神,热爱祖国的自我克制以及不可战胜的坚定决心,这些已经把他的形象铭刻在他的人民心中。

从世界的这一端到另一端,他已经深深地为那勇敢的美酒所陶醉。

当我听到合唱队唱的这些歌曲,我记忆的目光看到第一次世界大战中步履蹒跚的小队,从湿淋淋的黄昏到细雨蒙蒙的黎明,在透湿的背包的重负下疲惫不堪地行军,沉重的脚踝深深地踏在炮弹轰震过的泥泞路上,与敌人进行你死我活的战斗。

他们嘴唇发青,浑身污泥,在风雨中战斗着,从家里被赶到敌人面前,许多人还被赶到上帝的审判席上。

我不了解他们生得是否高贵,可我知道他们死得光荣。

他们从不犹豫,毫无怨恨,满怀信心,嘴边叨念着继续战斗,直到看到胜利的希望才合上双眼。

这一切都是为了它们:责任、荣誉、国家。

当我们蹒跚在寻找光明与真理的道路上时,他们一直在流血、挥汗、洒泪。

20年以后,在世界的另一边,他们又面对着黑黝黝肮脏的散兵坑、阴森森恶臭的战壕、湿淋淋污浊的坑道,还有那酷热的火辣辣的阳光、疾风狂暴的倾盆大雨、荒无人烟的丛林小道。

他们忍受着与亲人长期分离的痛苦煎熬、热带疾病的猖獗蔓延。

他们坚定果敢地防御,他们迅速准确地攻击,他们不屈不挠地前进,他们全面彻底地胜利——永恒的胜利——永远伴随着他们在血泊中的战斗。

在战斗中,那些苍白憔悴的人的目光始终庄严地跟随着

"责任、荣誉、国家"的口号。

这几个名词包含着最高的道德准则,并将经受任何为提高人类道德水准而传播的伦理或哲学的检验。

它所提倡的是正确的事物,它所制止的是谬误的东西。

高于众人之上的战士要履行宗教修炼的最伟大行为——牺牲。

在战斗中,面对着危险与死亡,他显示出造物主按照自己意愿创造人类时所赋予的品质。只有神明能帮助他、支持他,这是任何肉体的勇敢与动物的本能都代替不了的。无论战争如何恐怖,召之即来的战士准备为国捐躯是人类最崇高的进化。

我的生命已近黄昏,暮色已经降临,我昔日的风采和荣誉已经消失。

它们随着对昔日事业的憧憬,带着那余晖消失了。

昔日的记忆奇妙而美好,浸透了眼泪和昨日微笑的安慰和抚爱。

我尽力但徒然地倾听,渴望听到吹奏起床号那迷人的旋律,以及远处战鼓急促敲击的动人节奏。

我在梦中依稀又听到了大炮在轰鸣,又听到了滑膛枪在鸣放,又听到了战场上那陌生、哀愁的呻吟。

然而,晚年的回忆经常将我带回西点军校。

我的耳旁回响着,反复回响着:责任、荣誉、国家。

今天是我对你们进行最后一次的点名。

但我愿你们知道,当我到达彼岸时,我最后想的是:学员队,学员队,还是学员队。

我向大家告别。

麦克阿瑟的演说告诉全天下的学子们，荣誉是职业军人的行为标志，也是军事生涯的重要组成部分。西点重视荣誉如同生命一样，广大青少年应学习并发扬这种精神，把荣誉感融入自己的学习与生活中，相信你会获得成功。

【西点寄语】

西点的基本教育方针指出：责任和荣誉是军事职业伦理观的基本组成部分，它们鼓舞并指导毕业生努力报效国家。荣誉起着某种完美观念的作用，这一作用既可以使爱国主义精神长存，又可以度量责任履行的程度。这无疑充分说明荣誉在这三者之间的重要性，荣誉肩挑着责任和国家。

视荣誉如生命

菲尔将军说："在西点军校，荣誉制度是非常重要的，我认为，这一荣誉制度是西点军校不同于其他学校的关键所在。我非常珍惜这一制度，如果我们去掉它，我宁愿从后备军官训练团和候补军官学校接收陆军军官，而把西点军校忘掉。这就是荣誉制度的重要性。"

第二次世界大战前，美国向全世界发表宣言，表达自己的政治主张和发展战略。这个时候，西点军人看到了自己的责任，看到了自己的使命。他们默默伫立了很久，似乎在静静地等待着召唤。几乎每个学员都充满了成就感、责任感、使命感，并为这种召唤做着准备。

"现在轮到我了。"一位西点人如是说。

西点人独特的做事方式和手段营造了一种氛围,一种类似"以天下为己任"的群体氛围。这种使命感使每个西点人对工作充满了责任与热爱,努力追求卓越,没有丝毫懈怠。

一名西点校友有这样一段真实回忆:

"每一个从西点毕业的人都怀有这种使命感。在西点毕业30年之后的一天,我在五角大楼一间办公室里与我两个最好的朋友喝着咖啡。一个是西点同学汤姆·温斯坦,另一个是经由预官训练队加入陆军的鲍勃·黎斯卡西。这时我们都已是三星将领,都感叹着我们在华府——无论在五角大楼还是在国会山——会碰到这么多一心只想往上钻营的人。

"汤姆是个精明的人,这时他担任陆军情报署署长。我问他:'你为什么还是谨守着那套别人都不当回事的伦理与道德标准活着?为什么不像别人那样也去钻营高位?'

"他想了一下才答复这个问题:'当我进西点的时候,我只是个来自新泽西州、什么都不懂的小孩。在西点的四年里,他们教给我们的那套玩意儿你都还记得吗?好,我告诉你,我真的相信那套玩意儿。'

"是的,我也相信,那就是责任、荣誉、国家。"

每个走进西点军校的新学员都要参加宣誓仪式,他们的誓词是:"为了保卫我们的国家和生活方式,随时准备献出生命。"

祖国,是西点人心中的圣碑。

在其他院校，大学生的生活方式正在快速改变，然而，选择了西点军校，是不能受这种变化影响的。选择了当兵，就意味着奉献与忠诚；选择了西点，就选择了牺牲与执着。西点军校对于荣誉极其重视，男孩们也同样要重视荣誉的重要性，从小就有荣誉观，长大后也必定是一个栋梁之材。

【西点寄语】

西点军人永远把荣誉放在首位，永远忠于自己的国家。永远把荣誉当成自己一生的事业来奋斗，所以他们才会创造一个又一个的奇迹。

勇于坚持自己的原则

西点的荣誉训练是体现在日常生活的小细节中的。比如说，一个新生走在走廊上，突然，被学长碰到并问："你早上有没有刮胡子？"问题来得太过突然，但是，新生必须立刻回答，于是，他的眼前马上浮现出自己一脸泡沫的样子，回答说："报告学长，有。"

但事实也许是，他想起的影像是前天刮胡子的情景：18岁的青年并不需要天天刮胡子；然而他所犯的错并不是存心欺骗，所以与说谎也有着本质的区别。但尽管他并没有真正违反"荣誉守则"，学长和其他军官还是会希望他事后承认自己的错误。因为，勇于认错，知错能改，才是真正的修养。

在很多人看来，这都是无法理解的一种行为：这样一点小小的无心之过，何必如此小题大做呢？然而，这就是西点的教育，因为如果一个人无须面对自己的错误，无须为自己的错误负责，将来就有可能故意说谎，自圆其说，并认为这样理所当然。

西点把培养学员的品格放在首位。 正直被认为是一名军人最核心的品格，这恰恰是现在许多年轻人所缺乏的。 因此，成为西点学员之后，长官都会多次强调正直谦逊这一品格。 没有正直的品格就没有个人的荣誉。

只有勇于坚持自己原则的、有正直品格的人才不会在迷茫或是困境中迷失自己的方向。 而一旦丢弃了品格，那就等于丢弃了一切，即使这个人有着万贯家产，也将得不到他人的认同与尊重，更不可能实现自己对幸福和成功的愿望。

荣誉感是一个人拼搏向上的动力，为了追求它，人往往更能爆发出自己的潜能。 在西点，所有学员都把荣誉看得十分重要。

手术室里，一位年轻护士第一次与著名的外科医生合作，并且担任责任护士。

手术进行了很久，在即将缝合之时，女护士严肃地对医生说："我们手术总共用去了15块纱布，可我只见您取出了14块。"

医生摇摇头："纱布一块也没漏下，别在这儿耽搁时间了。"

"不！"女护士非常执拗，说，"我非常确定您用了15块，而且还有一块没有取出来，因此，我们绝对不能缝合。"

医生还是不予理睬，并对其他人说："手术一切正常，现在听我的，赶紧缝合。"

女护士叫了起来："您不能这样，我们要对病人负责。"

医生脸上露出了一丝笑容，他松开了一直捏在左手心的那第15块纱布，赞赏地对年轻的女护士说："从今以后，你就是我的正式助手。"

西点需要荣誉，国家需要荣誉，世界需要荣誉，而荣誉正是由良好品格所组成，一个人只有有了高贵的品格，才有荣誉、幸福与成功的可能。品格高尚的人光明磊落，他们能无所畏惧地面对这个世界。

【西点寄语】
只有勇于坚持自己原则的、有正直品格的人才不会在迷茫或是困境中迷失自己的方向。而一旦丢弃了品格，那就等于丢弃了一切，即使这个人有着万贯家产，也将得不到他人的认同与尊重，更不可能实现自己对幸福和成功的愿望。

战斗，为了荣誉

西点军校校友、美国第18任总统尤利塞斯·格兰特这样说："进入西点，是一种荣誉，更是一种对自我的挑战。"西点是培养"狮子"的摇篮，其残酷的"不宽容"荣誉制度在向每一个向往并踏入西点的年轻人传达着："想来，那就必须为了荣誉而奋斗！"

"为了荣誉而战"是每一个身在战场上的美国海军陆战队队员心中最激昂最响亮的声音，也是他们不断刷新战绩的动力。

不论和平年代还是战争时期，美国海军陆战队所承受的艰难困苦，在所有美国部队中都是最多的。从新兵训练营的那一刻起，艰苦的生活和巨大的压力就时刻伴随着他们。当然，军官的训练更苦，时间更长，而且军官的淘汰率高达50％！因此，从这儿出来的英雄不计其数。

带领海军陆战队赢得1805年4月27日那场战争的尼维尔·奥班纳，是海军陆战队的第一位英雄，虽然他没有得到任何勋章，但他赢得了陆战队队员永远的钦佩。塞密德雷也是其中的一位英雄，16岁作为海军陆战队的一名军官参加战争，就获得2枚荣誉勋章，他试图退回1枚，但最后还是不得不接受了。普勒不仅是英雄，甚至被称为"圣人"：他从二等兵一直升到中将，先后赢得5枚海军十字勋章，他还常常被视为"永远忠诚"的化身。阿齐伯德·亨德森没有得到过令人羡慕的勋章，但他却在一个关卡守卫长达39年，最后76岁时死于哨所上。

这支队伍之所以如此优秀，就是因为每一名海军陆战队官兵自始至终捍卫着海军陆战队的荣誉。他们英勇善战，在极其艰苦的条件下，以巨大的个人牺牲精神，捍卫着祖国的利益。第二次世界大战中，他们的英勇表现，更是给了那些精于算计的、试图取消海军陆战队的人当头一棒。海军陆战队成为美国所有军队中唯一把他们的规模、结构和任务写进法律的部队！

1947年颁布的美国国家安全法中，明确规定海军陆战队必须包括至少3个陆战师和至少3个空军大队外加适当的支援部队。今天，海军陆战队依然是美国王牌军，被视为美国称霸世界的马前卒。

有一个人，生下来就双目失明，为了生存，他继承了父亲的职业——种花。

虽然他以种花为职业，他却从来没有看到过花的样子。

别人说花是娇美而芬芳的，他有空时就用手指尖触摸花朵、感受花朵，或者用鼻尖去嗅花香。他用心灵去感受花朵，用心灵绘出花的美丽。因此，他对花的热爱超出所有人，每天都定时给花浇水，拔草除虫。在下雨的时候，他宁可淋着，也要给花撑伞；炎热的夏天，他晒着，却要给花遮阳光；刮风时，他顶着狂风，却要用身体为花遮挡……

不就是花吗，值得这么呵护吗？不就是种花吗，值得那么投入吗？很多人甚至认为他不仅是个瞎子，还是个不折不扣的疯子。然而，这位种花的盲人却给了人们一个震撼的回答："我是一个种花的人，我得全身心投入种花中去，这是种花人的荣誉！"

"我是一个种花的人，我得全身心投入种花中去，这是种花人的荣誉！"这句质朴的话却不是一般人能够发自内心说出来的，你能不能由衷地说"我得全身心投入我的工作中去，因为这是我作为员工的荣誉"呢？

其实，荣誉是一个人最宝贵的财富之一。下面，我们来看一段邮差弗雷德的故事。

桑布恩迁入新居几天后，有人敲门来访，房主打开房门一看，外面站着一位邮差。"上午好，桑布恩先生！我的名字是弗雷德，是这里的邮差。我顺道来看看，向您表示欢迎，介绍一下我自己，同时也希望能对您有所了解，比如您所从事的行业。"这位邮差就是弗雷德。

弗雷德中等身材，蓄着一撮小胡子，相貌普通。但他的真诚和热情却溢于言表。

桑布恩先生惊讶极了，收了一辈子的邮件，还从来没见过邮差做这样的自我介绍，但这确实使他的心中一暖。

桑布恩与邮差弗雷德就这样认识了，弗雷德的热情也给他留下了深刻的印象。接下来，桑布恩出差，从外地赶回来时，邮差弗雷德的一个小小举动，更让桑布恩感觉到了温暖。

桑布恩出差回来，刚把钥匙插进锁眼，突然发现门口的擦鞋垫不见了。难道在丹佛连擦鞋垫都有人偷？不太可能。他转头一看，擦鞋垫跑到门廊的角落里了，下面还遮着什么东西。

原来，在桑布恩出差的时候，美国联合递送公司（UPS）误投了他的一个包裹，放到沿街再向前第五家的门廊上。不过幸运的是，弗雷德看到桑布恩先生的包裹送错了地方，于是就把它捡起来，送到桑布恩住处藏好，并在上面留了张字条，解释事情的来龙去脉，又用擦鞋垫把它遮住，以避人耳目。

后来，弗雷德已经不再送信，因为他已经进入桑布恩的企业成为了一名管理者。

邮差成千上万，对于他们中的大多数，它是"一份工作"；对于某些人，它可能是一个让人喜欢的职业；但只对少数几个"弗雷德"，送信才能成为一件使命，一种荣誉，而这种荣誉，就来自对工作的责任感。

荣誉是一个人最宝贵的财富之一，是一笔巨大的"无形资产"。当你能听从内心职责的召唤并将其付诸行动时，你就能发挥出自己最大的效率，更迅速、更容易地获得成功，因为你是在为了荣誉而奋斗。

只要你能时刻把职责视为一种天赋的使命，时刻在工作中尽心尽责，你就能在工作中忘记辛劳，得到欢愉。

在如今变幻莫测的社会环境里，只要树立追求荣誉的信念，努力奋斗，就算没有获得所谓的成功，至少也不会给自己的人生留下遗憾。只要你曾经为了荣誉而奋斗过，那么，你的人生就没有虚度。

【西点寄语】

荣誉是一个人最宝贵的财富之一，是一笔巨大的"无形资产"。当你能听从内心职责的召唤并将其付诸行动时，那么，你就能发挥出自己最大的效率，更迅速、更容易地获得成功，因为你是在为了荣誉而奋斗。

像珍惜生命一样珍惜荣誉

1946年，尼克松当选为美国众议院共和党议员，开始步入政界。6年后，尼克松经过不懈努力，坐到了美国副总统的位置。1960年，做了8年副总统的尼克松竞选总统，但不幸以微弱票差被约翰·肯尼迪击败。竞选失败后，尼克松没有气馁，再接再厉卷土重来，终于在1968年成功当选为美国第46届、第37任总统。1972年，他竞选连任。由于尼克松4年任期表现良好，连任显然不是难事。果然，他以压倒对手的多数票赢得连任。

然而，在尼克松连任期间，其人生沾上了一个大污点，那就是水门事件。水门事件是美国历史上所公开过的最大的政治丑闻，因为尼克松被牵连其中，他被迫做出选择：不是主动辞职，就是被弹劾下台。

经过漫长的25年多的努力奋斗，尼克松才赢得海内外的共同赞誉，但在短短几个月的时间里，他就声名狼藉，名誉扫地。25年多的苦心经营，竟毁于短短几个月，不得不说，这是非常令人遗憾的事情。现实生活中，类似的事件还有很多，平时看报纸或者电视新闻时就能看到很多：

　　法官受参，遭到免职；
　　参议员牵涉调查案，被判有罪；
　　足球教练违反规则被解雇；
　　……

这些违反社会规则和国家法律的人，曾经都取得过巨大的成功和业绩，但他们却自己毁掉了自己辛苦挣来的名誉，让自己的生命贬值。

无论是尼克松，还是社会上那些有成就的人，他们留给世人的教训是深刻的：任何人都要珍视自己的荣誉，千万不要为自己的人生留下污点。否则这个污点，将一辈子如影随形，永远也无法抹去、刷掉、洗净。同时，我们也要记住一点：如果不能维护我们那来之不易的名声，那么我们在千辛万苦、努力奋斗中付出的心血就都付之东流了。正如一句古老的名言所说的那样："荣誉如同生命一样，一旦失去，就不可复得。"

的确,任何人一旦为自己的人生留下了污点,要想消弭是很不容易的,更严重的是,这会影响到自己的一生。

正因为如此,西点才将荣誉看得格外的重,西点不允许学员玷辱荣誉,也就是不允许学员让自己的人生存有污点。如果发现学员有了污点,西点绝对会对其采取最为严厉的处罚。

而西点这样的精神正是身为男孩的你应该学习的,在人生的道路上,你必须学会拒绝污点,也就是一生不玷辱自己的荣誉。我们的人生就好比是一张画纸,画画的纸脏了,可以更换,但我们人生的画纸呢,有了污点我们是不是可以随随便便地扔掉呢?显然这是不可能的,这个污点将永远与你同在,使你的名声受损。所以,在追求名誉伊始就聪明地学会严于律己,拒绝污点,就是保证你能始终保持至高荣誉的关键所在。

【西点寄语】

在人生的道路上,你必须学会拒绝污点,也就是一生不玷辱自己的荣誉。

第三章　勇于承担属于自己的责任

勇敢地承担责任

责任是西点军校对学员的基本要求。它要求所有的学员从入校那天起，都要以服务的精神自觉自愿地去做那些应该做的事，都有义务、有责任履行自己的职责，而且在履行职责时，其出发点不应是为了获得奖赏或避免惩罚，而是发自内心的责任感。

责任无处不在。有人说："任何人都应该各尽其责。要彼此相爱，不依于人。"职责不可推卸，鼓励青少年勇于承担责任不是让人们充当替罪羊，也并非伤自尊，而是对人的良知的呼唤。虽然有些时候承担责任意味着牺牲自身的利益并有损尊严，但你能从中体会到成就感与自豪感。

美西战争时，哈里中尉被派驻南部高地担任陆军连长，负责带领150名美军士兵参加战斗。后来，他这样描述发生在那次战争中的一个故事：

有一天，我接到上级的命令，让我们放下手头的工作，把所有人员和设备转移到距此地50千米外的一个非常偏僻的地方，去修建一座被损坏的大桥，以便能迅速恢复高地的粮食和其他供应。而就在要转移的时候，负责驾驶搬运挖土机的挂车的普列向我报告："长官，我的车子刹车坏了。"我们对视了一会儿，心里都明白，季风季节刚刚过去，而在这个季节中，受雨水和泥土浸泡的机车已受到极大的损坏，并且在这样艰苦的情况下，根本没有配件可换。但任何车辆没有刹车都是致命的，更何况这辆挂车还得负重一辆40多吨重的挖土机，跋涉泥泞不堪的山路，没有刹车也就等于自杀。最后，我对普列说："如果不把那个挖土机拉过去，在那边我们根本没法工作，只有靠它才能把损坏的桥梁挪开。我们是否还有别的办法呢？"

后来，他无奈地说："长官，我可以试一下用引擎减速，但如果那样，到那边后这辆车就彻底损坏了。"我考虑了一会儿，问道："普列，那样你能确保成功吗？"我很明白，这样就是要他用生命做代价去换取这次任务的成功，我也等着他可能拒绝的回答，到时，我就只能再去想别的解决办法——但其实已没有别的办法可想了。出乎我意料的是，普列说："长官，我试试看吧！"

队伍出发后，我和普列都提心吊胆，在一种极其紧张的状态下走完50千米的路程，未敢松一口气。到达目的地后，那辆车的确报废了，但普列总算活着，挖土机也完好如初。当普列走下挂车的那一刻，我看见他摇摇晃晃，似乎快要崩溃了。的确，在这以前，我从未要求过我的部属冒这么大的风险，以后也再没有过，我以普列为荣，真的！

让普列去冒这样的生命危险，当时我的内心其实还是经过一番斗争的。同在战场上出生入死，这种感情情同手足，我碰到的是一件棘手的事情——我为什么要求我的兄弟去冒这样大的危险？为什么？

但我现在也一直认为,我那次的决定是对的,如果事情重现一次,我还会那样做,当然这种想法并不是因为普列的平安无事,而是一种团队责任、一种集体精神、一种执行力、一种复命精神。从感情上讲,我还是很高兴,他并未因此而丧生,否则我会终生内疚。如果他牺牲了,我也不会怀疑我的决定,但我会自责。既然决定是对的,那我就会果断地去做,不管结果如何。对我来讲,这件事情是对我一生的考验。而普列选择的是服从和执行,他表现得更加伟大,并且他最后成功了。

在情况紧急时,发布绝对服从的命令,没有任何借口可言,这是在西点军校一点一滴地培养出来的。我们要对所有的事情不断反省、质疑、分析,然后做出合适的决定。我不知道普列当时是怎样考虑并决定执行的。其实,在此之前的普列并没有什么特别的地方,并且在连队中是出了名的不修边幅。但在他成功复命之后,他成了我眼中的英雄。复命的结果证明他是一个没有任何借口的人,勇于负责的人,他提升了他人生的价值,使千千万万的人从中获益。

在普列就要退伍离队时,他找到我说:"长官,我最近就要退伍回家了,如果我能从四级升到五级,我回到家乡一定会很荣耀的。"

可能是他原来的不修边幅和学历不高,他的军士长一直没有提升他。现在他希望我能提升他一级。我牢记着他那一次的服从和奉献,牢记着我们同甘共苦的经历,我叫他先回去,然后叫来他的军士长,说:"莱克,我想晋升普列一级。"他立刻说了一大堆不同意的理由。听完后,我冷静地说:"莱克,让普列晋升一级。"

普列回家时已经升为五级专员了,后来我再也没有听到有关他的消息,但我认为,他是一个品德高尚的人。

哈里中尉讲的故事给我们提供了一个完美复命的范本。有复命意识的人,也必定是负责、高效、执行力强、忠于使命、热忱、自动自发、没有任何借口、敢于挑战困难、尽一切办法完成任务的人。人有了责任感,才能具有勇往直前的动力,才能找到许许多多有意义的事去做,从而体会自我价值。在复命精神的内在力量驱使下,我们常常更容易生出一种崇高的责任感。

正是西点军校多年来向其学员实施的这种责任感教育,为学员毕业后忠实地履行报效祖国的职责和义务奠定了坚实的思想基础。

男孩们,如果我们像西点军校的学员们那样对任何事情都充满责任感,一切就会大不相同。在社会生活中,个人的行为总是对社会和他人产生直接或间接的影响,因而人的行为必须对他人或社会负责,必须按一定的社会规范去行动。如果人与人之间互不负责,互不尽义务,社会就不成其为社会了。

【西点寄语】

无论我们做什么样的事,都应该尽职尽责,勇敢地承担责任。一个人如果缺乏责任感,他就不可能以认真的态度去处理事情。

做个有担当的男子汉

西点军校前校长班尼迪克说过:西点军校所致力的教育目标,

不仅是培养一流的军官，而且要把一流的年轻人培养成真正的男子汉。 但是，真正的男子汉是要有所担当的，有担当就有责任。 只有责任可以让弱者变强，让强者变得更强。 放弃承担责任，或者蔑视自身的责任，就等于在可以自由通行的路上自设路障，摔倒的只能是自己。 而承担起自己的职责来，则可以战胜自己，对待每件事都能做到尽职尽责，这样才能赢得足够的尊重和荣誉，才能体现自己的真正价值。 作为男孩，双肩上有了担当，才能慢慢成长为真正的男子汉。

二战时，艾森豪威尔将军指挥英美联军横渡英吉利海峡，计划在法国诺曼底登陆。这次登陆事关重大，然而就在万事俱备之际，英吉利海峡却狂风暴雨、风云突变。数千艘战舰泊在海湾等待时机，数十万名军人被困于岸上进退两难。

终于气象学家送来了好消息，天气将在3小时之后变得晴朗。艾森豪威尔明白这是个能够对敌人攻其不备的绝佳时机，但是其中仍然暗藏危机，假如气候情况不如预期，那么军队就有可能遭受重创。

艾森豪威尔慎重考虑之后，决定发起总攻，之后的结果想必大家都知道，这一场战役就是历史上著名的扭转二战局势的"诺曼底登陆"。

但在发起总攻之前，艾森豪威尔在日记中记下这一刻的决定并承诺了责任的归属，他写道："我决定此时此刻发起总攻，是基于当时情况下所能得到的情报和现实状况所做出的最佳决定。但如果事后有任何不尽如人意之处需要有人承担责任，那么就由我来一并承担。"

在承担责任的过程中，你会将个人的得失看淡，将精力放在应尽的职责上。责任就像一根绳子，拉着放任的心，使它归于正位。所以，我们要敢于承担责任：能让我们尽职责的一切——家庭责任、社会责任。漠视责任的人生是危险的人生，也是最为痛苦的人生。人生因责任而充实，也因责任而完整！一个男孩子，只有承担了责任，才能成长为一个顶天立地的男子汉。

大连市巴士司机黄志全，在行车途中突发心脏病，在生命的最后一分钟里，他做了三件事：把车缓缓地停在路边，并用生命里最后力气拉下了手动刹车闸；把车门打开，让乘客安全地下了车；将发动机熄火，确保了汽车和乘客的安全。他做完了这三件事，趴在方向盘上停止了呼吸。黄志全只是一名平凡的司机，他在生命的最后一分钟里所做的一切也并不是惊天动地的大事，然而许多人却牢牢地记住了他的名字。当一些人在为自己要不要承担责任而挣扎思考时，我们或许可以说，他们还没有完全具备这种高尚的品质。因为"担当"是男子汉的内在属性，根本不需要犹豫。

敢于担当的意思是：敢于接受并负起责任。西点军校看中的是每一位学员都能将"责任"二字贯彻一生，能够从始至终。责任不需要整天挂在嘴边，这是一种意识，我们希望男孩明白，在遇到事情的时候必须承担后果。

那么，如何培养自己勇于担当的品质呢？

1. 体验当家做主的权力

家是培养男孩一切优秀品质的摇篮，家也是男孩体现一切品质的舞台。男孩在家里呈现最自然、最真实的自我，任何品质都会淋漓尽致地流露出来。从小当家，学做主人翁，就是早日培养家庭责任意识。具备强烈的家庭责任意识，不仅会对父母孝顺，也能让自己的未来收获更多的幸福。 从对家庭负责，进而学会对自己负责、对工作和社会负责。

2. 安排家务劳动表

每一个家庭都会有一些公共家务，可以安排一个家务日程表，安排每天的值日人员，自己也是一分子。 例如早晨取牛奶、报纸，周末大扫除，晚上收衣服等。 这样会让男孩更强烈地感觉到家庭的责任及义务，使他更像一个主人。

一个男人意识到对家庭的重要性，一个男人应该如何保护、照顾他的家人，主人翁意识才更加强烈，这样才会为了家庭挡风遮雨，才会更有担当、更有责任感。

【西点寄语】

作为男孩，双肩上有了担当，才能慢慢成长为真正的男子汉。

先对自己负责

人生所有履历都排在勇于负责任的精神之后。 西点的学员不论在什么时候，无论穿军服与否，无论在西点校内还是校外，不论是担任值勤还是宿舍值班员，都有义务、有责任履行自己的职责，而这一出发点就是为了对自己负责，也能对别人负责。 作为男孩，就是要做到这一点。

诺曼·施瓦茨科普夫，美国陆军上将，中央司令部司令。1934年8月22日，施瓦茨科普夫出生于美国新泽西州特伦顿市，1951年进入西点军校学习，1956年毕业；毕业后曾在第101师空降师任少尉排长，后调柏林旅并晋升中尉；1961年被选派到本宁堡步兵学校进行步兵军官高级课程学习。

1964年，施瓦茨科普夫获洛杉矶南加利福尼亚大学机械工程学硕士学位，之后到西点军校担任机械工程系教员。1965年，他以少校任南越空降部队顾问，随后还担任过驻越美军指挥部参谋，第二十三步兵旅营营长，1970年自越南战场归国后进入五角大楼工作。1976年，施瓦茨科普夫出任美军第9步兵师第1旅旅长，1978年调任美军太平洋司令部计划部副部长。此间，他参与了陆海空三军联合指挥部的工作。1980年，施瓦茨科普夫晋升为将军，赴欧洲美军第8机械步兵师任副师长，1982年任驻佐治亚州第24机械化步兵师师长。1983年，施瓦茨科普夫任美军入侵格林纳达军事行动联合特遣部队副总司令，奇袭格林纳达成功后，晋升为陆军作战副总参谋长帮办。1986年，他任驻华盛顿美军第1军军长，并晋升为中将，1987年任美军陆军作战副参谋长。

1988年11月，施瓦茨科普夫晋升为四星上将，任美国中央司令部总司令。

施瓦茨科普夫一生经历过无数次的战斗，其作战成果受到世界各国的关注。能取得这样的成就，与他信奉的人生格言息息相关：下令要部下上战场算不了英雄，身先士卒上战场才是英雄好汉。

这就是西点军校以及美国军队中每一个人所持有的做事理念。

为自己负责,才能对别人负责。对于一个男孩子,一个未来的男子汉来说,你必须对自己负责。

20世纪初的一位美国意大利移民叫弗兰克,经过数年的积蓄开办了一家小银行,但一次银行遭抢劫导致了他不平凡的经历。他破产了,储户失去了存款。当他带着妻子和4个儿女从头开始的时候,他决定偿还那笔天文数字般的存款。所有的人都劝他:"你为什么要这样做呢?这件事你是没有责任的。"但他回答:"是的,在法律上也许我没有责任,但在道义上,我有责任,我应该还钱。"偿还的代价是30年的艰苦生活,当寄出最后一笔"债务"时,他轻叹:"现在我终于无债一身轻了。"

弗兰克用一生的辛酸和汗水写出:对别人负责,为自己负责。他寄出的不是债务,而是他闪光的心。勇于承担自己的责任,即便是还债,也无悔无憾,他带给社会巨大的财富,因为他教会了人们如何做一个对社会负责任的人。

西点军校强化的是每一位学员想尽办法完成任何一项任务,哪怕这个任务是属于你自己的,也是如此。作为男孩,就是要做一个对自己负责的人。无论遭遇什么样的困境,都必须学会对自己的一切行为负责!

那么作为男孩,怎样做才能培养为自己负责的行为呢?

1. 做到自己的事自己做,决不依赖父母

在日常生活中,男孩可以做的事情,应自己去做,养成独立的习惯。

责任心是男孩健康成长的基石，也是男孩为自己负责的最基本的条件之一。一个不能对自我负责的男孩，根本无从谈起为他人负责。

2. 强化为自己负责的生命价值

负责的本质在于得到心灵的净化，而并非仅金钱、物质所能企及的，用负责的态度对待生命，对待人生，便是对得起良心，对得起生命的价值。

责任是对心灵的拷问，负责则是对心灵最好的答谢。负责不是隐忍，而是欣然接受；责任不是负担，而是一种享有，一种荣誉。生命以负责的姿态挺立于世，才能博览世界的风采，挖掘生命深处的宝藏。责任心其实是每个人生命中不可缺少的重要组成部分，所以无论何时，都要强化为自己负责的生命价值和意义，都应该以负责任的态度面对成长和学习，面对生活和父母，面对同学和老师。

1920 年的一天，美国一位 12 岁的小男孩正与他的伙伴们玩足球，一不小心，小男孩将足球踢到了邻近一户人家的窗户上，一块窗玻璃被击碎了。

一位老人立即从屋里跑出来，勃然大怒，大声责问是谁干的。伙伴们纷纷逃跑了，小男孩却走到老人跟前，低着头向老人认错，并请求老人宽恕。然而，老人却十分固执，小男孩委屈地哭了。最后，老人同意小男孩回家拿钱赔偿。

回到家，闯了祸的小男孩怯生生地将事情的经过告诉了父亲。父亲并没有因为其年龄还小而开恩，却是板着脸沉思着一言不发。坐在一旁的母亲为儿子说情，开导着父亲。过了不知多久，父亲才冷冰冰地说道："家里虽然有钱，但是他闯的祸，就应该由他自己对过失行为负责。"停了一下，父亲还是掏出了钱，严肃地对小男孩说："这15美元我暂时借给你赔人家，不过，你必须想法还给我。"小男孩从父亲手中接过钱，飞快跑过去赔给了老人。

从此，小男孩一边刻苦读书，一边用空闲时间打工挣钱还父亲。由于他人小，不能干重活，他就到餐馆帮别人洗盘子刷碗，有时还捡捡破烂。经过几个月的努力，他终于挣到了15美元，并自豪地交给了他的父亲。父亲欣然拍着他的肩膀说："一个能为自己的过失行为负责的人，将来一定是会有出息的。"

许多年以后，这位男孩成为美利坚合众国的总统，他就是里根。后来，里根在回忆往事时，深有感触地说："那一次闯祸之后，使我懂得了做人的责任。"

【西点寄语】

为自己负责，才能对别人负责。对于一个男孩子，一个未来的男子汉来说，你必须对自己负责。

责任无处不在

威灵顿曾说："我来到这里是为了履行我的责任，除此之外，我既不会做也不能做任何贪图享乐的事。"

我们每个人，都希冀享受各种各样的权利。但要知道，权利和责任是对等的。也就是说，我们每个人在享受着权利的同时，都有着不可推卸的责任。西点人就十分强调学员责任感的培养，他们对学员的教育首先是从责任教育开始的。

西点学员章程规定：

每个学员无论在什么时候，无论穿军服与否，在西点内还是外，也无论是担任执勤或宿舍值班员，都有义务、有责任履行自己的职责，而这一出发点不是为了获得奖赏或逃避惩罚，是出自内在的责任感。

在西点，责任可以说是无处不在。仅从行为的角度区分，学员就有近20项责任。如遵守纪律，维护纪律的责任；警惕色情，不进行性骚扰的责任；保持等级，不超越职权的责任；正当交往，不违规范的责任；参与全国大选，不违背效忠国家誓言的责任；参与公共事务，不作壁上观的责任；管好经济，不乱花钱的责任，等等。

此外，以下这些也属于西点学员必须履行的责任：每个走进西点军校的新学员，都要参加宣誓仪式，誓词是："为了保卫我们的国家和生活方式，准备献出生命。"毕业任职的时候，学员还要进行宣誓，誓词是："我庄严宣誓支持和捍卫美国宪法，反对一切国内外敌人；我保证对美国宪法忠贞不渝……我将彻底而忠实地履行我即将担负的职责。愿上帝为我做证。"

为了更明了地向学员讲清楚什么叫不推卸责任，教官们常常采用案例教学的方式：

詹姆斯·伍兹是美国的著名演员，曾先后获得金球奖和埃米金像奖。他主演的电影有《迫在眉睫》《密西西比谋杀案》《西点揭秘》《挑战星期天》等。

作为这样一位知名演员，他用父亲给他的教育结合自己的感受给年轻人以劝诫，希望他们能担负起家庭和社会的责任。

詹姆斯·伍兹始终认为自己如今的成功，是父亲模范地履行自己的责任对他感染的结果。

在詹姆斯9岁的时候，父亲做了心脏手术，因血型配得不对，产生了输血反应。在最后的5天里，他已意识到自己将不久于人世，他在去世的那一天打电话给詹姆斯才3岁的弟弟，对他说他已经去世了，去了天堂。他说："上帝让我打电话给你，跟你说声再见。你不要害怕，也不要难过，因为我很好，我是想让你知道我也想你。"

父亲没有打电话给詹姆斯，而是写了封信。在信中对他说，为他在学校里的成绩骄傲，父亲说希望有一天詹姆斯会考上麻省理工学院。后来，他果真上了麻省理工学院。父亲还对詹姆斯说，相信他无论做什么，只要尽力肯定都会成功的。

詹姆斯的母亲和父亲只为一件事情真正争吵过，这事涉及钱。父亲是想要为他们已经抵押出去的住房买份保险。他对母亲说："这笔投资是省不得的。要是我有什么不测，你和孩子就能保住这幢房子。"

可母亲反对说："我们没有钱买这份保险。"6个月后，父亲去世了，母亲想，这下他们要被扫地出门了。但在3星期后，保险公司的理赔员带来了一张支票，这笔钱正好是他们所欠的房款。原来，父亲在去世前自己设法偷偷省着钱，买了抵押保险，一直在缴付保险费，现在他安静地躺在墓地里，却还在关怀和照料着他们。

詹姆斯时常想起父亲说的那句话：一个男人，要赢得尊重，就必须承担起自己的责任。他父亲用他的一生对这句话做了最好的解释，而这句话也成了他的人生准则。

"一个男人，要赢得尊重，就必须承担起自己的责任。"这句话，这个故事，不仅让西点人受益匪浅，更应成为每个男子汉必须认真思考的一个问题。

西点坚信，没有责任感的军官不是合格的军官，没有责任感的公民不是好公民。在西点一刻也不松懈对学员责任的灌输之下，学员们学会了勇于承担自己的责任。有许多或许并不是特别有名的西点学员，他们在为人处世上都奉行着不逃避责任、不推卸责任的态度。西点1996届的毕业生托尼森就是其中很普通的一个：

> 托尼森毕业后自愿申请去了越南服役，被派往越南金兰湾，负责修筑沿海地区的公路。以托尼森工兵团少尉的身份，再加上是美国大兵，在越南修路完全可以远远地监督工程的进度即可，但是他却实打实跟着大家同甘共苦。他对自己说：只要他们的双脚踩在泥水里，我就决不应该让自己的双脚干着。

那么，是什么让托尼森与别的军官不一样呢？毫无疑问，是强烈的责任感。因为心中那份强烈的责任意识，使得托尼森觉得，他也是修路队员中的一分子，他必须和其他人一样干活，没有任何特例。这种不推卸责任的行为，让他与别人格外不同。

毕业于西点的海军中将纳尔逊也是一个非常普通的具有强烈责任感的人。

纳尔逊1870年参加海军，21岁荣升为上尉。在两次战役中，他分别失去右眼和右臂，复员返乡。1896年，纳尔逊重返军队。两年后的10月21日，在古巴特拉法尔加角海战中，他率领的部队打败法西联合舰队，最终挫败西班牙入侵美国的计划，他也在作战中阵亡。在他闭上眼睛之前，他反复说的一句话是："感谢上帝，我履行了我的职责。"

纳尔逊最后的话，和很多士兵最后的话都不一样。他没有表达对生命的眷恋，没有表达对死亡的恐惧，没有对后事做出托付，而是表达了心中的一种欣慰，道出了军人的一个行为准则：履行自己应尽的责任。纳尔逊牺牲了，但英勇的他却用生命履行了自己的责任，给下属们做出了榜样。

托尼森、纳尔逊只是西点众多学员中非常普通的人，但仅通过他们的故事，我们不难猜到其他西点人对责任的态度，他们一定不会比托尼森、纳尔逊逊色。

事实的确如此，西点人的责任意识是所有人公认的。而正因为西点人具有高度的责任感，美国政府经常非常放心地将重要任务交与西点人。如：

每年春天西点将有900名左右的学员毕业，他们每人都被授予学士学位，并作为中尉在美国陆军服役，经过6周的培训后，他们都将被派到最危险、最有战争敏感气氛的地区去担任一份军官职务。

单单这个事实就让人震惊，一个国家把在编部队的安全交付给了仅二十一二岁的年轻人。更不要说看管和部署大规模杀伤性武器，维护和平和应付偶发战事。

可以说，人们过虑了，其实根本没有什么可震惊或担忧的。

美国政府既然做出这样的决策，一定是对西点人做过了一番考量，毕竟谁也不敢拿国家的安危来冒险。

而相关的事实是：一旦离开西点，绝大多数年轻人毫无疑问是胜任工作的。因为从他们踏进校园的那一刻起，学员就开始学习准备承担责任了，他们会在任何地点、时间将要负的责任一负到底。

西点军校1954届毕业生、得州大学前校长詹姆斯·克拉克曾说："责任重于生命，我们的一生也许就是为了完成一个、两个或者更多的任务，履行我们的责任。尽管有些任务不可能完成，但只要尽责，那也是一种荣誉。"

在执行任务的过程中，西点军人不管面对多么艰巨的困难，都会毫不犹豫地承担下来，绝不会推脱自己的责任。对西点军人而言，责任就是一种荣誉。西点军人历来都把能够承担责任的军人看作勇士，给予他们比战死在沙场还要光荣的评价。

其实，自然万物都有自己的责任，花有果的责任，云有雨的责任，太阳有光明的责任，而我们每个人，也都应担负各自的责任。作为军人就要保家卫国，这是责任；作为父母就要精心养育自己的儿女，这是责任；作为教师就要解惑授业，这是责任；作为医生就要救死扶伤，这是责任。

实际上，不管我们做任何事，只要能像西点人一样怀着一颗勇于负责的心，全心全意，尽职尽责，我们的生活就会变得更加充实，人生也就会因此而变得更加意义非凡。

【西点寄语】

不管我们做任何事，只要能像西点人一样怀着一颗勇于负责的心，全心全意，尽职尽责，我们的生活就会变得更加充实，人生也就会因此而变得更加意义非凡。

不许推卸责任

西点人认为,推卸责任是一种奇耻大辱。当国家把安危交付给他们的时候,西点军人觉得没有任何事情能比承担起这个责任更为重要和伟大。就如西点毕业生罗伯特·爱德华·李所说的那样:"责任在我们的语言里是一个最崇高的字眼,做所有的事情都应尽职尽责。"

人生在世,每人都有着不可推卸的责任。西点军校就十分强调学员的责任感。

西点学员都必须宣誓要忠诚,并把自己和其他人区别开来。学员接受了与职务相符的所有特权,也必须承担应尽的义务。摆在学员面前最棘手的问题是"不容忍"条款。这一条款每天都提醒学生记住,要承担神圣的职责,它远高于个人感情。

学生必须有鲜明的整体荣誉感,不能容忍或袖手旁观任何学生的任何有损荣誉的行为。容忍某一学生的违法违纪行为与学生的标准不符,也与社会对正直人的要求不符。"不容忍"是全体学员遵循军校座右铭"责任、荣誉、国家"的具体体现。任何违反荣誉准则或军校规定,甚至漫不经心以及找寻各种借口开脱的行为,都是西点所不能容忍的。不管是无意还是有意地违反规定的行为,有人见到不报告,同样也被视作违反了规定,甚至处罚更重,这就是西点独特的军规。

在规定时间内,学生如果未向上级报告与荣誉有关的尚未解决的事情,那么,这个学生就是以"容忍"的方式违背了荣誉准则。这个规定的时间长度被认定为不超过24小时。每个学生都必须牢记,迅速解决问题对所有牵涉其中的人都最为有利。否则,学员就很有可能受到牵连,一并受到严厉处罚。

假如某位学员确信发生了违反荣誉准则的事情,他可以当面询问有嫌疑的学员,并给他解释自己行为的机会。有时会发生一些看来可能是违反荣誉准则的事情,但一经严肃地查问后,发现那只不过是一种误解或错觉。遇到这种情况,学生可放弃干预此事。但如果学生仍怀疑确有违纪发生,那么他有责任:鼓励涉嫌学生向相关荣誉代表报告此事,同时必须向自己的相关荣誉代表报告"嫌疑案"。

在别人看来这么做是不近人情,但唯有"不容忍"违反纪律、玷污荣誉、逃避责任的行为发生,才是一个尽职尽责的真正军人应该做的。

可以说,任何一位西点精英都没有推卸和逃避责任的习惯,而在现实中,只有勇担责任、重视责任的人才是受人欢迎的人,受人尊敬的人。

"5·12"汶川大地震发生后,震区疮痍满目,但一所镇办初中——安县桑枣中学的校长却把孩子们全部安全带到了家长面前,告诉家长"娃娃连汗毛也没有少一根",这真是一个奇迹!

创造这个奇迹的人叫叶志平,一位普通的中学校长。2200名学生,上百名老师,在地震中安然无恙,桑枣中学被首批授予"抗震救灾先进集体"称号,叶志平也被网友称为灾区"最牛校长",他用自己的责任心换来了全校师生的生命安全。

叶志平认为,责任高于一切,责任心比任何东西都重要。在接受采访时,他说:"在桑枣中学,我们学校的墙上有句话就是'责任高于一切,成就源于付出'。这句话是在哪本书上看到的,我已经记不清楚了,但这句话写得挺好。我认为我们老师是一个非常非常普通的人,我当了老师,又是校长,要对这个责任有一个清醒的认识,这个责任比什么都高,因为你的责任就是对孩子的生命负责,这是高于一切的责任。同时,这个责任又是对你最基本的要求,孩子到了学校,即便你不是校长,也不是老师,你作为一个善良的人,保护孩子的生命也是应该做的。所以我说这个责任对于我们来说,不但是高于一切的、最高的责任、最大的责任,同时也是对我们老师的一个最基本的要求,那就是保护孩子的生命。"

在2008年5月12日14点28分,四川省汶川县发生了8.0级强烈地震以后,桑枣中学的全体师生,包括2200多名学生,100多名教师,分别从各个教学楼以及各个教室里,全部冲到了操场上,以班级为团队站好,总共花了1分钟36秒。地震发生时,校长叶志平正在绵阳县办理事务,手机没有信号,电话也打不通,他从绵阳县疯一般地冲回学校,眼前出现了这样的情景:学校外面的房屋全部遭受了地震的侵袭,学校内的八栋教学楼也震塌了一部分,都变成了危楼,最让他担心害怕的、加固了许多年的实验楼,却相对完好。当听到老师汇报"学生和老师们都安然无恙"的时候,他流下了激动的泪水。

叶志平自从出任桑枣中学的校长之后,就一直担心学校当时的实验楼。20世纪80年代中期建造的这栋楼,因为没找正规的建筑公司，也就没人敢验收此楼。于是，叶志平自1997年起，接连几年都在改造加固这栋楼，新建的时候才用了17万元，可仅加固就用了40多万元。学校里没钱，叶志平就一点一点地向教育局申请维修费。他心里清楚，光修建结实的教学楼还远远不够，在出现紧急情况时，有序地疏散学生也非常关键。自2005年起，每个学期，他都组织全体师生进行一次紧急疏散的实战演习。学校规定好各个班级固定的单行疏散路线。在疏散时，要求两个班共同使用一个楼梯，每个班一定要排成一线。各班疏散到操场上的地方也是指定好了的，每一次每个班级都站在各自的位置上。

10多年来，校长叶志平好像都在和死神进行着一场争分夺秒的赛跑。依照良心与责任，叶志平校长做了他觉得自己一定要做的那一点事情，在拯救全校2200多名师生生命的同时，也为人们提供了一个反思汶川地震灾难的全新视角。

叶志平曾说："我经常想，如果学生出事了，我们怎么给学生家长交代啊，就是这么简单的道理。我大事做不了，你叫我去修三峡电站，我修不了，你给我惊天动地的大事业我也做不了，但是，我一定能够把小事做好。哪一件小事？就是当我发现我们学校有安全隐患，我又有能力想办法把它排除掉的时候，我一定要想办法把这个事情做好。"

正是校长叶志平强烈的责任心，才使桑枣中学的2200多名学生以及100多名教师在地震中能够平安生存下来，没有一个人伤亡！

在现实生活中，很多人只想着能够从工作中或社会上获得什么东西，却很少主动去付出什么，不付出怎能有收获？你只有在自己的工作岗位上尽职尽责，全心全意地做工作，才能在工作中有所成就。

是我们的责任，我们就必须认真履行。西点学员意识到了责任的重要，并以履行自己的职责为使命，他们做每一件事都要全心全意。如此，才能够获得荣誉，也才能获得成功。西点学员对于责任的这种精神激发着他们的潜力，成就了许多荣耀。

【西点寄语】

责任在我们的语言里是一个最崇高的字眼，做所有的事情都应尽职尽责。

认清自己的责任

只有认清自己的责任，才能知道该如何承担责任；认清自己的责任，还有一点好处就是，能减少对责任的推诿，让借口无处藏身。

生活中，出现找借口现象的原因是很多人不清楚自己的责任。一旦出现问题，他们不会在自身上找问题，而习惯于把责任推脱给他人。尤其是在责任模棱两可或者责任共担的情况下，他们总会想方设法把自己身上的责任推得一干二净。

刘文龙曾经担任公司的财务总监。有一次，他下属的财务部在计算客户返利时，多算了15万元，而这15万元肯定是收不回来了。老板知道这事后很生气，他把刘文龙叫到办公室。

"你手下的人出了这个问题,这么长时间,你竟然没有发现?"老板问道。

"这些返利,通常是由营销部报到财务部,财务部签了字之后我再签。我事情太多,当时没有看清楚。"刘文龙说。

"没有看清楚?难道你的事情比我还多吗?"老板没好气地说。他把刘文龙叫来问话,实际上也并不是要刘文龙承担损失,只是给他敲敲警钟,希望不要让类似的事情再发生。刘文龙却以事情多为借口推卸责任,首先从态度上就不过关,令老板很失望。

刘文龙自知话没说对,赶紧表示立即处理,但他接下来说的话更糟糕:"我立即去处罚财务部经理。"

"处罚财务部经理?"老板终于愤怒了,"难道你认为自己就没有责任?难道你认为处罚就能够解决问题?我本来不想处罚任何人,但我现在觉得你才最该受到处罚,你的责任意识差到让人非常失望的地步了!这事应该由你负全部责任!"

财务部出了问题,作为财务总监的刘文龙是负有责任的,但他没有弄清楚自己的岗位职责,一直在为自己找借口开脱,甚至拿下属做垫背。这才是让老板愤怒的真正原因。

犯了错误不可怕,可怕的是人人都为自己找借口,没人愿意承担责任。 这种现象将导致谁也不负责,形成恶性循环。 因此,我们要弄清楚每个人的责任,不要让借口成为推卸责任的方式。

南京明城墙是我国保存比较完整的古城墙,也是世界上现存最大的古代砖城,这与它所用砖块的质量关系密切。据记载,该城墙所用砖块都是由长江中下游附近的150多个府(州)、县烧制的。砖的侧面刻着铭文,除时间、府县外,还有4个人的名字,分别是监造官、烧窑匠、制砖人、提调官(运输官)。

砖上刻人名的用意,用现在的话来说,就是职责分明、责任到位。参与人员的名字都刻在砖上,清清楚楚,一旦出现问题,谁也赖不掉。无论监造官、提调官,还是烧窑匠、制砖人,哪个环节出了问题,一样要被追究责任。这就使得参与人员丝毫不敢懈怠,都尽职尽责地努力工作。最后交砖时,检验更为严格,由检验官指挥两名士兵抱砖相击,如铿锵有声、清脆悦耳而不破碎,属于合格;如相击断裂,则令重新烧制。正因为责任如此明晰,才保证了城砖质量上乘。南京明城墙历经600多年的风雨,至今仍巍然屹立。

从上面的例子可以看出,要想解决找借口这一问题,主要是要明确自己的责任。只有认清了自己的责任,才能知道该如何承担责任。认清了自己的责任,还可以减少对责任的推诿。

明确责任才会更好地承担责任,明确责任才不会找借口推卸责任,明确责任才能让借口无处藏身。

【西点寄语】

只有认清自己的责任,才能知道该如何承担责任;认清自己的责任,还有一点好处就是,能减少对责任的推诿,让借口无处藏身。

第四章　诚信是成功的基础

最大的罪恶就是说谎

西点军校的《学员荣誉准则》里明确规定"学员不得撒谎、欺骗和行窃，也不得容忍他人有上述行为"。

举例来说，如果学员从图书馆借阅的图书过期不还，就会被视为撒谎，绝不是罚些"滞纳金"或说声"对不起"便可了结的。

如果学员考试作弊，就会被视为行为恶劣的欺骗，而给作弊者提供"帮助"的学员，不仅也会被视为同犯，而且还会罪加一等，处罚也更加严厉。

如果考试时监考老师说了"停笔"，学员没有放下笔，还继续作答，那他就是违反了荣誉守则，这在西点军校视同作弊。听到停笔命令立刻把笔放下，这应该变成一种条件反射。如果他继续作答，就必须站出来承认错误，而其他同学看到他继续作答，也必须提出检举。

如果学员在撰写论文时，对一些引用的观点和文字不加以说明，一经查出，轻者就要被严厉批评，重者则会面临被勒令退学的危险。

对于签名，西点军校这样认为：个人签名或姓名起首字母肯定了一种书面信息。学员在文件上签了名就表明：他认为，文件是真实准确的，否则就不能签上高贵的名字。

对于缺席卡，西点军校规定：缺席卡简化了说明的程序，当学员在缺席卡上打记号或指定别人打记号时，即等于这个学员正式声明：在此时间内，他将缺席。 此卡反映的是学员的踪迹。 如果学员无意超过时间期限必须尽早向上级报告说明，否则校方将以说谎论处。

签名和缺席卡在我们的生活工作中也会经常用到。 而西点军校对之所做的严格意义的规定则是我们普通人难以想象的。 西点军校对学员生活的每个方面和细节都做了严格的约束，这些苛刻的规定，我们又有几个能保证做得到呢？

从这些我们看来是"小错误"的惩罚规定中，我们见识了西点军校对"荣誉"的坚决无条件拥护。 西点军校关于诚实和不许说谎的标准真是比美国国家标准还要高。 西点军校认为一个真正不说谎的人，不但不能对别人说谎，也不能对自己说谎。 学员不单单在军队中要诚实可靠，在任何其他环境中都应该保持这种品格，因为荣誉是西点军校的生命。

西点军校毕业生、Compass 集团总裁约翰·克里斯劳曾经回忆说："我以前的一个室友违反了荣誉准则。 当他把所做的事告诉我时，我并没有网开一面，而是告发了他。 这并不是由于我不在乎他，我深深地关心他。 但我知道，与他被给予第二次机会相比，原则更重要。 我当时 18 岁，我知道我首要的责任是坚守荣誉的原则。"

在西点军校，"说谎是最大的罪恶"，必须给予严厉的惩罚。 如果一个人无须面对自己的错误，无须为自己的错误负责，那将来他就会认为犯错误是理所当然的事情，根本无须担责任。 久而久之，便把说谎犯错当成一种习惯，甚至对说谎得心应手、自圆其说，时间一长，便害人害己，至于荣誉更无从谈起。

西点军校对于学员违反荣誉的行为给予的严厉处罚也是我们闻

所未闻的。对于犯错误的学员，学校会召开"荣誉听证会"——类似法庭审判一样，有关学员违规行为的正反证据都在听证会上一一列举，最后由荣誉委员会共同表决。如果最后判决的结果是该生确实违反了荣誉守则，违规学员就必须退学。西点军校曾经有这样一个例子：一位学员因为拷贝另一位学员电脑上的程式，然后修改了档案名称和一些细节后，以之充当了自己的设计交给老师。这名学员因此被其他学员控告欺骗（抄袭他人作品）而在听证会上接受调查。经荣誉委员会调查后判决，该名学员同时违反荣誉守则的两项规定。最后该学员被判欺骗（抄袭他人作品）以及说谎而遭到退学。

这在我们看来实在是匪夷所思，因为"抄袭"在当今社会已经是一个普遍存在的现象，即使法律也不能使之规范。而西点军校却能坚持令出必行，对违反荣誉原则者严惩不贷。以鲜明的事实论证了在任何情形下都言行一致的必要性。

的确，只有诚实，才能长久。正是有了对荣誉至上的拥护才成就了西点学员在许多领域尤其是商界的非凡成就。通过诚实合法的劳动取得的成功，其价值远比从欺骗中得来的利益大过千倍。

然而在现实生活中，谁又能保证自己从来没有说过谎呢？也许是迫于无奈才说的谎，也许是一种善意的谎言，但这种情况毕竟比较少。更多的谎言是从自身膨胀的欲望出发，甚至还有很多人都认为，欺骗、说谎是一种有利可图的勾当。他们利用着普通人的善心，以各种各样欺骗的手段博取善良人们的同情，以之牟取金钱和名誉，有时候为了达到目的，他们甚至披着行善的外衣让人们辨不清真伪。从西点军校的事例中，我们又能借鉴什么呢？我们又该如何组织我们的"荣誉听证会"来审判那些说谎的人呢？

的确，"诚信"会让人变得高贵而强大。它是人类的"第二个"身份证，是最美丽的外套，是心灵最圣洁的鲜花。天底下没有一种广告比诚实不欺、言行可靠的美誉更能博取他人的信任。一个言行诚实的人，自有正义公理做后盾，所以才能毫不畏缩地面对世界。而一个不讲诚信的人，是可悲的、可怜的、可恨的，也是可怕的。当他说谎时，他会在内心听到这样的声音："我是一个说谎话的卑污者，一个戴假面具者"，而审判他的自有头顶的星空和心中的道德法庭。

【西点寄语】

"诚信"会让人变得高贵而强大。它是人类的"第二个"身份证，是最美丽的外套，是心灵最圣洁的鲜花。天底下没有一种广告比诚实不欺、言行可靠的美誉更能博取他人的信任。

诚信是特殊的人格力量

诚信是人的基本道德品质之一，也是受人欢迎的基本条件之一。一个诚信的人首先是一个诚实待己的人，一个敢于面对自我真实面目的人。这样的人能全面客观地审视自我，既不妄自尊大、自欺欺人，也少妄自菲薄、自我贬低。俗话说"知己知彼，百战不殆"，对自己的情况了然于心，就已经成功了一半。因为只有那些全面把握自己优点和缺点的人，才能真正了解自我成功的可能性和局限性，既不会因为他人的赞誉或阿谀奉承忘乎所以，也不会因为别人的否定或自己的一次失败就气馁。这样的人往往会在别人惊奇的目光中从小成功走向大成功。这就是诚信所具有的特殊人格力量。拥有诚信品质的人总能看到他人看不到的事实，总能达到别人达不到的成功。可见，具备了诚信的品质，就有可能把成功握在手中。

一直以来，诚信都是西点军校校训制度的核心内容。曾为西点学子的陆军部长牛顿·贝克就这样说过："士兵的不诚实就是拿自己伙伴们的生命和政府的荣誉开玩笑，因此，这对士兵而言，已经不再是什么自豪或自尊的问题了，而是成为一种绝对的需要，即毫不含糊、不打折扣、绝对忠诚的性格。"

西点军校强调，虽然坚定地履行诺言是非常困难的，但是，实践了诺言之后，回报也是十分丰厚的。

1835年，摩根成为"伊特纳火灾保险公司"的股东。不久，有一家在伊特纳保了险的公司发生了火灾，按照保险规定，完全付清赔偿金，保险公司就会破产，因此股东们纷纷要求退股。

按照规章，摩根也可以要求退股，可是，他认为信誉比金钱重要。于是，他四处筹款，甚至卖掉了自己的房产，低价收购了所有要求退股的股份，然后将赔偿金如数返还给了投保的客户。

这无疑是一种高效广告，一时间，伊特纳火灾保险公司声名大振，很少有人不知道这家公司的。

几乎已经身无分文的摩根就这样成了这家保险公司的"法人"。可是保险公司已面临破产，难以为继，无奈之中，他打出广告："凡是再参加伊特纳火灾保险公司的客户，保险金一律加倍收取。"不料客户却蜂拥而至，伊特纳火灾保险公司也从此崛起。正是这次经历使得摩根开始走上成功之路。

由此可见，诚信的力量真是不可估量！

"诚"是指诚实，"信"是指守信，合起来的意思是说，诚实正直，言而有信。诚是信的基础与前提。只有诚信于心，才能言行一致。自古以来，无论是西方还是东方，任何社会都把诚信作为美德加以推崇，诚实守信的人总能优先赢得别人的赞赏或认可。因此，诚信能为个体在社会中获得成功奠定坚实的基础。

在西点人看来，作为一个单独的个体，我们不必去崇拜别人的成功，也不用去畏惧自己的失败。只要学会真诚，我们就能最大限度地把握自己的命运。

诚信能使你在与人交往中，展现出巨大的人格魅力。孔子一贯主张人与人之间的交往要遵守诚信的原则。他说，"人而无信，不知其可也"，意思是说，人生在世，总要与别人交往，那么就不可避免地有一个取信于人的问题。要取信于人，就要真心诚意，表里如一，毫无矫揉造作地待人处事。那种"逢人只讲三分话，不可全抛一片心"的人生哲学，只能拉大与别人的心理距离，难以得到别人的理解和帮助。

另外，守信是人格确立的重要途径，也是人与人之间交往得以继续的前提。没有人愿意与不讲信用的人交往，只要欺骗别人一次，就很可能永远失去了别人的信任，更谈不上别人对你的重用。当别人知道你不可靠时，你的机会就将消失殆尽。客户不会喜欢与一个经常行骗的人做生意；领导不放心把一项重要的工作交给一个不值得信赖的人；朋友也不愿意与一个虚伪的人合作……尽管你有满腔成功的热望和满腹的才华，若失去了别人的信赖，你将再也没有施展才华的机会。

西点的校官们经常这样教育学员：若要成功，就该把创造信誉作为自己生命里最重要的事情，不断地向别人证明你是一个可靠的人，一个值得信赖的人。人们只有相信了你，才会去相信你的观点、思想或产品。一个人拥有了诚信，就会赢得更多的朋友、更多的合作者和更多施展自己才华的机会。

那么，我们要如何才能做到诚信？具体怎样做才能算得上是诚信呢？

首先，要做到真诚，不能只在外表上下功夫。说话表情和技巧虽好，而你的内心不诚，至多成为"巧言令色"的人罢了。对方如不是糊涂之辈，定会看出你的虚伪，因为内心不诚，凭你巧言令色，终有若干破绽，一旦给对方看出，人家怎么还会信任你呢？相反，内心真诚，即使拙于辞令，拙于表情，却能体现出你的真实感情，效力更大，只要对方对你素无误会，你的真诚，必能感人。

其次，与人交往切不可用欺骗手段，欺骗也许能得一时之利，却不能维持长久。如果你有过欺骗的行为，即使你某一次真是有诚意，仍会被认为是另一种姿态的虚伪。因此，做人千万不可有任何欺骗的行为。也许你曾遇过这种人，你以诚相待，他却以"诡"回报，于是，你便对诚信的效用产生了怀疑。其实，真诚的力量是绝对的，之所以会发生例外，只是由于你的真诚不足以打动对方的心。对一切你要"反求诸己"，不必"求诸人"，这是用真诚动人的唯一原则。

要想使自己成为真诚的人，首先要锻炼自己在小事上做到完全诚实。当你不便讲真话时，不要编造谎言，不要去重复那些不真实的流言蜚语。

这些看起来是微不足道的，但是当你真正在寻求真诚并且开始发现它的时候，它本身的力量就会使你着迷。最终，你会明白，几乎任何一件有价值的事，都包含着它本身不容违背的真诚内涵。如果你追求它并且发现了它的真谛，你就一定能使自己进一步完善。

平时没有树立诚实的好品格,到关键时刻你的话就不能引起足够的重视。诚实是一种长期投资,持久地坚持这个原则,迟早会给你带来丰厚的收益。

总之,想成功就要先做一个讲诚信的人,因为诚信是成功的助推器。

【西点寄语】

诚实是一种长期投资,持久地坚持这个原则,迟早会给你带来丰厚的收益。

说到做到

百事可乐的总裁卡尔·威勒欧普到科罗拉多大学演讲的时候,有一个名叫杰夫的商人通过演讲会的主办方约卡尔见面谈一谈。卡尔答应了,但只能在演讲后而且只有15分钟的时间。

杰夫就在大学礼堂外面坐等。卡尔兴致勃勃地为大学生们演讲,讲他的创业史,讲商业成功必须遵守的原则,不知不觉中已过了与杰夫约定的见面时间,显然他已忘记了与别人的约定。

正当卡尔继续兴致很高地演讲时,一个人径直走到讲台上来,一言不发地放下一张名片后转身离去。卡尔拿起名片一看,背面写着:"您和杰夫在下午两点半有约在先。"

卡尔猛然省悟,没有犹豫,即对大学生们说:"谢谢大家来听我讲演，本来我还想和大家继续探讨一些问题，但我有一个约会，而且已经迟到了。迟到已经是对别人的不礼貌，我不能失约，所以请大家原谅，并祝大家好运。"于是他果断地终止了演讲，到外面找到了正在等他的杰夫。后来杰夫成了一名成功的商人，他把这段经历告诉了他的朋友们。他的朋友们都对百事可乐产生了信任并决定经销和宣传百事可乐。

许诺是人人都能做到的事情，但守诺却不是人人都能做到的。生活之中，人人都知道"一诺千金"的道理。不论是对他人还是对自己，承诺都具备一种无形的约束力量。对一个男子汉来讲，如果不能做到言出必行，那么你在别人眼中的信誉就会大打折扣，就可能会因为言而无信受到别人的轻视和排斥。

关于这一点，西点也曾这样承认：坚定地履行诺言是很困难的一件事情。

然而，作为一个男子汉，我们又都知道一诺千金的道理。对别人做出了承诺，就要尽力去实现，即便为此付出一些代价。

所以，作为男孩，在人生的道路上，你一定要清楚这样一点：宁可不许诺，也不要不守诺。因为不许诺你也许会赢得谨慎的声名，但不守诺肯定会让你落个言而无信、不诚实的评价，更有甚者还可能失去朋友，将自己陷入孤立的境地。

【西点寄语】

宁可不许诺，也不要不守诺。因为不许诺你也许会赢得谨慎的声名，但不守诺肯定会让你落个言而无信、不诚实的评价，更有甚者还可能失去朋友，将自己陷入孤立的境地。

有诚信才会被人尊敬

有一个老锁匠，技艺高超，一生开锁无数，且为人正直。他把自己的姓名和地址告诉每个修锁的人，说："如果你家有贼进入，只要是用钥匙打开的家门，你来找我！"

老锁匠渐渐老了，为了后继有人，他开始物色徒弟。最后老锁匠将一身技艺传给了两个年轻人。

一年之后，两个年轻人有了一手技艺，但他俩之中只有一个能得到真传，老锁匠决定用一次考试来确定。

老锁匠拿了两个保险柜，分放在两个房间，让两个徒弟去打开，看谁花的时间短。结果大徒弟只用了半小时就完成了任务，众人都觉得大徒弟必胜无疑。老锁匠问大徒弟："保险柜里装的是什么？"大徒弟顿时两眼放光："有很多钱，全是百元大钞。"老锁匠转过脸又问小徒弟，小徒弟支吾了半天说："师傅，我没看，您只让我开锁，我就打开了锁，但没往里看。"

老锁匠很欣慰，郑重宣布二徒弟为他的真传弟子。大徒弟不甘心，众人也很纳闷，老锁匠微微一笑："人行事都要讲一个'信'字，尤其是开锁这个活计，更需要高尚的道德情操。我是要把徒弟培养成一个技艺高超的锁匠，他心中只能有锁而不能有任何杂念，要对钱财视若无睹；否则一点点贪欲，就会引发杂念丛生，私心膨胀，登门入室或打开保险柜简直易如反掌，这对别人不负责，对自己更不负责。修锁的人，心中要有一把永远不能打开的锁。"

人心是把锁，有时能打开，有时决不能打开，比如私心贪欲的那部分。打开了私心和贪欲，结果反而什么都得不到。

老锁匠的话带给我们的思考也是深刻的。诚信是人的立身之本，一个人如果没有诚信就不会有人相信你；没有诚信，你也很难赢得别人的尊重。

西点就深明诚信对人发展的重要性，在西点学员的心里一直牢记着这样一句话：诚实是做人的第一美德，诚实守信是一个人最优秀的性格之一，诚实守信应该成为人永久的伴侣。

的确，一个人因为有了诚信，才会处处受人尊敬；因为有了诚信，才可能会梦想成真；因为有了诚信，才可能把握住机遇大门的钥匙；因为有了诚信才可能由平庸变得伟大。

当你步入社会之后，一定会遇到很多问题，也会遇到很多诱惑，当你面对这些问题和诱惑的时候，能否把持住自己内心的那把锁，能否保持诚信，也是关系你最终成败的关键一环。

【西点寄语】

诚实是做人的第一美德，诚实守信是一个人最优秀的性格之一，诚实守信应该成为人永久的伴侣。

用真诚赢得信任

真诚地对待别人，也许无法让所有的人都喜欢你，但至少可以让大多数人都信任你。

一个人如果只懂得关心自己，那么他是一个自私的人，也不会被很多人喜欢。

要想他人喜欢自己，首先要喜欢他人。这种喜欢不一定要刻意的表达和赞美。也许，只是在别人感冒时，递了一张面纸一杯热水，但这份关心却是真诚的，发自内心的，别无所图。这样的人，自然会获得更多的朋友，赢得更多人的青睐，遇到更多好的机会，丰富自己的人生。另外，这里的"诚"除作"真诚"解释外，还有"诚信"的意思。只要心存诚信，不管千难万险，我们的生活都会充满阳光，走在成功的路上也不会太累。

生活中，倘若你欠了十元钱赖着不还，那么你的信誉也就只值十元了。诚实守信不仅是一个人品行的证明，同时，它还使人树立起对家庭、对社会的强烈责任感。要获得他人的信任，除了要有正直诚实的品格外，还要有敏捷、正确的做事习惯。即使是一个资本雄厚的人，如果做事优柔寡断、头脑不清，缺乏敏捷的手腕和果断的决策能力，那么与他合作的人就不免担心自己的投资是否能有应得的回报，所以他的信用仍然维持不住。

信任是极其宝贵的个人财富，就像是后天培养的珍贵资源，一个人一旦失信于人一次，别人下次再也不愿意和他交往了。只需要一次就可能会失去信任，但换回信任就难了。所以说，成大事希望最大的人倒不是那些才华横溢的人，而是那些最能以真诚的心，良好的信誉给人以好感的人。与这样的人往往可以保持良好的较为长久的合作。通常，教师认为最有前途的学生往往就是那最能博得他欢心的孩子；老板认为最称心满意的店员，也就是那最能投合自己心理的人。

人类仿佛有一种共同的心理，那就是如果有人能使我们感到高兴喜悦，即使事情与我们的心愿稍有相背，也不太要紧。我们生活中的许多例子都可以证明,能博得人的欢心,获得人的信任,是为人处世必不可少的。

要想博得人们的欢心、获得人们的信任,首先一条就是要有一种令人愉悦的态度,表情亲切,行为活泼。相反的,无论你内心中是否对别人有好意,但如果人们从你的脸上看不到一点快乐,那么谁也不会对你产生好感。

与人交流,最好少说自己的隐私和好恶,你应该学会做一个倾听者,常常流露出对别人谈话的兴趣,能仔细听对方说话。这样做对你自己丝毫无损,说不准还可以从别人那里学到更多的东西。而你所表现出的对别人的同情却往往能达到雪中送炭的效果,成为他们心中最重要的礼物。在这个过程中,无形地增加了对方对你的好感和信任。

任何成大事者都需要持之以恒的精神,同样,要获得别人的信任也是如此。良好的态度要一以贯之,千万不要今天扮了一天笑脸,明天难以自制而故态复发,显出粗俗急躁的本性。这样的人是极其虚伪和惹人厌恶的。良好的态度需要平和心做基础,而平和心又需要以真诚的意念为前提。

一个志向高远、决心坚定的人,做任何事情都会有始有终,不会半途而废。获得别人的好感只是个好的开始,还需要用心去呵护它,这也是为自己今后的成功做铺垫。

【西点寄语】

真诚地对待别人,也许无法让所有的人都喜欢你,但至少可以让大多数人都信任你。

第三篇

西点军校送给男孩的第三份礼物：要懂得谨慎自制

第一章　考虑风险后再行动

在等待中寻求突破

西点军校之所以培养出了如此多的成功者，在很大程度上归功于西点军校少找借口的教育理念。西点精英们从不抱怨环境的恶劣，从不诅咒上天的不公，他们在别人抱怨或是咒骂的时候，已经开始为摆脱困境而寻找方法了。因而，男孩子，当你暂时无法前进时，就在等待中寻找突破口，只要你不放弃，加上足够的自律、机智、勇敢，事情总会有转机的。

1860年的美国总统大选成为内战的导火索。1861年4月17日，弗吉尼亚州议会投票决定有条件脱离联邦，阿肯色、南卡罗来纳、田纳西等州相继响应。两天以后，林肯总统下令对南方分裂各州进行经济封锁，南北战争正式爆发。

1861年秋天，杰克逊晋升少将师长，次年夏天晋升为中将军长。1861年10月，邦联政府将弗吉尼亚北部前线划分为三个战区，杰克逊出任杉安道谷地战区司令，指挥的部队除了石墙旅以外，还包括洛林准将的一个旅和艾什比中校的第7骑兵团，总兵力有一万余人。12月，杰克逊占据河谷北端的温彻斯特，派出艾什比的骑兵部队北上，并向西攻取巴思和罗姆尼两座小镇，战果微不足道，但部队却由于气候恶劣而吃尽了苦头。因为对冬季宿营地的分配不满,洛林准将和杰克逊发生了激烈冲突,杰克逊的指挥权受到严重干扰。

洛林早年毕业于乔治城法学院,27岁出任佛罗里达州议员。墨西哥战争爆发以后,洛林投笔从戎,作战勇敢,战争结束已经升至中校。和杰克逊不同,洛林一直在联邦军队中服役,镇守西部边疆,同印第安人作战,1859年还到欧洲考察军事,因此作战经验丰富。洛林38岁晋升上校,当时是美军最年轻的现役上校。1861年5月,洛林辞去圣塔菲要塞指挥官的职务,毅然加盟南军,很快晋升准将。无论学历还是资历,洛林都明显胜杰克逊一筹,他是带着情绪来到杉安道战区的。

入冬以后,杰克逊安排石墙旅在温彻斯特宿营,而将洛林旅派到崇山峻岭镇守小城罗姆尼。洛林旅十几名军官联名上书抗议,而洛林派自己的副官将抗议书直接送到里士满,在参议院传阅,最后将此事捅到邦联总统戴维斯那里。结果戴维斯听信了一面之词,指示战争部长本杰明发电给杰克逊,命令他将洛林旅撤回温彻斯特,不久还提升洛林为少将。

面对如此困境,杰克逊虽然遵命召回洛林旅,但并没有听任事态恶化下去。他向战争部长和他的上级约翰斯顿将军递交辞职信,信中写道:"我的指挥权遭到如此干扰,已经无法有效履行使命,谨在此请求同其他教官一样回莱克星顿的弗吉尼亚军事学院待命。如果本申请不被认可,我请求总统阁下同意我辞去军职。"信送出去后,杰克逊就开始耐心地等待结果,他相信,事情必定会出现转机!

约翰斯顿接到信后,马上转呈州长莱彻,并在信后背书:"如果此人辞职,我不知道还有什么人可以替代他。"莱彻得信深感震惊，立刻会见本杰明和戴维斯，言辞激烈地提出抗议，指出本杰明的电令开了一个极其恶劣的先例，恐怕今后南军将领将无法有效指挥自己的部队。在莱彻的劝说下，本杰明收回成命，并向杰克逊表达歉意。经过莱彻的耐心调解，杰克逊也收回了辞职信。1862年初，洛林被调到佐治亚州，危机才算平息。

西点人讲究的是多为克服困难找到更好的解决方案，而不是消极地等待，而是指有目的地等待，有策略地等待，就像杰克逊，当他怒不可遏的时候，也是有底牌可打的，因为战争指挥权遭到质疑，会影响整个战争的趋势，这一结果谁心里都清楚。所以，男孩子可以强硬，但是，必须知道等待的方法和策略，要进行积极的等待筹备，而不是消极地坐以待毙。

蔡松芳先生精研太极拳推手，有一次在文化公园，一位佛山市的拳师上前要求与蔡松芳推手，蔡松芳与他推了几下，这位拳师突然脱开一手用钻劲向蔡松芳狠狠地击去，蔡松芳身体微微一动，对方并未击到蔡松芳，他自己却整个儿向后抛了出去。后来对方向他解释说："我知道明着推你，肯定推不过你，就想用偷打的办法来试试你。没有想到我自己反而受了伤。"太极拳推手在与对手推的过程中，在一定程度上来说，暂时无法前进时，就可以在等待中寻找突破口，以逸待劳，静等对方出现差错，然后以对方之力加上自己的灵活用力，往往能够出现转机。

当暂时无法前行时，说明事情可能会有更好的方法进行解决和处理，只是需要你片刻的等待和思考出最好的方案，这也是西点人强调的积极寻求解决问题的方法，而不是蛮干。学会灵活地等待，学会在等待中寻找突破口，而不是消极放弃式的等待。

1. 不能急躁，要有耐心

遇到事情暂时不能解决的时候，不能急躁，也不能莽撞，要有点儿耐心，这样问题就会变得好解决了。

大凡成功之士，都具有恒心和耐心，成功也青睐于可以坚持到底的人，关于恒心和耐心的成功故事，古今中外比比皆是。

2. 学会理智地面对一切

一般，男孩似乎没有多大的耐性，只要想到一件事，总希望能够立刻去做。久而久之，就会造成孩子缺乏耐心等待和自我克制的意识，从而容易变得任性，不理智。

在尝试做事的过程中，一旦发现这并不是兴趣所在，就应该立即终止，或者换用其他的方式，或者干脆进行其他的尝试。

3. 学会在等待中寻找到解决问题的方法

内心认定自己是一个积极向上、聪敏、优秀的孩子，就会表现得和自己想象中的一样；相反，如果认定自己是一个普普通通、没有大出息的人，那么表现一定消极、随便。所以，要常常鼓励自己。

【西点寄语】

男孩子可以强硬，但是，必须知道等待的方法和策略，要进行积极的等待筹备，而不是消极地坐以待毙。

要有"理性的勇敢"

在军事教育发展方针中，西点明确提出培养学员"理性的勇敢"。

勇敢的人到处有路可走。西点军校正是看到这点，所以把勇气的培养放在了关键的位置。当然西点培养的并非是不顾一切、不计后果的莽夫，而是临危不惧、沉着冷静的勇者。

"理性的勇敢"不是那种不评估环境情况，轻率冲动的路见不平就拔刀相助的勇敢；不是那种有所不屑就出手相搏的勇敢，或者说不是简单的血气之勇；不是三分钟热血的冲动，"理性的勇敢"更多表现为控制情绪、冷静分析、临危不惧的原则。

华盛顿从小就家教甚严，还是小学生时，家里就让他抄写一百遍"如何成为一名绅士"的准则。

后来，已经成为一名上校的华盛顿驻防在亚历山大市，当时弗吉尼亚州议会正在进行议员选举，有一个名叫威廉·佩恩的人与华盛顿政见不同因此支持的议员人选也不同。

于是两人展开了一场唇枪舌剑的辩论，辩论进行到激烈之处，华盛顿一时没有管住自己的情绪，说了几句颇为难听的话。脾气暴躁的佩恩盛怒之下挥起手杖将华盛顿打倒在地。

华盛顿的部下迅速赶来，愤怒地试图为他们的长官报仇，华盛顿却劝阻大家平静地退回营地，他会自己处理所有问题。

第二天上午，华盛顿约佩恩到一家当地的酒店碰面。按照当时许多贵族的习俗，佩恩以为华盛顿会要求他道歉并且会和他决斗，他无法拒绝，只能无奈赴宴。

没想到到了酒店后，佩恩才发现等待他的不是盛怒的华盛顿，而是笑容可掬手持酒杯的华盛顿。华盛顿说："佩恩先生，请你原谅我昨天的鲁莽冲动，如果你觉得我们已经互相抵消，不如就让我们握手言和做个朋友，如何？"

就这样华盛顿收获了一个朋友而不是敌人，从此之后，佩恩成为华盛顿坚定的支持者。

如果当时华盛顿选择继续鲁莽冲动行事，事情将会如何发展呢？或许当天愤怒的军官会猛揍一顿佩恩，于是他们可能会受到军纪的惩罚葬送前程。 又或者第二天华盛顿要求和佩恩决斗，那么华盛顿自己可能会有生命危险，甚至还有可能危害无辜者的性命，但华盛顿化敌为友的选择，却让他遵守了纪律，得到了尊重，赢得了朋友。

年轻的男孩们经常觉得冲动是一种有血性的表现，会让自己变得很男人，很有英雄气概，但是通过这个故事你们是否有所领悟？

没有人会怀疑华盛顿是一位英雄，美国首都因华盛顿而命名，但是鲁莽对他的政治生涯显然并无好处，冲动更加不是英雄的性格。 宽容待人的风度和一笑泯恩仇的气度才是真正的男子汉的处世原则。

一个孩子无法控制自己的情绪，常常无缘无故地发脾气，或是冲动鲁莽地给家里惹麻烦。

有一天，父亲给了他一大包钉子，让他每次发脾气或是冲动鲁莽行事时就在后院的栅栏上钉一颗钉子。

第一天，男孩在栅栏上钉了12颗钉子，几个星期之后，男孩看着栅栏上密密麻麻的钉子有所领悟，渐渐地学会了控制自己的情绪，遇事冷静处理，于是栅栏上新增的钉子渐渐减少了。

他很高兴地把自己的转变告诉了父亲。父亲又建议道："如果你能坚持一天不发脾气就从栅栏上拔下一颗钉子好不好？我们来看看多久你能把钉子拔完。"男孩被激起了斗志，坚持不冲动不鲁莽，终于一段时间之后拔完了所有的钉子。

父亲拉着男孩的手来到栅栏边，对男孩说："你做得很好。但是，你看，栅栏上留下了密密麻麻的小孔，再也无法恢复原来的模样了。对此，你有什么领悟吗？"

男孩思考片刻摇了摇头。父亲微笑着耐心说道："你向别人发脾气之后，你的言语就会像钉子扎在别人的心上，即使事情已经过去，人们的心上也会留下小小的疤痕。如果你做了鲁莽冲动的事情，就可能造成不好的后果。虽然我们可以为你去弥补那些后果，但是，人们对你的观感和评价却无法完全弥补，也会留下密密麻麻的钉孔难以愈合。"

男孩想到自己曾经冲动的个性，有些后悔。父亲轻轻拍拍他的头说道："没关系，从现在开始明白这个道理并不晚。心里要永远记住：冲动并不是英雄的性格。"

并不是所有言语的伤害都能够挽回，并不是所有冲动的行事都可以弥补。每一次冲动之前，或许思考一下自己可能付出的代价会有所帮助。

有人或许会说，做事冲动的人才是有激情和冒险精神的人。

这种想法真是大错特错。做事有激情有冒险精神，与处理事情鲁莽冲动完全不同。

有激情有冒险精神时，人们的头脑是清晰的，行动建立在客观理性的分析之上；但是鲁莽冲动时头脑是混乱的，行动建立在主观失控的情绪之上。哪一种情况应该避免相信男孩们懂得判断。

即使是像巴顿将军那样的猛将，其实也完全不是头脑冲动之人。二战时，巴顿第一次见到有着"沙漠之狐"之称的德国统帅隆美尔时，并没有嚷嚷诸如"隆美尔，你这个浑蛋，我要杀了你，过来送死吧"这样的话，而是高声喊道："隆美尔，你这个老狐狸，我读过你的书！"

"我读过你的书……"多有意思的一句话，彰显了巴顿的气度，也表现出了他的霸气。巴顿的言外之意就是：我看过你的书，即使你是我的敌人，我也尊重和欣赏你。我看过你的书，因此我了解你，即使你是只老狐狸，也别想从我手中讨到什么好处。

简简单单一句话，名将风采让人不得不折服。男孩们，千万别以为巴顿是什么混世魔王般的将军，必然是个冲动鲁莽之辈，这简直是天大的误会。有时他只是用冲动的行动掩盖自己的实力麻痹他人的判断而已，光靠一股子蛮劲一味冲动怎么可能成为一代名将呢？

所以，男孩们，请记住一句名言：冲动是魔鬼。在你失去理智热血沸腾之际，需要考虑一下自己这样做的后果是什么，会不会对他人造成伤害？能不能保证自己的安全？即使你是去做一件正确的事情，也有必要衡量环境因素等各方面的风险再行动，任何事情如果危害他人的利益，威胁自己的安全都应当立即终止，在任何情况下都应保持理智。

在平时的生活中，我们总会遇到一些不开心的事，有时候我们会生气，有时候我们会烦躁，有时候我们会发火，有时候我们会抓狂。然而，这样的冲动往往会使我们做出平时不易做的决定，从而酿成让自己悔恨终生的大错。人人内心都有按照自己意志出牌、满足自我的欲望，这种欲望如果不经过理智的过滤，就会滑入冲动的陷阱。从冲动到理智与冷静的距离，有时只是一念之差，似乎不远，但也绝不是很近，一切取决于你如何看待，怎么把握。

【西点寄语】

男孩们，请记住一句名言：冲动是魔鬼。在你失去理智热血沸腾之际，需要考虑一下自己这样做的后果是什么，会不会对他人造成伤害？能不能保证自己的安全？即使你是去做一件正确的事情，也有必要衡量环境因素等各方面的风险再行动，任何事情如果危害他人的利益，威胁自己的安全都应当立即终止，在任何情况下都应保持理智。

耐心会带来胜利

"永不放弃"是西点军校的军规之一。西点军校有这样的规定：在任何时候、任何情况下，学员都应精神振奋、斗志昂扬，不允许有颓废之情。在西点校园内，很少听到"我不行"的话。在工作、学习和生活中，一旦上司有要求，你都必须回答"我一定做到""我能行"，至少要回答"我执行"或"是"，任何想放弃的商量都不被允许。

在西点军校建校之初,曾经历了一段黑暗的日子,由于不良的管理,差点儿让西点夭折。但是"西点军校之父"塞耶却用他的耐心,用他永不放弃的精神和意志挽救了风雨飘摇中的西点。

那是在奥尔登·帕特里奇执掌大权、成为西点军校专职校长之后。帕特里奇性格古怪,喜欢拉帮结派。当时的西点军校只有几个人,而帕特里奇将他的亲朋好友安排在军校里,因此在他任西点军校校长期间,犯下了严重的任人唯亲和滥用职权的错误。这种错误差点儿毁了西点军校。帕特里奇对教职员很不信任,他偏袒的学员可以不经过教官的考核就允许毕业,这造成了其他学员的普遍不满。在他执政期间,军校军规被滥用,一些对学员的惩罚甚至到了严酷的地步,军校内结党营私,帮派主义泛滥,学员们逃避责任和艰苦的风气蔓延,这一时期成为西点军校历史上的"黑暗时期"。帕特里奇成为学员们共同仇恨和"惧怕"的"敌人"。

帕特里奇喜欢任人唯亲,有目共睹。西点军校的炮兵连几乎全是由他的亲人组成,他的外甥担任指挥官。1814年,帕特里奇安排他的叔父艾萨克在西点军校里出任学员餐厅的伙食管理员一职,这件事曾经引发了一场"人羊大战"。艾萨克打着改善学员伙食的旗帜买来一群羊,名义上是给学员改善伙食,实际上只有死羊肉才会出现在学员的餐桌上。由于有帕特里奇的庇护,艾萨克肆无忌惮,他任凭那些羊到处乱跑,整个学校成为羊群的"散步场"。这些让人愤怒的羊跑到教学区的操场上，跑到校园外，弄得学校到处臭气扑鼻，一些气愤的学员会抓住那些跑到校园外的羊，将它们杀死吃掉或扔下悬崖。

在提拔学员方面，帕特里奇喜欢一意孤行。他从不听取教官的意见，对那些准备提升的学员的名字从不与教官商议。而最有才能的学员却不被重视，甚至被贬抑。在这种情况下，西点军校的教学停步不前，学区内杂乱无章，有人断言：西点军校要垮下去了。

就在西点陷入一片混乱，即将垮下去时，西尔韦纳斯·塞耶少校来到了西点。

说实话，当塞耶亲眼目睹了西点的形势后感到震惊，学员们肆意酗酒、赌博，没有一点规矩，整天混日子，甚至有些人还负债累累。但塞耶没有被眼前的一切吓倒，他决心要把西点整出点样子来。

就在塞耶到西点的当天晚上，帕特里奇不辞而别，但这并没有影响塞耶。他和一些反对帕特里奇的教官一起拟订计划，大张旗鼓地开始了对西点的整顿。但是当整顿工作正顺利开展时，帕特里奇又回来了，他想要夺权！

帕特里奇径直走进塞耶的办公室，傲慢地说："这里是我的位置，请你出去！"

"不！"塞耶毫不让步。

但是学校里仍然有拥护帕特里奇的学员，他们除了是他的亲朋好友外，还有一些是想继续过无拘无束的日子、不求上进的学员。因此，当帕特里奇走到阅兵场，并大声宣布"西点的负责人是我"时，那些学员欢呼雀跃起来。

塞耶看到学员们的样子备感头疼，但他没有退缩，他知道想要整顿这样的学校需要时间和毅力，还需要耐心。于是他暗下决心，一定要想办法平息这场骚乱，将危害西点军校的有害分子彻底从军校里驱除。他冷静下来，仔细考虑了一番，最后他给陆军部部长写了一封信，信中详细报告了帕特里奇闹事的场景，并主动离开军校动身前往纽约待命。

当陆军部部长看到塞耶的信后，立即对惹是生非的帕特里奇以叛乱、渎职、藐视指挥官和不服从命令等罪名进行军事审判。塞耶又重新回到了西点军校。

帕特里奇的"革命"虽然没有得逞，但摆在塞耶面前的麻烦依然不少：军校内部依然有很大一部分"不安分"的人，帕特里奇的遗毒还在校园里广泛存在。这些人经常会给塞耶制造出一些令他意想不到的事，他们继续在学校里兴风作浪，甚至许多学员都曾私自出卖过学校的军用物品。为保证各种新的规章制度的顺利实施，塞耶坚决果断地开除了一些违纪的学员，其中就有将军的儿子。

西点军校保证，不管学员的社会背景如何，学校都将对他们一视同仁。要做到这一点很有难度。1818年，塞耶亲自写信给当时的美国政要平尼克将军。通知他由于他的儿子没能够按时返校，军校决定勒令其退学，平尼克将军解释说是由于天气不好，自己才把儿子留下的，塞耶明白考验自己的时候到了，他冒着得罪权贵的危险，果断地开除了平尼克将军的儿子。

塞耶的这一做法达到了杀一儆百的效果，之后很少有学员再敢藐视校规校纪了。

把几个"害群之马"开除之后，塞耶开始按照他制定的规章制度办学。由于在他来之前，学员的水平参差不齐，有的只会"读、写、算"，就顺利进入了西点，这个水平随便一个美国男孩都能达到。为了改变这种现状，塞耶规定只招收高中毕业生，而且申请入学的人必须经过严格的考试，学员根据不同的水平分年级，接受不同的授课。

而且塞耶还严格依照规章制度办学，学员必须遵守纪律、坚定果敢并忠于职守；学员不得结婚，在校期间不准看小说，甚至看报也必须经过特许。

塞耶大刀阔斧的改革很快就见成效了，西点军校的面貌大为改观，渐渐地走上了正轨，并开始在美国崭露头角。美国各地的年轻人都纷纷慕名而来，执意要在塞耶手下学习。杰斐逊·戴维斯，艾伯特·约翰斯顿，菲利普·乔治·库克，以及南北战争时期最著名的将领罗伯特·李，都在塞耶任职期间在西点军校中学习。

塞耶凭借着不屈不挠和永不放弃的精神改变了西点，创立了严谨的校风，并流传至今。为纪念他的丰功伟绩，西点军校在西点校园的"大厅"前为他竖起了一尊铜像，上面醒目地刻着几个大字："西点之父"。

塞耶永不放弃的精神值得每个小男子汉学习。只有不放弃，有耐心，迎难而上，我们才能有机会取得胜利，才能有机会证明自己能行。永远都要记住："我能行！"

【西点寄语】

只有不放弃，有耐心，迎难而上，我们才能有机会取得胜利，才能有机会证明自己能行。永远都要记住："我能行！"

勇敢前要先沉着

曾经有人说过:"控制情绪保持冷静是一种高度的智慧。"只有这样的人才是真正的勇者。

西点军校1965年毕业生利富顿·卡尔曾经被派遣至越南。他在越南待了一段时间之后,被晋升为陆军中尉,换防至越南中部的一个偏远地区。

有一天傍晚,卡尔正准备回营帐,突然一枚炮弹在距离他前方9米的地方轰然爆炸,他的战友在前方高呼:"卡尔,我受伤了。"卡尔立即奔向前去,发现战友浑身是血。此时此刻炮火更为密集,敌人正在开展一场猛烈的地面攻击。

卡尔跑回营帐,抓起无线电话卧倒在地。他在若干年后的诉说中提到:"当时我卧倒在地,有那么一瞬间完全不知所措。在我过去二十几年的人生中,从未有什么事情威胁到我的生命,而这一次的攻击却是要置我们于死地。但是我知道,越危险的情况越需要保持冷静……"

卡尔在冷静下来之后,开始有条不紊地处理:他呼叫炮兵营进行火力支援,命令下属士兵进行反击,通知医护人员立即撤出受伤人员……正是他的这种冷静,才使得一系列行动有序开展,防止了更惨重的结果。

西点军校给所有学员设置了高难度的训练课程,其中很多课程不仅仅是在锻炼学员的体能,也是在培养学员在各种情况下保持理智和冷静的头脑。

比如在拳击和摔跤等方面的训练中,对方的拳头和招式眼看就要过来时,作为新手,难免会心慌,甚至连最基本的躲闪或是已经学会的防守招数都会忘记。

可是,在经过了严格的训练之后,情况就会有所不同,无论面对多么强大的对手,都会保持理智,寻找突破的机会。

面临危机和困难时,我们最需要也必须首先做到的便是沉着和冷静。一个临危不惧、镇定自若的人才能在危难面前不乱阵脚,充分运用他的理性在最短的时间内集中力量想出解决问题的最佳方案。而另一方面,沉着和冷静还能起到稳定人心的作用,让所有的人都能安心地共渡难关。

从小,我们就常听人说"做事要三思而后行",意思是在做事前要经过多次考虑,然后再行动。虽然这个哲理在我们的脑海里早已经根深蒂固,但现在能够真正去遵照执行的人却屈指可数。

当然,倡导"三思而后行",并不是要求我们都谨小慎微,更不是让大家遇事优柔寡断拿不定主意,而是劝告大家遇事多动一动脑子、周密考虑,特别是在一些关键时刻、关键问题上,不要人云亦云、信口开河,不要心血来潮、随心所欲,而应该多问几个为什么。

【西点寄语】

一个临危不惧、镇定自若的人才能在危难面前不乱阵脚,充分运用他的理性在最短的时间内集中力量想出解决问题的最佳方案。

第二章　随时随地保持理智

学会反省自己的不足

西点军校强调一个人要有完美的德行，要学会时刻反省自己的不足，这样才有可能前进，才能让自己更加无懈可击。而这种完美的德行，也正是优秀男孩所需要的德行。

虽然杰克逊反对南方蓄奴州脱离联邦，但他认为南方各州人民有权决定自己的前途，是战争还是和平，完全是华盛顿联邦政府的选择。杰克逊对联邦政府动辄以武力威胁的做法感到震惊，"看他们轻描淡写地谈论战争并以此相威胁，着实让人心痛。他们似乎并不知道战争的恐怖。我有机会经历战争，知道这是所有罪恶的总和而深怀惧意"。

杰克逊是南北战中南方著名将领，他指挥的谷底战役，以少胜多，并且多次击退北军的围攻，后来成为了军事教材，并且彪炳战史。

但是，能够使他彪炳战史的不仅仅是他的指挥艺术和作战成就，还有他那近乎完美的德行。他很自律，而且还经常反省自己的不足，经常会为自己的不完美之处懊悔不已。尽管如此，人们对他确实爱戴有加，无论是跟随他的石墙旅老兵、他的上级领导，还是后来的军事学家，都对他评价颇高，身后能够拥有如此殊荣，在南北将领中是颇为少见的。

这就是西点军校以及美国军队中每一个人所持有的做事理念。

西点人特别强调一个人的德行，认为一个人自觉遵守纪律，特别重要。西点人认为，自觉自律是意志成熟的标志。作为男孩，就要懂得时刻自我反省，让自己更加无懈可击，因为自律可以锻造卓越。

本杰明·富兰克林，是18世纪美国最伟大的科学家和发明家，著名的政治家、外交家、哲学家、文学家和航海家以及美国独立战争的伟大领袖。他一生中最真实的写照是他自己所说过的一句话："诚实和勤勉，应该成为你永久的伴侣。"富兰克林在他的自传里写道："我的目的是养成所有美德的习惯。""最好还是在一个时期内集中精力掌握其中的一种美德。当我掌握了一种美德后，接着就开始注意另外一种，这样下去，直到我掌握了13种为止。因为先获得的一些美德可以便利其他美德的培养。"

成大事者皆反省。西点有这样一句名言：向自己的经历学习，如果这不比从书本上学习更重要，起码和它同等重要。只有不断反省自己的人，才能从自身吸取经验教训，从而不断取得进步。正如西点的一位教官所说：反省的好处在于——可以修正自己的作为和方向，可以修正作为来使自己进步。西点从学员进入军校开始就十分强调纪律的重要性。作为男孩，就要敢于做自我反省。

怎样做才能培养出反省自身不足的能力呢？

1. 要重视反省能力

对男孩来说，自我反省是成长的一个秘诀，一个不会自我反省的男孩是永远也长不大的。男孩通过自我反省，能够及时修正错误，不断调整精神信息系统接受信号的敏感度和准确度，以确保信息系统不会出现紊乱。学会自我反省的男孩，等于掌握了自我完善和健康成长的秘诀。

2. 学会总结经验教训

总结经验教训，实际上就是对自我行为的一种反省。不断总结经验教训的人，才会避免再犯同样的错误。

例如，一个孩子经常晚上先玩游戏再做作业，结果作业总是做得很不认真、错误百出，因此他受到了老师的批评，这时他会想："我先玩游戏，再做作业，留给做作业的时间总是不够用，这才是导致我作业写不好的原因。下次我是不是应该先做作业，留给做作业更多的时间呢？"

虽然说，男孩预见事物的结果能力相对较弱，但他在做事之前，还是会对自己的行为做一个预先的评价，看是否会出现他所预想的结果，如果结果正如他所想的，那么他以后会继续这样做；如果结果和他想的不一样，男孩就会总结经验教训，调整自己的想法，这也是一个人做事的一种反应机制。

【西点寄语】

只有不断反省自己的人，才能从自身吸取经验教训，从而不断取得进步。

克制冲动

二战中，毕业于西点军校的布拉德利不但善于指挥作战，而且善于管理部队。他对士兵关心体贴，也要求下属军官这样做。他反对军官对士兵简单粗暴，更不准他们虐待和体罚士兵。在西西里岛登陆战役结束时，他曾毫不讲情面地撤掉了他属下的美军第1师师长艾伦和副师长罗斯福的职务。这两个人都是美国陆军参谋长马歇尔所赏识的人才，其中罗斯福副师长又是美国总统罗斯福的儿子。其原因是他们的部下在其他部队面前，尤其是在后方部队面前，耀武扬威，蛮横无理，公开蔑视士兵，挑起事端；他们自己目无纪律，擅自行动，导致部队伤亡惨重。

布拉德利总是千方百计地减少士兵的伤亡。为此，他主张应充分利用装甲兵、炮兵和空军。布拉德利是一位战略和战术家，和同时代的那些美军名将相比，他更内敛随和，他作为一位指挥千军万马的高级统帅，却被人称为"士兵将军"，得到部下的普遍尊敬和爱戴。

因而他能够在西西里战役中攻克609高地，在"霸王"行动中，着手进行计划的细化、改进工作和部队的演练工作，他还实施了"蟒蛇"计划，他参与了诺曼底登陆计划，因而他为二战的胜利，做出了很大的贡献。

直到二战结束，他都是艾森豪威尔极其重要的人物，艾森豪威尔评价他：永远冷静、朴素的专家，总能提出合理的建议。艾森豪威尔把他看作是"我们军队的战术专家"，在战争结束时，他曾预言布拉德利最终会被人们公认为"美国最重要的战役指挥官"。

西点人强调的是克制冲动，为了胜利，为了克服一切艰难困苦，都可以做到自制。 因此，对于一个男孩来说，你必须知道：

理智的头脑才有金点子。

西点军校为了培养最合格的军官，发展了一套完备的军官品德和人格训练的规范，称之为"军校领袖发展系统"，其中包括克制冲动这一条。要想成长为一个拥有理智头脑的人，就要克制冲动。

那么，作为男孩，怎样做才能克制住冲动、不鲁莽行事呢？

1. 学会控制自己的情绪

从幼儿到老人，我们无一例外都会有自己的脾气。但是，如果一个人不学会控制自己的坏脾气，那么在他的人生道路上，就会伤害朋友、破坏感情，甚至会更糟。

对情绪的控制，还要从小开始。因为孩子时期对自己情绪的控制力比较差，而情绪对人的影响将是长期的，甚至是终身的。如果从小注意培养自己的自控能力，就能更好地控制自己的情绪和行为。

2. 合理地表达自己的情绪

把某些消极情绪表达出来，而不是隐藏，更不是以破坏性的方式发泄。

学会用语言表达自己的情绪。这一方面可以让父母更加了解自己的想法和要求；另一方面也能够让自己认清情绪的起因、发展，这对学会自我控制非常有效。

【西点寄语】

西点人强调的是克制冲动，为了胜利，为了克服一切艰难困苦，都可以做到自制。因此，对于一个男孩来说，你必须知道：理智的头脑才有金点子。

保持有分寸的激情

这是一个充满机遇和诱惑的时代。比如在投资市场，有些人充满激情，敢于冒险，从而最终把握了投资市场的机会，获得了巨大的成功。其实，神话和现实往往只在一念之间，纵观那些成功案例的背后，我们可以发现他们都有一个共同的特质，那就是富于激情、敢于冒险，在与风险的搏击中获得了成功。有人说，没有冒险就没有成功者，这句话虽然说得有些绝对，但冒险在某种程度上意味着成功的开始。但这并不意味着追求成功只需要激情而不需要理智。一个真正成功的人，必当是二者兼备的。

西点军人的特质是：在开始做事之前，总是充分信任自己的能力，深信所从事的事业必能成功。这样，在做事时他们就能付出全部的精力，破除一切艰难险阻，直到胜利。然而，西点军人也并不是鲁莽行事，为了冒险而冒险。在决定做某件事情前，他们一定会挖掘足够的信息，然后才能够准确预测出"有所作为的风险"和"无所作为的风险"，这样的冒险才是智慧的选择，才能使自己立于不败之地！

生活中的男孩们正是处在"初生牛犊不怕虎"的阶段，做事容易欠缺考虑，很容易走弯路。而实际上，只有用理性指导激情，才会让成功来得更容易。

克劳塞维茨说："只有通过智力的这样一种活动，即认识到冒险的必要而决心去冒险，才能产生果断。"犹太人被公认是非常精明并且敢于冒险，正是兼备了这两种品质，他们才能解决遇到的危机。有一个故事颇能说明这个问题。

约瑟夫在1835年投资了一家小型保险公司。但是在他投资不久，纽约就发生了一场特大火灾事故。很多同行心慌手乱，认为自己这次赔大了，纷纷低价转让自己的股份。这时约瑟夫剑走偏锋，出人意料地买下了这所公司全部股东的股份。这真是一场大的赌博。然而在处理完理赔后，他的公司的信誉突然增加了。虽然约瑟夫把保险金提高了一倍，但很多新的客户却很放心地在他这儿投保，约瑟夫由此也发了大财。

在有的人看来，约瑟夫的做法是冒险的。但约瑟夫并不是有勇无谋，他正是掌握了人们对保险这一行业的消费心理，只有自信，才能让他人相信自己。约瑟夫很好地处理了赔偿正是向人们证明了他的公司的信誉。

每一次风险都隐藏着许多成功的机会，只有敢于冒险的人，才会赢得财富。

20世纪50年代，欧美兴起塑料花热，李嘉诚迅速投资生产塑料花；60年代后期，香港经济起飞，地价开始跃升，他迅速投资购买大量土地；70年代后期，香港股市炒得很热，他果断迅速投资入市。

了解李嘉诚的人都知道，在这一次次的投资中，每一次都伴随着风险，但李嘉诚却最终获得了成功。这其中的原因之一就是李嘉诚能及时把握政策，看清时势，果断投资。洛克说过，"一个理性的动物，就应该有充分的果断和勇气，凡是自己应做的事，不应因里面有危险就退缩"。

生活中的男孩们从中也应该有所启发。如果我们细细揣摩一下这些成功者的经历，他们看上去都很冒险，似乎有些不可思议，但其实这些都是表面现象。就拿投资而言，其实在这些成功案例的背后,有着他们理性分析后所发现的投资潜在的巨大价值,而正是潜在的巨大价值才使得他们敢于在看似危险的时候果断进入。在这里,我们恰恰看到的是一种敢作敢为的精神。有专家认为,现代社会充满竞争,而要想在竞争中脱颖而出,风险意识是必须具备的一种现代意识。只有敢于冒风险,又能冷静下来理性思考,才能开拓崭新的事业,创造出一番新天地,获取巨大的财富。

在追求成功的过程中,只有充满激情、敢于冒险,并用理性指导自己的行动,学好更多的专业知识,做好更为周全的规划,这样才能在风云变幻的当今社会中取得成功。

这一启示更验证了《孙子兵法》里的一句名言"知己知彼,百战不殆",要真正做到成功细中取,知己知彼才能把握机会。

1. 知己

虽然说富贵险中求,但每个人的风险承受能力都是不一样的,所以冒险也要因人而异。比如对于事业处在起步阶段的男孩们,你们的风险承受能力大一些,可以从事一些"高风险"的冒险活动。而对于那些经历过失败的男孩来说,情况就不一样了,需要三思而后行。

2. 知彼

男孩们除了需要把握自身情况以外,尽量让自己的努力与社会和市场接轨。另外,你还需要给自己留条后路,能够保证最基本的生存条件,这样才能有"东山再起"的机会。

【西点寄语】

在追求成功的过程中,只有充满激情、敢于冒险,并用理性指导自己的行动,学好更多的专业知识,做好更为周全的规划,这样才能在风云变幻的当今社会中取得成功。

有勇更要有谋

科学家蒲柏曾说:"我们航行在生活的海洋上,理智是罗盘,情感是大风。"

西点出身的巴顿被人称为"铁血将军",在电影里端着机枪打飞机,显得十分鲁莽。其实他的勇敢之中虽有"血气"成分,但一点也不乏智慧的内涵。他不仅在西点时学习成绩不错,还曾留学法国,主办过坦克学校,担任过旅长、师长、军长、集团军司令官,他的学历、阅历、资历,是他"血气"的基础。中国人说"艺高人胆大",巴顿是真正学过"艺"的,是在"艺"的基础上或是在"艺"与"血气"结合起来后形成的勇敢。

不仅巴顿将军是个有勇有谋的人,在西点,鲁莽行事、硬碰硬被视为一种极其愚蠢的表现。西点人看重勇气与决心,但也重视智慧和方法。西点人认为一场没有方法的进攻只能导致失败,只有勤于思考的人才能领导人们走向胜利。

在长期的军事生涯中,西点军校1915年毕业生、五星上将布莱德雷非常注意斗争策略,从不逞匹夫之勇硬冲硬打,鲁莽行事。在战斗中,有时候敌人的力量相对强大,布莱德雷总能够保持冷静的头脑,从不冒险去攻击敌人,甚至会做出某些让步。在一次攻坚战中,敌军的力量相当强大,布莱德雷奉命在天黑之前攻下敌人的山头。在攻打了几个小时后,敌军强大的武器装备使布莱德雷的军队难以抵挡。于是,布莱德雷便率兵退下阵来。得知他们撤退的消息后,布莱德雷的长官非常生气,以为布莱德雷是败退。晚间,长官正要找布莱德雷训话，却听到了山后传来枪炮声。原来，布莱德雷退下来后便率兵悄悄地绕到敌人阵地的后面，准备给敌人一个突然袭击。

布莱德雷很清楚，在军事斗争中，只贪一时之功、图一时之快，危险非常大，有时很可能导致全军覆没，前功尽弃。只有具备了长远眼光和全局观念，有屈有伸，才有可能夺取最后的胜利。

很多男孩都以为男子汉就是那种"路见不平拔刀相助"的英雄豪杰，是那种有所不屑就会出手相搏的血气方刚之人，这样的人才有英雄气概。其实，鲁莽和冲动并不是勇敢的表现，有激情、敢于冒险的人并不是那些做事冲动的人，而是那些能够在理性地分析事情之后，采取行之有效的措施的人。

理性的勇敢建立在客观理性的分析和清晰的头脑之上，而冲动的勇敢却建立在主观失控的情绪和混乱的头脑之上。

相信作为一个小小男子汉，你具备区分勇敢与冲动的能力，请记住一句话：冲动是魔鬼。在你失去理智的时候，不妨先静下心想想，事情还有更好的解决方式吗？在你被人误解甚至激怒而热血沸腾、忍无可忍的时候，一定不要毫无理智地动用拳头来解决问题，这不是勇敢，也不是男子汉所为，更何况，这样根本解决不了问题，你必须要考虑和预见到自己的行为将会产生什么样的后果，而自己能否承受这样的后果。

【西点寄语】

理性的勇敢建立在客观理性的分析和清晰的头脑之上，而冲动的勇敢却建立在主观失控的情绪和混乱的头脑之上。

第三章　学会智慧地"服从"

一切行动听指挥

"一切行动听指挥"是军人的一种本能，成为军人要学会的第一件事情就是服从。

西点退役上校唐尼索恩在他的回忆录里讲述了当年刚进西点时的一个小故事：

1962年，当时我还是一个对未来充满幻想的18岁青年，报到那一天，我穿着一件红色T恤和短裤，提着一个小皮箱来到西点军校。在体育馆办理完报到手续之后，我走向校园中央的大操场。

在操场边上，我看到了一位穿制服的学长，他当时的样子只能用完美无瑕来形容：他肩上披着红色的值日星带，表明他是新生训练的负责人之一。他远远看到我就说："嘿，穿红衣服的那个，到这边来。"我一面走向他，一面伸出手说："嘿，我叫唐尼索恩。"我面带笑容，期待着他对我亲切的问候。结果出乎我的意料，他非常严厉地对我说："菜鸟，你以为这里有谁会管你叫什么名字吗？"你可以想象得到，我当场被他驳得哑口无言。紧接着，他命令我把皮箱丢在地上，单是这个动作就折腾了我半天。一开始，我弯下腰把皮箱放在地上。他说："菜鸟，我是叫你把皮箱丢下。"这一次，我弯下身，在皮箱离地面5厘米左右松手让它掉下去，可他还是不满意。我一再重复这个动作，直到最后一动不动只把手指松开让皮箱自己掉下去，他才终于满意。

这种斯巴达式的训练方式是西点军校的一大特色，它使学员们的身体疲惫不堪，而这正是训练学员们服从权威的有效手段。西点强调服从，训练学员们通过服从统一意志，统一行动，达到既定的目标。在西点，为了培养服从意识，每个学员都被要求切记避免"对总统、国会或自己的上级做任何贬低的评论"。

西点教育学员："不要传递那种不受上级欢迎的文件和报告，更不要发表使上级讨厌的讲话。"如果摸不准自己的报告或发表的讲话是否符合上级口味，可以事先征求一下上级的意见。西点军校还教育学员养成"公务员的性格"，坚信当权者是完美无缺的人，对当权者不要有任何怀疑。这一做人原则是西点的传统道德。

一位知名的西点教官对服从做了非常生动的描述："上级的命令，好似大炮发射出的炮弹，在命令面前你无理可言，必须绝对服从。"

一个真正的将军，必须具有服从精神和严守纪律的品格——需要发表意见的时候，坦而言之，尽其所能，当上级决定了什么事情，就坚决服从，努力执行，绝不表现自己的聪明。

【西点寄语】

西点经常教育学员："我们不过是枪里的一颗子弹，枪就是美国整个社会，枪的扳机由总统和国会来扣动，是他们发射我们，他们决定我们打谁就打谁。"

成为权威前先学会服从

在西点餐厅里,一位高年级学员心血来潮,命令新学员凯恩背诵《新学员须知》。

"凯恩先生,现在背诵斯科菲尔德对纪律的定义。"

"长官,斯科菲尔德对纪律的定义是:纪律使士兵成为自由国度战争时可以依赖的对象,纪律并非来自严酷或暴虐的惩戒,相反,这种惩戒更可能的是破坏而不是造就一支军队。"

"我不喜欢你的语调,那么柔柔弱弱的,简直不像个男人。现在大声说话,要像个军人的样子。你比谁强?"

"先生,我强过校长的狗,校长的猫,食堂招待员,军乐队,空军的将军和整个该死的海军的全部海军上将。先生。"

"你又说错了。一句话里为什么要说好几个先生?"

"一个,先生!"

"吃!"

这个"平民"立刻把刚刚为了执行命令而从嘴边拿开的面包又塞回嘴里。

"不够快。笨蛋,坐直!再做一次!"

"是,先生!"

这不是一则笑话。在西点军校学员眼里,上级就是上级,上级就是权威,而权威的命令必须服从。即使不管叫你做什么都要照做不误,不容许有任何猜疑。这正是为了训练学员们一种向权威低头的勇气。因为只有懂得在权威面前低头的人,才是明智的人。

西点军校是一个让人脱胎换骨的地方,它所培训出的能够建立自己权威的领袖层出不穷。在整整一个世纪中,其他任何学校都没有像它这样在"光荣册上写下如此众多领袖的名字"。西点军校造就的将军中,仅1915届就有3位四星上将,两位五星上将和陆军参谋长,一名当了美国总统。而西点军校更是超越了商学院的价值,为经济领域培养了大批叱咤风云的人物,其中包括像杜邦、通用、可口可乐这样的跨国公司的总裁。西点军校之所以取得如此辉煌的成绩,与领导者对权威理念的阐释是分不开的。因为只有先学会向权威低头才有可能使自己变成权威。

权威人物无疑都具备一种出色的感召力和被拥戴、信仰的基础。作为社会精英的他们本身在人格或才能上具有非凡魅力,使他们不同凡响,从而产生特殊的吸引力和感召力,成为权威人物。而那些追随者也因为有拥戴和服从这个人物的需要,使他们能够心甘情愿地服从这种权威,在权威面前低头。

对西点人来说,服从权威就是军人的灵魂。上司的地位、责任使他有权发号施令,上司的权威就是整体的利益,权威之所以成为权威必然经历了历史的论证和战争的检验,绝不允许抗令而行。战争的结果只有两个:要么消灭敌人、要么被敌人消灭。在残酷的战争中,服从权威其实是使军队在最短的时间内迅速地为共同目标凝聚在一起,以争取最大的胜利。否则战争付出的将是残酷的代价。西点军校毕业生、钢铁公司总裁卡尔·劳恩说:"上司的意识通过下属的服从将很快变成一股强大的执行力。"这样就先为战役从时间上争取了先机。因此,向权威低头是"无条件服从"的基础,更是一种美德。

懂得向权威低头,对现代社会的我们来说,是一种智慧。学会在权威面前低头,可以塑造你的勇气和自信。因为通过所有困难的考验,你的自尊和自律也都会随之增强。抗拒权威肯定会让你付出代价。或许这种代价有时候并不明显,你甚至对它视而不见,但它所传播的信息,在领导者看来:这个人是不会成为团队的忠诚干将的。

但是,有时权威的判断也有失误的时候,但即使是你认为错误的命令也要服从,因为在军队中这种服从是无条件的,而这个时候,学员们就要学会掌控自己的情绪。

无疑,西点军校是一个特别能打消人傲气的地方。新学员从在西点军校门口走下汽车的那一刻起,便告别了平民生活的"友善世界",准备要服从无数的命令。这些命令本身不会告诉你应该怎样做——而仅仅是"你必须完成它"。不管你以前有如何锋利的刺,到了西点都会被脱胎换骨。而接下来的西点军校残酷的魔鬼训练告诉你,不论你以前的光环有多大,在这里,你只有对上级命令绝对地服从,你只不过是如同白纸一样的婴儿,你必须要掌控好自己的情绪,一切从零开始。

艰苦的训练只是西点军校培养超级人才的第一课,因为只有在困难面前学会掌控好自己的情绪才能为坚强意志力的形成打下基础。1909年西点军校毕业生巴顿将军说:"作为男人,只有对艰苦和严格习以为常,在困难面前才能尽职尽责。"

弱者被思绪控制行为,而强者会让行动指引思绪。在生活中,我们又该怎样才能控制情绪呢?让我们看看陆军部长斯坦顿(曾经向林肯总统告格兰特的状)和林肯总统之间发生的一件小事。

斯坦顿曾气呼呼地对林肯说一位少将用侮辱的话指责他偏袒一些人。林肯建议："那你就写一封尖刻的信狠狠地骂那家伙一顿。"

于是斯坦顿立刻写了一封措辞激烈的信拿给总统看。

"好极了，对了。"林肯高声说，"就是要好好训他一顿，写绝了，斯坦顿。"

当斯坦顿把信叠好，装进信封里时，林肯却叫住了他。

"为什么不让我寄出去呀？"斯坦顿有些摸不着头脑了。

"这封信不能发，不要胡闹。"林肯大声说，"快把它扔到炉子里烧毁吧。我都是这么处理生气时写的信的。你想想看，写这封信的时候你已经解了气，现在感觉好多了吧，那就把它烧掉，再写第二封吧。"

学会服从权威就要掌控好自己的情绪，这是军人必修的课程，更是男孩必备的素质之一。我们可以借鉴林肯教导斯坦顿控制情绪所采用的睿智方法，对愤怒情绪要学会驾驭，沉着冷静，学会沟通协调，合理地宣泄，应避免急躁，才能摆脱消极情绪。一个人如果能够控制自己的激情、欲望和恐惧，那他就胜过国王。

"懂得服从权威才能成为权威"，看似简单，这其中所要经历的磨难却是痛苦的，但唯其如此，西点军校作为"美国将军的摇篮"才在世界上拥有了至高无上的殊荣。

【西点寄语】

对愤怒情绪要学会驾驭，沉着冷静，学会沟通协调，合理地宣泄，应避免急躁，才能摆脱消极情绪。一个人如果能够控制自己的激情、欲望和恐惧，那他就胜过国王。

有纪律才能强大

西点军校的纪律无疑是非常严格的，学员们一开始也许只是为了形式而严格遵守军校的每一条纪律，但时间一长，学员们就会渐渐把西点的目标变成个人的目标，将原本被纪律所强调的行为变成一种自觉的行为。

西点人认为，纪律能使人无坚不摧，自觉自律更是个人意志成熟的表现。 西点的职业教育总方针这样说：自我约束是一种特别值得关注的品质，它与正直精神一样，贯穿于模范地履行职责和个人行为的所有方面。

在希望学员自觉遵守纪律的同时，西点还有许多纪律用来约束和处罚学员，如"点子"制度。 所谓点子制度就是指，学员凡有任何小过错和失误，一律作为点子由长官记录下来，当点子积累到一定数量时，这名学员就要受到各种处罚。 当然，除了点子制度之外，西点对学员大过错的处罚还有很多种，如降低排名、撤职、留级、勒令退学、军法审判，甚至关进监牢等。

一般情况下，即使不触犯国家法律、不违反军纪的小过错，只是违反军校的荣誉信条，也就是撒谎、欺骗、偷盗、考试作弊等，无论情节大小，都要受到重罚。

四星上将巴顿可以说是美国个性最强的一名军官，但他在对纪律的遵守和对上司的服从问题上，态度从不含糊。 巴顿说："纪律是保持部队战斗力的重要因素，也是士兵发挥最大潜能的关键。因此，纪律应该是根深蒂固的，它甚至比战斗的激烈程度与死亡的可怕性质还要强烈。 如果你不执行和遵守纪律，你就是潜在的杀人犯。"他不仅对自己有着这样的要求,对于他的士兵和部队,他也同样要求有严格的纪律。

第二次世界大战期间,根据自己长期的治军经验,巴顿认识到,如果军队纪律松懈、军容不整,那这支军队肯定是不会有所作为的。因此,巴顿决心从整顿军纪入手,对军队进行一次严厉的整顿。

巴顿到任后的第二天,早上7点,他按作息规定准时来到食堂,但他却发现只有他的参谋长加菲来到了食堂。于是,他当即命令厨师马上开饭,1小时后停止供餐。同时发布命令:"从明天起,全体学员准时吃饭,且半小时之内必须吃完。"这样,不久之后士兵上岗迟到的现象被杜绝。

不过,巴顿的整顿才刚刚开始,紧接着,他又发布了强制性的着装令:凡在战区,军人都必须戴钢盔、系领带、打绑腿,即使是后勤人员也不例外。违反命令者被处以罚款:军官50美元,士兵30美元。巴顿的这种做法让许多人都觉得非常反感,甚至背地里咒骂巴顿。然而,他的这种做法却使这支军队有了翻天覆地的变化。而这一切的完成仅仅用了11天的时间。

巴顿之所以能在短短11天之内就改变一支部队的"执行力",依靠的就是对"纪律、服从"的强调。只有纪律才能使人无坚不摧,才能保证强而有力的执行力。"执行"不是嘴上说说就可以,而是在遵守纪律、服从指挥的前提下去完成任务。西点校方认为,一名合格的军人必须被打上纪律的烙印,只有这样才能保证今后即使是在非常严苛的条件下也能完成任务。

无规矩不成方圆，不管是团队还是个人，只有纪律才能保证一切正常进行。而个人对纪律的遵守以及对自我的约束更是一种高贵的性格品质，它贯穿于履行职责与个人行为等所有方面。当你具有强烈的纪律意识，并且懂得无条件执行的重要性时，你就会猛然发现，个人的学习与工作都会有一个崭新的开始。

纪律是一种非常必要的约束手段，团队只有拥有铁一般的纪律，才能使凝聚力和战斗力更强；个人只有懂得遵守纪律，服从命令，才能无坚不摧，勇敢地完成任务。

【西点寄语】
纪律是一种非常必要的约束手段，团队只有拥有铁一般的纪律，才能使凝聚力和战斗力更强；个人只有懂得遵守纪律，服从命令，才能无坚不摧，勇敢地完成任务。

学会服从与执行

服从精神在西点军校贯彻得非常彻底，即使你只是立场非常自由的旁观者，也会与其他学员拥有一个共同的观念，那就是"不管叫你做什么，你只要照做即可"，这就是服从的观念。对于一个团队来说，无条件执行的服从精神非常重要，只有拥有这一美德的人才能在团队中游刃有余，才能得到上司的赏识和重视，也比他人拥有更多成功的机会。

因此，很多团队领袖在考虑"最想要一个怎样的下属"的问题时，他们都指出了一个共同点，那就是懂得服从领导与团队。西点毕业生巴顿将军也曾对艾森豪威尔将军说："我不需要一个才华横溢的班子，我更需要的是对团队的忠诚与服从。"巴顿懂得这一点，也做到了这一点，因此，他建立起了这么一个懂得服从的参谋班子，他们默默无闻地、高效率地执行着他的命令。

无条件执行，不仅仅受纪律的约束，更是对领导的一种服从。但服从在大多数人看来是卑微的象征，因此，很多人都在想方设法地不服从领导或纪律。然而，服从却是行动的第一步，因此，要想有所成就首先需要放弃一些个人的想法，融入组织的价值观念中去，正确地处理好个人与集体之间的利益关系。从这一层面来说，服从又是一种美德。

"猴子实验"是西点军校实验室中进行的一项经典试验：

> 实验者将6只猴子关在一个很大的笼子里面，并在笼子的顶部用链条挂上了一些香蕉。这个链条的另一端与淋浴器喷头相连，因此，当某一只猴子伸手去拉香蕉，那所有的猴子都会被淋浴器喷出的冷水浇湿，而猴子是很不喜欢水的。
>
> 不久之后，6只猴子开始明白，这些香蕉是不能碰的。
>
> 接着，实验者从6只猴子中取出1只，并放入1只新的猴子。毫无疑问，新来的猴子看见香蕉马上就伸出了它的前爪，也许，这只新来的猴子正在想"我一定是到了天堂"。但当它往上爬时，其他5只猴子却制止了它。不久，这只新来的猴子也渐渐明白了一个道理，香蕉是个禁忌，它必须服从另外5只猴子的命令。
>
> 就这样，新猴子不断被放入，而每放入1只新猴子的同

时，都取出 1 只原来的猴子。在每次替换猴子后，上面的教训都会重新上演。很快，最初被放入笼子的 6 只猴子已全被替换出来，但香蕉却仍旧完好无损——虽然后来的猴子从未被冷水淋湿，但它们懂得服从，这样所有的猴子才不至于被水淋。

这个试验被认为是最确切说明士兵们学会服从的过程：不假思索地把一些自己已有的体会传统教给他人，并且让他人绝不违反，这就是服从。即使"香蕉"诱惑力很大，但懂得服从，暂时克制自己的想法，便会让自己和整个团队都受益，这就是服从的高尚之处。

服从是行动的第一步，既然处于服从者的位置，那就需要遵照指示做事，暂时放弃个人的独立自主，全心全意遵循所属机构的价值观。只有这样，在学习服从的过程中，你才能对所属机构的价值观与运作方式有更透彻的了解。

【西点寄语】

服从是行动的第一步，既然处于服从者的位置，那就需要遵照指示做事，暂时放弃个人的独立自主，全心全意遵循所属机构的价值观。只有这样，在学习服从的过程中，你才能对所属机构的价值观与运作方式有更透彻的了解。

第四章　控制自己才能控制他人

学会控制自己的情绪

西点1971年毕业生汤玛斯·梅兹中将说过："如果任凭感情支配自己的行动，那便会使自己成为感情的奴隶。一个人，没有比被自己的感情所奴役更不自由的了。"

控制自我情绪是一种重要的能力，也是一种难能可贵的艺术。一个不懂得控制自我的人，只会任由其情绪的发展，使自己有如一头失控的野兽，一旦不小心闯到熙熙攘攘的人群中，则会伤人伤己。人是群居的动物，不可能总是一个人独处，因此，一旦情绪失控，必将波及他人。控制自我是一个人必须具备的能力。传说有一个"仇恨袋"，谁越对它施力，它就胀得越大，以致最后堵死我们生存的空间。因此，当我们遇到令人生气的事情，不必再将怒火重新点燃，实际上这也于事无补。你打我一拳，我必定想方设法还你两脚，即使是好汉不吃眼前亏，也必当日后补上——大多数人都会这样想。这样做只能使对抗升级而无助于解决问题，更不论是谁对谁错了。

很多男孩都不能适当地控制自己的情绪，或乐极生悲，或郁郁难解，使得自己被情绪影响了判断力。例如，当天气不好的时候，有的男孩就会情绪低落，做什么事情都没有干劲；当到了一个陌生的环境时，有的男孩就会紧张无措，防卫过度，或者消极逃避；当际遇不如意时，有的男孩就会落寞消沉，难以振作，甚至还会自怜自艾，把所有的不幸都归结于命运。

可是，如果做人处世只是如此情绪化，那就说不定什么时候会像定时炸弹一样爆发，伤害了别人也伤害了自己。一个男孩即使再有才华，如果他的情绪不能够受到控制，那他的生活是不会幸福的。

一个成功的人必定是有良好控制能力的人，控制自我不是说不发泄情绪，也不是不发脾气，过度压抑会适得其反。良好的控制自我能力就是不要凡事都情绪化，任由情绪发展，而是要适度控制，这是一种能力的体现。

控制好情绪才能成大事。人们只有用理性来平衡自己的情绪，接受理性的指引，先"谋定而后动"，管住自己的言行和举止，而后才能引导所有积蓄的力量流入成功的海洋。相反，如果一个男孩缺乏自制的能力，总是让自己的情绪主导着一切，口无遮拦、行无规矩、随心所欲、没有规划也没有目标，那样的话，要么他所有的努力如同脱缰野马，根本控制不了，也达不到既定的目标；要么他的行为与环境格格不入，最终也达不到成功的彼岸。

有效地控制情绪能使你的人生之路变得平坦，还能为你开辟出许多新道路。如果你没有自我控制的能力，就会缺乏忍耐精神，既不能管理自己，也不能驾驭别人。

在某国的特种部队，流传着这样一个故事：一个间谍被敌军捉住以后，他立刻装聋作哑，任凭对方用怎样的方法诱惑、威胁他，他都绝不为诱骗、威胁的话所动。最后，审问的人故意和气地对他说："好吧，看起来我从你这里问不出任何东西，你可以走了。"这个间谍会怎样做呢？他会立刻带着微笑，转身走开吗？不会的！要是他真的这样做，那就说明他的自制力是不够的，因为只要他一跨步，就意味着已经暴露了他的身份，死亡的危险马上就会降临。这个间谍听了审问者的话依然毫无动静，仿佛审问还在进行，审问者相信他确实是个残废人，说："这个人如果不是聋哑的残废者，那一定是个疯子了！放他出去吧！"本来，审问者是想以释放他，在他自由的地方来观察他的聋哑是不是真实的。就这样，这名有经验的间谍，以他特有的自制力，使自己免遭一劫。

如果你想为人生的画卷描绘美丽的图案，则有必要学会在大小事上进行自我控制。你必须学会容忍和控制，感情必须服从于理性判断。你必须尽量避免坏的心情、坏的毛病等。这样，成功的钥匙才有可能掌握在你自己手中。

情绪化将扼杀你的幸福。一时的情绪化，常常是你自身幸福的杀手。众所周知，《红楼梦》中的林妹妹就是个极端情绪化的人。她多愁善感的个性使得她忽喜忽悲，一会儿涕泪纵横，一会儿又满腹欢喜，这让她原来就柔弱的身体更加憔悴。身体的不适也会令她伤春悲秋，如此循环往复竟造成了最终的悲剧。也许就是因其过分情绪化的表现掐断了她通往幸福的道路，因为王夫人等是不会让一个情绪多变的人来接掌贾府的，他们必然是选择性情老成持重的薛宝钗。林妹妹的多愁善感甚至掩盖了她技压群芳的才华，她不是输给了宝钗，而是输给了自己的情绪化。反之，一个会控制自己情绪的人即使面对困境，也依然会获得幸福。

过度的情绪化除了带给人不快乐的情绪，更多的则是与成功无缘。 情绪化会让你周围的人认为你喜怒无常,不敢委以重任或信赖你,因为你显得不够成熟。 情绪化还会让你丧失判断力,冲动之下说出错话,做出错误的决定。 总之,如果你想获得生活的幸福与美满,或者事业的成功与辉煌,那么你就要避免情绪化。

【西点寄语】

如果任凭感情支配自己的行动,那便会使自己成为感情的奴隶。一个人,没有比被自己的感情所奴役更不自由的了。

克制自己是美德

西点认为,年轻人血气方刚,很容易意气用事,结果毁掉了自己的前程。

在任何情况下,要能稳住自己,就必须使你身上的情绪和自制力达到平稳。 长期在纪律的严格要求下行事,你才会具有自制精神,而这种自制精神,是做任何事情都不能缺少的。

也许拥有自制力就意味着成熟。 当自制力从你的心中崛起时,男孩就将远离往日的欢乐。 但请你相信,自制力是事业成功的必要条件。

控制自己不是一件容易的事情,因为每个男孩心中永远存在着理智与感情的斗争。 "做自己高兴做的事"或者采取一种不顾一切的态度并不是真正的自由。 你应该有战胜自己感情、控制自己命运的能力。 如果任凭感情支配自己的行动,就使自己成为了感情的奴隶。

如果你今天计划做某件事,是否能离开温暖的小窝义无反顾地披衣下床？如果你要远行，但身体乏力，你是否要取消旅行的计划？如果你正在做的一件事遇到了难以克服的困难，你是继续做呢，还是停下来等等看？对诸如此类的问题，若在纸面上回答，答案一目了然，但当你身在其中，自己去拷问自己时，恐怕就不会回答得那么干脆了。眼见的事实是，有那么多的人一旦在生活、工作中遇到了难题，就被吓倒了。他们不是不会简单地回答这些问题，而是在思想上难以控制自己。

如果一个男孩任由冲动和激情支配，那么，在特殊时刻，他可能会完全放弃自己的道德标准，会随波逐流，成为追赶强烈欲望的奴隶，甚至侵害到他人。因此，我们又说自制力是一切美德的根本。

很多男孩在生活中难免会遇到恶意的攻击、陷害，更经常会碰到种种不如意。有的男孩会因此大动肝火，结果把事情搞得越来越糟，而有的男孩则能很好地控制住自己，泰然自若地面对各种刁难和不如意，在生活中立于不败之地。

1980年美国总统大选期间，里根在一次关键的电视辩论中，面对竞选对手卡特对他在当演员时期的生活作风问题发起的蓄意攻击，当时他丝毫没有愤怒的表示，只是微微一笑，诙谐地调侃说："你又来这一套了。"一时间引得听众哈哈大笑。里根这么做，反而把卡特推入尴尬的境地，从而为自己赢得了更多选民的信赖和支持，并最终获得了大选的胜利。

自制不仅能使人充满自信，也能赢得别人的信任。人们总是相信那些能控制自己的男孩，那样的男孩更值得信任；人们也相信一个无法控制自己的男孩既不能管理好自己的事务，也不能管理好别人的事务。一个男孩可能在缺乏教育和健康的条件下成功，但他绝不可能在没有自制能力的情况下成功。只有通过对自己的约束，才能使自己度过艰难的岁月和困苦的境地而冲到最前面去。

但真正能做到自制的男孩很少，因为他们总是很容易败在自己手里。他们总是很容易在思想上放松对自己的约束，所以要自制就必须从树立自律意识入手。

掌握思想，明白自己想要什么、不能要什么，这是认识的问题；然后再弄清楚，怎样拒绝不能做的事，强制自己专做该做的事，这是方法的问题；最后再掂量一下，自己做了会如何，不做又该如何，这是建立自制自律的问题。

控制好目标坚持下去，可以使自己杜绝外界的诱惑，可以使自己保持自制。在目标的指引下，就会有一股力量与勇气，使自己保持对成功的渴望与追求。

你应该把你计划要做的事，结合你的个人情况，做一个统筹的安排。这可不是一件轻松的事，有的男孩往往不但不明白自己要做哪些事，而且还不明白在什么时候，用多长时间来做某件事。如果把很多事和有限的时间充分地融合在一起，事情做好了，时间也没白白浪费，你就可选择时间来工作、游戏、休息。当我们能控制时间时，就能改变自己的一切。

在日常生活中，时时提醒自己要自律，有意识地培养自律精神。比如，针对你自身性格上的某一缺点或不良习惯，限定一个时间期限，集中纠正，效果会比较好。

一个想要成功的男孩，千万不要纵容自己，给自己找借口。对自己严格一点儿，时间长了，自律便会成为一种习惯，一种生活方式，你的人格和智慧也因此变得更完美。

会限制自己的人，就会发展自己；会发展自己的人，也会限制自己。坚持自己该做的事情，是一种勇气。限制自己需要顽强的意志和毅力，这种意志是一个逐步积累的过程。

【西点寄语】

会限制自己的人，就会发展自己；会发展自己的人，也会限制自己。坚持自己该做的事情，是一种勇气。限制自己需要顽强的意志和毅力，这种意志是一个逐步积累的过程。

自制力助你安全生存

托马斯·杰斐逊是美国第 3 任总统，在他给孙子的忠告里，他提到了以下 10 条生活的原则：

1. 今天能做的事情决不要推到明天。
2. 自己能做的事情决不要麻烦别人。
3. 决不要花还没有到手的钱。
4. 决不要贪图便宜购买你不需要的东西。
5. 决不要骄傲，因为那比饥饿和寒冷更有害。
6. 不要贪食，吃得过少不会使人懊悔。
7. 不要做勉强的事情，只有心甘情愿才能把事情做好。
8. 对于不可能发生的事情不要庸人自扰。
9. 凡事要讲究方式方法。
10. 当你气恼时，先数到 10 再说话，如果还气恼，那就数到 100。

看到杰斐逊的这 10 条自律原则，你想到了些什么呢？每一位成功人士往往都有着超乎常人的自我管理能力，因为他们严格按照自己的原则在办事，所以，他们往往能够在最短的时间内达到自己的目的。

的确，自制力对我们而言有着不可低估的重要作用。既能很好地激励我们勇敢地去执行决定，又能很好地帮助我们抑制那些不符合既定目的的愿望、动机、行为和情绪。在某种程度上说，自制力是坚强的重要标志。

因为如此，才会有人这样说："在人生路上，自制力是你顺利通过悬崖边的安全屏障，失去自制力，你将在欲望的泥沼中无法自拔。"

想要在未来成就一番事业的男孩，好好问一问自己：你是否算得上一个自制力强的人？你是否会为了看喜欢的电视节目而彻夜不眠，不顾明日的课程？你是否会为了一顿美餐而大吃特吃，忘了自己减肥的初衷？

如果你在生活中没有犯过上面那些类似的错误，那么恭喜你，你是一个自制力不错的男子汉；如果你不小心曾经管不住自己犯过这些类似的错误，那也没有关系，从现在开始用严格的自律意识来要求自己，给自己定下一些规定，严格按照这些规定去做，相信，只要能坚持下来，用不了多久，你也能成为一名自制力极强的男子汉。

【西点寄语】

从现在开始用严格的自律意识来要求自己，给自己定下一些规定，严格按照这些规定去做，相信，只要能坚持下来，用不了多久，你也能成为一名自制力极强的男子汉。

控制自己，征服自己

被人们称为"黑珍珠"的世界球王、巴西足球运动员贝利，自幼酷爱足球运动，并很早就显示出他超人的才华。有一次，小贝利参加了一场激烈的足球赛，累得喘不过气来。

休息时，贝利向小伙伴要了一支烟。他得意地吸起烟，嘴里吐出一缕缕淡淡的烟雾。小贝利有点儿陶醉了，似乎刚才极度的疲劳也烟消云散了。

这一切，全被父亲看到了，父亲的眉头皱起了一个大疙瘩。晚上，父亲坐在椅子上问贝利："你今天抽烟了？""抽了。"小贝利意识到自己做错了事，红着脸，低下了头，准备接受父亲的训斥。

但是，父亲并没有发火。他从椅子上站起来，在屋里来来回回走了好半天，才平静地对贝利说："孩子，你踢球有几分天资，也许将来会有出息。可惜，你现在要抽烟了，抽烟，会损害身体，使你在比赛时发挥不出应有的水平。"小贝利的头垂得更低了。父亲又语重心长地接着说："作为父亲，我有责任教育你向好的方向努力，也有责任制止你的不良行为。但是，是向好的方向努力，还是向坏的方向滑去，取决于你自己。我只想问问你：你是愿意抽烟呢，还是愿意做个有出息的运动员？孩子，你该懂事了，自己选择吧！"说着，父亲还从口袋里掏出一沓钞票，递给贝利，并说道："如果你不愿意做个有出息的运动员，执意要抽烟的话，这点钱就作为你抽烟的经费吧！"父亲说完便走了出去。

小贝利望着父亲远去的背影，仔细回味着父亲那深沉而又恳切的话语，不由得哭了。他哭得好难过，过了好一阵，才止住哭声。小贝利猛然醒悟了，他拿起桌上的钞票还给了父亲，并坚决地说："爸爸，我再也不抽烟了，我一定要当个有出息的运动员。"

从此以后，贝利不但与烟无缘，还刻苦训练，球艺飞速提高，15岁参加桑拖斯职业足球队，16岁进入巴西国家队，并为巴西队永久占有"女神杯"立下奇功。如今，贝利已成为拥有众多企业的富翁，但他仍然不抽烟。

控制自己不是一件容易的事情，因为我们每个人心中永远存在着理智与情感的斗争。然而，有时候，想要达成某个伟大的目标，我们又必须要控制自己。

西点著名学员和教官约翰·阿比扎伊德中将曾这样说："一个人想要征服世界，首先要战胜自己。"

因为如此，西点军校将"控制自己"作为学员入校后重点培养的一个方面。

为了保证学员们在任何情况下都能足够冷静与自控，西点为学员们设置了很多高难度的课程。比如西点著名的拳击和摔跤等方面的训练，对新手而言，对方的拳头和招式眼看着就要招呼过来，很多新人难免心慌，于是连基本的躲闪或者已经学会的防守招式都会忘记。但在经过严格的训练之后，情况就会有所不同，无论他们面对多么强大的对手，都会保持理智，在对方的狂风暴雨中寻找突破的机会。

不错，一个人想要成就大事，就必须先要有征服自己的勇气。一个连自己都征服不了的人，我们也很难奢求他能做出什么成就来；一个连自己都征服不了的人，也很容易就会受到外界环境的诱惑，在人生的道路上陷入很多弯路、岔路。

其实，"征服自己，控制自己"不仅应该成为西点学员训练的标准，更应该成为每一个男子汉所必须培养的一项能力。知道哪些事情是自己应该做的，哪些事情是自己不应该做的，在人生的道路上，管住自己内心的感性冲动，用理性的舵盘把好人生的方向，才能让你更好地奔向成功。

【西点寄语】

知道哪些事情是自己应该做的，哪些事情是自己不应该做的，在人生的道路上，管住自己内心的感性冲动，用理性的舵盘把好人生的方向，才能让你更好地奔向成功。

第四篇

西点军校送给男孩的第四份礼物：要时刻宽容谦虚

第一章 海纳百川，有容乃大

学会宽恕

林肯在入主白宫之前，生活颠沛困顿，又加上其貌不扬，不修边幅，因此，在他初到白宫任职时，内阁中的阔佬没有一个瞧得起他。陆军部长斯坦东曾公开宣称："我不愿意与那个笨蛋、老憨、长臂猴为伍。"林肯听后，大度地说："我决心牺牲一部分自尊，要派斯坦东任陆军部长，因为他绝对忠于国家。"

斯坦东任职后仍不停地对林肯进行谩骂，甚至拒不执行林肯的指示。有一次，有位议员带着林肯的手令去找斯坦东，斯坦东竟公开抗命，并拍案大叫："假如总统给你这样的命令，那么他就是一个浑人。"那位议员满以为林肯会因此而将斯坦东撤职，可是，林肯听了汇报后却说："假如斯坦东认为我是一个浑人，那么我一定是了，因为他几乎一切都是对的。"林肯为了顾全大局，能够容才之短、用才之长的博雅气度让斯坦东极为感动。事后，斯坦东马上到林肯跟前表达了诚挚的歉意。

海纳百川，有容乃大。 荷兰哲学家斯宾诺莎说："人心不靠武力征服,而是靠爱和宽容大度去征服。"林肯以宽容大度之心化敌为友,既消除矛盾隔阂,赢得了对手的尊重,又形成了合力,成就了事业。

德国知名剧作家席勒曾经说过:"不尊重别人的人,别人也不会尊重他。"

哲学家汉纳克·阿里德更是指出:"堵住痛苦回忆的激流,唯一的办法就是宽恕。"

宽容是一种气度,包容他人更是一种涵养。在非原则性的问题上,以大局为重,包容他人,你会体会到化干戈为玉帛的喜悦,更可能赢得永久的朋友。

的确,每个人都有弱点和缺陷,每个人都可能犯下这样那样的错误。面对别人的不足和错误,真正的男子汉该怎么做?用博大的胸怀去容纳别人,用宽广的胸襟去宽容别人。

英国诗人济慈说:"人们应该彼此容忍,每个人都有缺点,在他最薄弱的方面,每个人都能被切割捣碎。"

男孩,如果你想成为一个受人尊重的人,如果你想赢得别人更多的好感与信任,就请学会宽容吧!当你能够以宽容博大的胸襟与别人相处的时候,你会发现别人也会回报给你意想不到的尊重与信任。

【西点寄语】

男孩,如果你想成为一个受人尊重的人,如果你想赢得别人更多的好感与信任,就请学会宽容吧!当你能够以宽容博大的胸襟与别人相处的时候,你会发现别人也会回报给你意想不到的尊重与信任。

不宽恕敌人就会失去朋友

曾获得过美国侦探小说大师奖的畅销书作家托尼·希勒第一份工作竟然是在一个农场做农场工,而且他从这份工作中受益匪浅。

托尼·希勒14岁时,英格拉姆先生敲响了他们在俄克拉荷马的萨克勒哈特农舍的门。

这个老佃农住在马路那头大约一英里的地方,他过来是想找人帮助收割一块紫苜蓿地。这就是托尼得到的第一份有报酬的工作——1小时12美分。要知道这在还处于经济大萧条时期的1939年已经很不错了。

有一天,英格拉姆先生发现一辆装有西瓜的旧卡车陷在自家瓜地中。很显然,有人想偷走这些西瓜。

英格拉姆先生说车主很快就会再回来的,让托尼在那儿看着,长点见识。没过多久,一个当地因打架和偷窃而臭名昭著的家伙带着两个体格粗壮的儿子出现了。他们看起来非常恼怒。

英格拉姆先生却用平静的口吻说道:"哎,我想你们要买些西瓜吧?这些西瓜很不错的。"

沉默了很久,那个男人回答:"嗯,我想是的。你要多少钱?"

"25美分1个。"

"好吧,你帮我把车弄出来的话,我看这价格合适。"

结果,这成了他们夏天里最大的一笔买卖,而且还避免了一场危险的暴力事件。等他们走后，英格拉姆先生笑着对托尼说："孩子，如果不宽恕敌人，就会失去朋友。"

几年以后，英格拉姆先生去世了，但托尼永远也忘不了他，忘不了第一次打工时他教给自己的东西。

莎士比亚说："不要因为你的敌人而燃起一把怒火，炽热得烧伤你自己。广览古今中外，大凡胸怀大志、目光高远的仁人志士，无不是大度为怀，置区区小利于不顾。相反，小肚鸡肠、竞小争微，对只言片语也耿耿于怀的人，没有一个是成就大事业的人，没有一个是有出息的人。"

一个人只有经历一次忍让，才会获得一次人生的洗礼；只有经历一次宽容，才会获得一次境界的提升。

就像西点军校对学员的要求，西点希望学生能够被打磨得为人有信心、对他人宽容、做事态度谦虚，能够成为一名最棒的将军的同时也是谦谦君子。

所以，男孩，当你自信满满地冲进生活的激流时，当你激情洋溢地投入生活的种种时，也努力培养自己这种宽容豁达的胸襟吧，相信，当你理解了宽容的真正内涵，你也就能领略到"退一步，海阔天空"的博大境界。

【西点寄语】

男孩，当你自信满满地冲进生活的激流时，当你激情洋溢地投入生活的种种时，也努力培养自己这种宽容豁达的胸襟吧，相信，当你理解了宽容的真正内涵，你也就能领略到"退一步，海阔天空"的博大境界。

做人要豁达

"海纳百川,有容乃大;壁立千仞,无欲则刚。"为人处世,首先应当提倡"豁达大度"的胸怀。

宽容是一种高尚的人格修养,一种大将风度,是成大事的必要条件,宽容的人往往会得到生活的青睐。

下面是美国南北战争中罗伯特·李将军在战败后率领南军向格兰特将军投降时,两人之间的故事:

1865年4月罗伯特·李将军和尤利西斯·格兰特将军约定在弗吉尼亚州拓克斯镇会面,商议李将军麾下2.8万军人投降的条件,在此之前,格兰特已经和林肯达成共识,他们将以宽容的心态接受对方的投降,将尽可能给予很好的条件来使得美国尽快从战火中平息下来。

李将军准时到达了指定的地方,南军的战败让他颇有沧桑之感,但是他仍然保持着干净整洁的仪表、无可挑剔的风度,就如同往常一样。格兰特恭敬可亲地将投降条件文件交给李将军。

李将军看完之后,说:"谢谢你们的宽容与大度,我可以再提一个要求吗?"

"如果我能办到将不胜荣幸。"格兰特将军回答道。

"感谢你们非常大度地让我的军官保有马匹,我希望骑兵们也能保留他们的马匹。将来他们的生活也许会需要。"李将军说道。

格兰特非常敬佩李将军对下属的责任感和关心,更钦佩他没有把战败的责任推给下属，而是宽容对待他们并一力承担困难，根据格兰特和林肯的约定，这件事情是在格兰特的决定范围之内的，于是他回答："我理解。骑兵将来会需要这匹马谋生，我留给他们。"

于是，两位名将就这样握手言和。在以后的岁月里，两人多次在公开场合赞美对方，并且共同投身到重建美国的事业当中去。

"当紫罗兰被脚踩扁的时候，却把芳香留给了它。"这是美国作家马克·吐温给宽容做的一个最为形象的注解。其实，宽容别人的同时，也是释放自己的过程。

一个有大气量的人，其容人之量、容物之量也不会小，能和各种不同性格、不同脾气的人处得来。能兼容并蓄，听得进批评自己的话，也能忍辱负重，经得起误会和委屈。

要让自己快快乐乐地生活在充满爱的世界里，自己首先要做一个宽宏大量的人。要真正做到宽容并不容易，如果你心里有恨和苦，宽容不了他人；或者，如果你认同宽容是很高尚的行为，不过难以时时做到，你应该远离品头论足的人，随着时间的推移，你会发现，你的宽容多了，你心里的平安和喜悦也多了。

逐步做到宽容，是一位青少年成长和进步的过程。因为宽容，你会始终生活在平静健康之中；因为宽容，你会成为幸福的赢家。宽容可以让青少年的生活变得美好许多，更会让这个世界充满爱。

【西点寄语】

"海纳百川，有容乃大；壁立千仞，无欲则刚。"为人处世，首先应当提倡"豁达大度"的胸怀。

放低自己，接纳世界

要想拥有百川的事业和辉煌，首先应拥有容得下百川的心胸和气量，从而接纳世界、接纳周围的一切。俗语讲，眉间放一字"宽"，不但自己轻松自在，别人也舒服自然。宽容是一种豁达的风范，也许只有拥有一颗宽容的心，才能从容面对自己的人生。男孩们，年轻的你无论现在处于什么样的境遇，都不要抱怨、不要放弃，既来之则安之，坦然地接受外界赋予自己的一切，才能奋起直追，用宽阔的胸襟拥抱理想，拥抱未来。

从西点学员那里，我们发现，有时候宽容是一种坚强，而不是软弱。宽容所体现出来的退让是有目的、有计划的，主动权掌握在自己的手中。他们进入西点之后，没有任何时间来抱怨，而是必须以最快的速度适应这个环境，只有接受周围赋予自己的一切，一切从零开始，才能重新塑造自我。这一点，年轻的你能做到吗？你能真正做到放低自己去接纳整个世界吗？

一个满怀失望的年轻人，千里迢迢来到法门寺，对佛家学者法明说："我一心一意要学丹青，但至今没能找到一个能令我心满意足的老师。"

法明笑笑问："你走南闯北十几年，真没能找到一个自己的老师吗？"年轻人深深叹了口气说："许多人都是徒有虚名啊，我见过他们的画，有的画技甚至不如我呢！"法明听了，淡淡一笑说："我虽然不懂丹青，但也颇爱收集一些名家精品。既然施主的画技不比那些名家逊色，就烦请失主为老僧留下一幅墨宝吧。"说着，便吩咐一个小和尚拿了笔墨砚和一沓宣纸。

法明说："我的最大嗜好就是爱品茗饮茶，尤其喜爱那些造型流畅的古朴茶具。施主可否为我画一个茶杯和一个茶壶？"年轻人听了，说："这还不容易。"于是调了一砚浓墨，铺开宣纸，寥寥数笔，就画出一个倾斜的水壶和一个造型典雅的茶杯。那水壶的壶嘴正徐徐吐出一脉茶水来，注入那茶杯中去。年轻人问法明："这幅画您满意吗？"

法明微微一笑，摇了摇头。

法明说："你画得确实不错，只是把茶壶和茶杯放错位置了。应该是茶杯在上，茶壶在下呀。"年轻人听了，笑道："大师为何如此糊涂，哪有茶壶往茶杯里注水，而茶杯在上茶壶在下的？"法明听了又微微一笑说："原来你懂得这个道理啊！你渴望自己的杯子里能注入那些丹青高手的香茗，但你总把自己的杯子放得比那些茶壶还要高，香茗怎么能注入你的杯子里呢？涧谷把自己放低，才能吸纳融会百川，成汹涌之势啊。"

法明的话很有道理，一个人只有先放低自己，愿意接纳世界，才能获得外界的恩赐，为自己注入新鲜的能量。男孩们，可能现在的你正遭受着某种苦难，可能你认为这个世界对你是不公平的，可能你满腔怨气，但你想过没有，即使你抱怨又能怎样？会改变现状吗？当然不能。那么，何不坦然地接受，然后鼓起勇气，从零开始寻找新的出路呢？

对于过去，我们不要太执着，而是要接受现在，把握现在。放宽心，把握现在，才能收获未来！

那么，男孩们，你该怎样才能做到接纳整个世界呢？

1. 接纳自己的现状

即使你正面临很多困难、痛苦和烦恼，你不必做任何改变，不必增添什么，或消除什么，此时此刻的你是完美的，让这样的认知进入心中。 你若真能如此，所有的批判就会自动销声匿迹。

2. 接纳别人的现状

不论他们有什么习性或可靠与否，你不必改变他们，他们也不必改变自己来博取你的接纳。 他们无须你的认可，而你也无须他们的认可。 他们没有问题，而你也没有问题。 没有谁对或谁错，你们都是并肩而立。 当你接纳了别人，你的心灵就开放了。 当你接纳了别人，你对自己也会更加慈悲。

3. 接纳目前的生活现状

你不必改变生活的现状，每一情境本身都是完美无缺的，所有的人际关系本身也一样是完美无缺的，每一种人生课程都有助于你的成长，每一个外在障碍都在帮你深入爱的终极泉源。 不必设法诠释你的生活，否则你会发现有所缺失，其实你没有失落任何东西。 但是，不论正面或反面的诠释，都是你这一生必须突破的幻境。

接纳就是这么简单，但同时也是最难的一门学问。 有了接纳，小我才会让路。 这就是接纳之路。 凡是你无法接纳的，你会抗拒到底，这种对立便成了你的束缚。 凡是被你接纳的，就会轻轻地进入你的心房。 没有任何东西强迫得了你，也没有任何东西牵绊得住你。 这就是你接纳之后的心境。

【西点寄语】

凡是你无法接纳的，你会抗拒到底，这种对立便成了你的束缚。凡是被你接纳的，就会轻轻地进入你的心房。

第二章　满足和狂妄是成功的大忌

具有一切从零开始的心态

每一位能够进入西点军校并且顺利毕业的学员都是百里挑一的天之骄子，他们通常对自己具有强烈的信心。西点军校鼓励学生相信自己，但同时又要求学生具有一切从零开始的心态，并且懂得虚心进取，低调行事。

两年前，佳佳在一家公司打工，老板是位广东人，对下属非常严厉，从不给一个笑脸，但他是个说一不二的人，该给你多少工资、奖金，不会少你一分钱，佳佳他们都拼命工作。

公司有个规定，不准相互打听谁得多少奖金，否则"请你走好"。虽然很不习惯，开始工人们还是一直遵守着，努力克制着从小就养成的好奇心和窥私癖。有一个月，大家都发现自己的奖金少了一大截，开始不敢说，但情绪总会流露出来，渐渐地大家都心照不宣了。那天中午，吃工作餐时，大家见老板不在公司，就有人摔盆碰碗地发脾气，很快得到众人响应，一时怨声盈室。

有一位来公司不久的下岗妇女，一直安安静静地吃饭，与热热闹闹的抱怨太不相称，引起了大家的注意。

工人们问她，难道你没有发现你的奖金被老板无端扣掉一截？她有些吃惊地回答："没有啊！"工人们比她更吃惊了，整个饭厅一下子安静下来，每个人都一脸疑惑，每个人都在心里揣摩，人人都被扣了，为何她得以逃脱？莫非她与老板有那种瓜葛？她这把年纪，至少有三十几了吧，且瘦得一把骨头一张皮的，哪个男人会对这种肉干一样的女人感兴趣？那么是什么原因使她独享优惠政策？后来才知道她是被扣得最多的一个。不久她被提升了，其他人又嫉妒又羡慕，她的工资会高出一大截来，还有奖金。

很久以后，她向工人们描述当时自己的心情，她的确没有装，她是这样想的，这个月我一定做得不好，所以只配拿这份较少的奖金，下个月一定努力。为何别的人没有这样的想法呢？她是这样分析的，那时她工作了近20年的工厂亏损得已很厉害，常常发不出工资，开工不足，工人们都在等待（那时还没有下岗的说法），她等不下去了，因为家庭负担太重，上有生病的老人，下有读书的孩子，还有因车祸落下残疾的丈夫，于是她就出来打工了，收入比起她以前的工资要高出百十元钱，这让她喜出望外，非常珍惜这份工作，甚至有一种感激的心情。

后来，佳佳离开了那家公司，跳了几次槽，至今都没有跳到一个满意的地方。去年10月，在一次商务茶会上佳佳又碰到她。她认出了佳佳，而佳佳已认不出她来，不仅是因为她胖了些，白了些，那身合体的高级职业装和与脸型非常相称的发型，精致的妆容把她烘托得典雅且老到，那神态有一种阅尽人世变迁的沉稳与平易，让人一见就会产生与她打交道做生意是可靠的、有保障的感觉，此时，她已做到了经理助理的位置——公司的二老板，是标准的白领丽人。谁能想到四年前，她不过是个战战兢兢的下岗女工，且人到中年。看她很熟练且极有分寸地与人周旋，佳佳内心的感慨是无法用语言来描述的。

男孩，由于你年轻，拥有很多优势，所以你总是觉得应该得到更多更好的东西，对生活，你从不习惯放低姿态，面对眼前五光十色、流金淌银的社会，你认为索取是最重要的，于是，你越是不满足，越是得不到想要得到的林林总总。

其实，海纳百川，成汪洋之势，是因为它位置最低。男孩生活在社会上，只要务实肯干，总能寻找到一个属于自己的位置。

你现在站得低并不代表没有乘着热气球跨越式升高的可能，地位低不是尊严低，只要肯以虚心的姿态追求着自己的梦想，珍惜着到来的机会，那么生活也会满腔热忱回报给你的。

【西点寄语】

你现在站得低并不代表没有乘着热气球跨越式升高的可能，地位低不是尊严低，只要肯以虚心的姿态追求着自己的梦想，珍惜着到来的机会，那么生活也会满腔热忱回报给你的。

勇于面对错误

犯错是人生必要的经历，因为错误提供的重要信息能帮助我们应付变局。在每一次错误中，我们都能找到未来成功所需的宝贵的经验教训。

现代社会中的大部分人，都抱着谨慎与保守的心态，害怕自己一不小心犯下错误，于是墨守成规，了无新意，久而久之便丧失了应有的勇气。

热情敬业的人却完全不同，他们愿意冒险，敢于冒险，也不会因为犯了错误而沮丧。著名的企业家、钢铁大王卡内基曾说："没有完美无缺、从不犯错误的人，即使犯了错误，世界也不会因此而灭亡。我主要根据掌握到的信息做决策，有时信息不够完整，就会导致决策错误。这种错误可以让我积累经验，让我换一种方法解决问题。我从来不会因为犯错而苛责自己，经营企业所需的决策成千上万，不可能每个都正确无误。"我们能够防范某些错误，尽量减少错误，但不可能完全杜绝错误。值得庆幸的是，我们若能认识错误，认真检讨错误，分析造成错误的原因，就能帮助自己更有效地做好工作，以至于改变自己的处境。

犯了错误敢于承认，是走向成功的第一步。错误对于人们是有教育意义的，人们可以从错误中学到不懂的东西。小的错误可以警告人们避免大的错误。有些人碍于情面和虚荣心，不愿和不敢承认错误，则失去了避免犯大错误的宝贵经验，以后难免会犯同样的错误，最终的结果往往是停滞不前或哀叹自己悲惨的命运。

1929年夏天，波士顿红袜队一垒手卡尔·耶克斯成为美国棒球史上第七个击出3000次本垒打的人，所有的新闻媒体都把目光投到他身上，数百名记者在破纪录前一个星期就开始报道他的一举一动。其中有一位记者问他会不会被这些成绩所产生的压力击垮，耶克斯笑着回答说："在我的运动生涯中，我击球已经超过10000次，其中有7000次没有成功击出本垒打，没击中的球是击中的球的两倍。所以，没击中是很正常的事，我不会为此而垮下来。"

成功和失败是相对的，事实上，它是一页书的两面，以耶克斯为例，打中和打不中都可能发生，不会永远打中，也不会永远打不中。这个道理同样适用于思考和行动，它能孕育成功的机会，也能产生错误。而害怕犯错误，不敢大胆地去做，你就会因此而丧失一切成功的机会。

不要羡慕成功的人和对自己的屡屡失败嗟叹不已。要知道成功者往往是失败次数最多的人，能够一蹴而就的人是极少数的。

人生本是充满试验和错误的过程，那些一生从来没有犯过错误的人，必定是碌碌无为、无所事事的人。错误并不可怕，它是上天给你的一次机会，让你下一次能明智地重新开始。

综观人们所遇到的各种各样的困境或难题，不难发现有许多是由于自身的错误造成的。然而，一些人不能客观地看待自己，不愿意承认自己的错误，以至于使自己在错误的泥潭中越陷越深，造成无法挽回的损失。

那些成功者，不仅能坚定不移地向正确的目标前进，而且在发现自己犯了过错时，也能勇敢地面对，他们应对错误的策略主要有五种，当然这也是他们用来改正错误的常见方法。这些方法不仅体现出他们智慧的头脑，还展现了他们的勇气。

1. 承认错误

这需要一定的勇气，还需要一定的头脑。勇气是敢于认错的前提，头脑是正确分析错误的基础。只有承认自己犯了错误，才有可能指出和改正错误，然后总结经验，吸取教训！

2. 分析原因

承认错误之后，接下来就要分析产生错误的原因。遗憾的是，有些人根本就无视自己的错误，根本不把它当回事；而有些人却无论如何也忘不了自己所犯的错误，长时间地处在自责之中。分析错误最主要的作用是把握产生错误的真实原因，使你将来不再犯类似的错误。

3. 制订改正计划

很多人在承认错误与分析错误之后就万事大吉了，其实接下来应该制订控制损害计划，并着手纠正错误。

世界上最好的东方地毯大多来自中东的小山村，而且这种地毯全部采用手工织成。织工通常是在背面看不见正确花纹的情况下编织，如果一时心不在焉，就会编错花纹或颜色。出现这种情况后，如果把织错的地方拆掉不仅浪费时间，而且会造成浪费，于是他们将错就错，把织错的花纹和谐地织进原设计图案中去，除设计师以外任何人都看不出破绽来。

4. 向相关人员道歉

说一句"对不起"是消除错误的最有效方法。成功人士中有95％的人表示他们会在犯错之后道歉，并一致认为这是消除错误影响的关键。

既然知道是自己的错，你完全可以大大方方地说一声"对不起"，然后问对方如何做才能弥补你的错误。当对方告诉你他们想要的东西时，你必须仔细倾听他们所说的话。如果对方的要求合理，就应照做；假如你无法同意，也应该告诉对方，并建议采用其他方式进行弥补。

5. 调整自己的思维方式

这个策略能够帮助你解脱对于自己错误的悔恨，调整做法，避免再犯类似错误。

当我们做错了事，即使没有被人察觉，自己也会内疚，自己承认错误，同样会起到警示的作用。

【西点寄语】

人生本是充满试验和错误的过程，那些一生从来没有犯过错误的人，必定是碌碌无为、无所事事的人。错误并不可怕，它是上天给你的一次机会，让你下一次能明智地重新开始。

完善自我源于谦逊

"我们的荣誉来自谦逊，我们看到了每个人身上的优点，去尊崇、超越，从而完善自我。"——西点军校毕业生、美国著名军事家——谢尔曼将军这样说。

一个有教养的人必定是一个崇尚礼节、谦恭有礼的人。谦恭礼让不仅是良好内在素养的体现，还能改善我们的人际关系，减少很多不必要的摩擦。

乔治·林肯是西点军校1929年的毕业生。他仕途顺利，升迁迅速，38岁时就成了陆军准将，是美国陆军在第二次世界大战结束时最年轻的将军。

林肯在美国陆军总参谋部担任过战略规划和计划职务，做过马歇尔上将的助手，曾为1945年罗斯福总统、丘吉尔首相和斯大林元帅在苏联雅尔塔举行的重要会议做过直接的组织工作。

战争结束后的1947年，已经是少将的林肯，完全可以向老首长马歇尔将军要求美军中的任何一个职务和岗位，但他竟出人意料地主动再三要求去西点军校的社会科学系教书，给当时任系主任的一位准将军衔的老战友做副主任。

但西点的系副主任至多只能是上校军衔，林肯为了能到西点社会科学系任职，向上级要求连降两级，从少将变成上校。

马歇尔再三劝阻无效后，只得批准了林肯的请求。这段"能上能下"的佳话，显示了林肯追求"百年育人"事业的卓越见识和为了理想抛弃名利地位的出众品格。

林肯后来在西点社会科学系主任的职位上又升为准将。按美军惯例，军官以退休时的军衔为最终和最高军衔，故林肯楼里，有关林肯的记载和牌匾都称他为林肯准将。

每个人都希望生活在一个和谐的环境中，希望得到别人的尊重和友谊，要实现这样的目标，离开谦恭礼让是绝对不行的。

无论是同学、朋友、家人之间，还是陌生人之间，多一分谦恭，就能得到多一点认同，多一些礼让，就能少一些冲突。

对于青少年而言，谦恭礼让就是要摆正自己的位置，时刻保持谦逊有礼的态度，在为人处世方面宽容一些，多为别人想想，多帮帮别人，不能为一点小事就斤斤计较。

但是，谦虚并不是说要放弃努力、放弃竞争，在学习的过程中，你大可以竭尽全力，学好每一门专业知识，然后在考试中充分发挥，争取每一科都比别人考得优秀。

谦让并不是不努力的借口。

当然，谦让也不代表退缩，谦让虽然是一种崇高的美德，但退缩怯懦的性格，会使你缺乏与人正面交锋的勇气，丧失很多机会。

因此，谦让也要讲原则，它是一种手段与方法，而不是目的与结果。

【西点寄语】

一个有教养的人必定是一个崇尚礼节、谦恭有礼的人。谦恭礼让不仅是良好内在素养的体现，还能改善我们的人际关系，减少很多不必要的摩擦。

永不满足于现状

西点学子为了在激烈的竞争中胜出，他们从训练中吸取经验，探寻智慧的启发以及有助于提升效率的方法。不管西点学员是要攀上国防部的顶峰，还是希望在目前位置上获得良好声誉，他都得不断地提升自己的能力，让自己的专业技能随时保持在巅峰的状态。

如果沉溺在对昔日以及现有表现的自满当中，学习以及适应能力的发展便会受到阻碍。要是没有终生学习的心态，不断追寻各个领域的新知以及创造力，员工终将丧失自己的生存能力。终生学习能够去除自满的心态，或是避免自满心态的扩大。

西点学员对自己的技能层次时时保持警觉，并且探寻能够让他的专业技能更上一层楼的机会。通过阅读、聆听、训练、冒险以及吸取新的经验，西点学员可以克服无知的障碍；避免无知滋生出自满，损及他的军人生涯。专业能力需要不断提升技能组合以及刺激学习的能力配合。不论是在军界生涯的哪个阶段，学员学习的脚步都不能稍有停歇。

不管你有多成功，都得在业余时间不断地给自己充电，如果不这么做，表现自然无法有所突破，终将陷入日复一日重复的陷阱里头。维系成功的唯一法门在于终生学习，在新的方向不断探寻、适应以及成长。

不管你有多能干，千万不要自我膨胀到目中无人的地步。开放心胸接受别人的指点，了解自己有哪些能够加强的地方，发挥自己的才能，并且探寻新的机会。你所需要的是能够对你直言不讳的人，并且激发你接受未知挑战的力量；这样的人将是你在专业领域的无价宝藏。

唯有虚心学习，才能够成功掌握未来。看看毕业于西点军校的 ABC 晚间新闻的主播彼得·詹宁斯在电视上侃侃而谈的样子，实在很难想象他刚在西点军校电视台出道时青涩的模样。他退伍后刚在电视上出现的时候，不过是个初出茅庐的年轻小伙子，实在看不出来日后会成长为如此成熟稳健又广受欢迎的主播。

年轻的彼得·詹宁斯当了 3 年主播之后，就做了一个很大胆的决定——他辞去了人人艳羡的主播职位，决定到新闻第一线去磨炼记者的工作技能。

在《主播生涯》这本书当中，罗伯特·戈德堡以及杰拉尔德·杰伊对彼得·詹宁斯的生涯历程有很清楚的描述。彼得·詹宁斯虽然毕业于西点军校，但是却以事业作为他的教育课堂。他在国内报道许多不同路线的新闻，并且成为电视网头一个常驻中东的特派员，后来他搬到伦敦，成为欧洲地区的特派员；经过这些历练之后，他才回到ABC主播台的位置。

还有这样一个故事：

> 徒弟去见师父："师父！我已经学足了，可以出师了吧？"
> 师父问："什么是足了呢？"
> "就是满了，装不下去了。"
> "那么装一大碗石子来吧！"
> 徒弟照做了，师父问："满了吗？"
> "满了。"
> 师父抓来一把沙，掺入碗里，没有溢；师父又问："满了吗？"
> "满了。"
> 师父抓起一把石灰，掺入碗里，还没有溢出；师父再问："满了吗？"
> "满了。"
> 师父又倒了一盅水下去，仍然没有溢出来。不少年轻人抱着雄心壮志走上社会，可是几年后，取得了一些小小的成就，棱角也开始磨平了，追求也消磨殆尽，他们开始对一切感到乏味，于是满足于现有的一切，喝酒、打麻将、打游戏……

有多少机遇都在酒桌和麻将桌上被错过了。

西点军校的约翰·科特上尉建议："勇敢面对挑战，并且大胆采取行动；然后坦诚地面对自己，检讨这项行动之所以成功或是失败的原因。你会从中吸取教训，然后继续向前迈进，这种终生学习的持续过程将是你在这个瞬息万变的环境中的立足之本。"

现在的社会对于缺乏学习意愿的人是很无情的，必须负责精进自己的工作技能，否则就会被远远地抛在后面。社会呈爆炸式进步，只要没有定期充电，转眼之间就会被时代淘汰。别人固然能够鼓励你努力成长，但最后还是要你自己刺激学习的意愿，才能够吸收到所需的专业知识。你所具备的知识越是丰富，你所具备的价值也就越高。

埃里克·霍弗将军深信："没有哪个人可以永远独占鳌头，在瞬息万变的世界里头，唯有虚心学习的人才能够掌握未来。"

一滴水只有放在大海里，才能永远不会干涸，同样，只有时刻提升自己现有能力的人，才能永葆生命的活力。向西点学习吧！永不满足，生存的过程就是一个不断自我超越的过程。

【西点寄语】

一滴水只有放在大海里，才能永远不会干涸，同样，只有时刻提升自己现有能力的人，才能永葆生命的活力。向西点学习吧！永不满足，生存的过程就是一个不断自我超越的过程。

第三章 以礼待人的人最受欢迎

礼貌是一种习惯

西点71届学员美国汽车保险公司总经理麦克·德莫特说："军人并不是一个让人敬而远之的角色，事实上，当人们有困难时，肯定会把我们当作上帝的使者，军人永远是受大家欢迎的。"

西点队员的礼貌不是矫揉造作，它是一种习惯，但这种习惯来源于谦逊和自尊，以及一种发自内心的为他人服务的愿望。谦逊是在接受教官训练时养成的习惯，自尊则是稍后建立起来的，而为他人服务的愿望则源自当他做好事时，教官脸上难得一见的笑容。

西点队员学会了突出自己的想法或在回答时加上"长官"这一称呼。在新兵训练营的最初12个星期内，他甚至必须在对上级军官所说的每一句话之前加上"长官"这两个字。

现代企业界，客户服务正成为越来越多的竞争对手之间的区分因素，而员工的礼貌水平似乎正呈逐渐下降的趋势。在许多行业，客户可以在任何商店、公司或工厂里买到相同的商品。如果价格相同，客户在考虑从什么地方购买时，唯一可能起决定作用的因素就是较好的服务质量。

与产品自身的性能相比，客户与公司销售人员之间的良性互动更能决定客户的满意度。只要公司销售人员真心实意愿为客户服务，任何问题都可以解决。

每一家公司的管理者都应该向下属灌输一种只有在西点中才能看到的守礼意识，并且完全可以从"是的，先生"或"是的，女士"开始。

许多公司得以生存，依靠的不是首席执行官或管理者的决策，而是其服务人员的行为。然而诸多与公众打交道的员工似乎都没有认识到，客户购买他们的产品或服务的唯一原因，是客户个人所受到的待遇。

作为公司的管理者，在任何时候，面对任何员工，都要保持礼貌，都要表现出一副温文尔雅的姿态。不要以官阶压人，更不可大摆上司的架子。对待别人的办公室及所有公司的财产，都像对待自己的东西一样珍惜。定了约会，就必须准时赴约，不要让别人等待。不可随意浪费，尤其是不能随便浪费下属的时间。

男孩，永远牢记要像西点军人那样，清楚明白地向别人介绍自己，以及其他在场的人，切不可敷衍了事。也要永远记住随时说"请"和"谢谢"。以礼待人会使你的事业兴旺发达。

【西点寄语】

永远牢记要像西点军人那样，清楚明白地向别人介绍自己，以及其他在场的人，切不可敷衍了事。也要永远记住随时说"请"和"谢谢"。以礼待人会使你的事业兴旺发达。

成为会关心别人的人

西点军校前校长 A. L. 米尔斯说："西点培养的军人不是一个让人敬而远之的角色，相反是在需要时，能为大家提供帮助的人。"

从西点毕业的学子在各个领域都取得了优异的成绩,这除了与他们本身的能力有关外,还有一个重要的原因就是,在西点,他们学会了如何使自己成为一个受欢迎的人。

西点军校所致力的教育目标,不仅是培养一流军官,而且是要把一流的年轻人培养成受人欢迎的人,培养成未来全方位的领导人才。

要使自己成为受欢迎的人并不是一件困难的事,只要能真心对别人感兴趣,不出两个月,就能收获更多的朋友。

在一些公司,许多员工却错误地用使别人对他们感兴趣的办法来赢得朋友。这种方式是没用的,别人不会对你感兴趣,他们只对自己感兴趣。

纽约电话公司对电话中的谈话做了详细的研究,想找出哪一个字眼在电话中最常被提到。你大概也猜到了,这个字就是第一人称的"我"。在500次电话谈话中,这个字被使用了3950次。

如果只是通过在别人面前表现自己来使别人对我们感兴趣的话,你永远也不可能成为一个受欢迎的人。真正的朋友,不是用这种方法交来的。

阿尔夫·阿德勒曾说:"对别人不感兴趣的人不仅一生中困难最多,对别人的伤害也最大,人类的所有失败,都出自这种人。"

【西点寄语】

要使自己成为受欢迎的人并不是一件困难的事,只要能真心对别人感兴趣,不出两个月,就能收获更多的朋友。

优雅的举止给人力量

举止优雅、仪表整洁的人无论走到哪里都能受人欢迎，因为他们拥有着受人欢迎的通行证——良好的礼仪。

西点军校对学员的仪表、着装有严格的要求。在什么时候要穿什么样的衣服，西点军校对学员都做了详细的规定。因为保持良好的仪表不仅代表着个人的形象，更代表了西点军校的形象。一个容忍自己仪表邋遢的人是不受欢迎的。每个西点学员都明白：衣服不需要昂贵，但一定要整洁合身。

此外，西点军校对于学员的礼貌和仪表训练也丝毫不放松，学校鼓励学员通过建立自己的人格魅力，以礼貌、友好、严谨的形象赢取良好的人际关系。每个参观西点军校的普通民众一进入校园都会获得前所未有的被尊重和重视的感觉，这让他们感觉惊讶和满足，因为这和外面一墙之隔的注重自由、随意的美国风格截然不同。

西点学员的礼貌并不是虚伪造作的，在长期的训练中，它已经成为一种习惯，这种习惯来源于西点学员的谦逊和自尊，以及一种发自内心的为他人服务的愿望。经过新兵训练营的训练，学员们的父母都不敢认他们从前那个爱说俏皮话、爱高谈阔论的孩子，而新学员们也诧异，自从加入西点后，他们与父母的谈话方式也改变了，张口就是"先生、女士"。

礼仪其实是礼貌和仪表的总称，是一个人有良好教养的体现。礼仪直接影响了你给他人的基本印象，如果你行为粗鲁、衣装不整、蓬头垢面，即使你内心善良，也无法提升你在他人心目中的印象。

伊丽莎白·斯图亚特·菲尔普斯曾经说过："干净整洁的服装是人的精神力量的源泉，这与人的良知同样重要。很多穿着浆过领的衣服、戴着干净手套的人在困难面前显得无比从容，而如果他们衣服不整，则很有可能被困难所征服。"

霍伯特·乌里兰本是铁路上一名普通的路段工，但是没过多久，他就被提拔为全纽约铁路委员会主席，这跟他注重仪表是分不开的。曾经在一个有关如何获得成功的讲演中，他这样说："衣服不能决定一个人的命运，但是好的着装确实给很多人带来了工作机会。如果你手里有25美元，你希望找一份工作，那么，我建议你花20美元买一套衣服，花4美元买一双鞋，剩下的钱用来刮脸、理发和清洗衣领。然后你就可以去应聘了。我想要比你留着25美元却又着装褴褛要好得多。"

良好的礼仪有助于你成功。满身污垢、衣着褴褛的人或是那些仪态不佳的人总会被人厌恶，衣冠整洁、仪表大方的人总能受人喜欢。上天会赋予懂礼貌、懂得尊重他人并给予他人快乐的人以最大的恩赐。

爱默生曾经说过："美好的行为比美好的外表更有力量。美好的行为比形象和外貌更能带给人快乐。这是一种精美的人生艺术。"一句简单的"谢谢"，一句真诚的"对不起"，一句温暖的问候，几句谦卑的话语都充满了友好，都会让人对你流露出欢迎的态度。

菲利在遇到钢铁大王卡内基的母亲前，只是一个百货商店的雇员。这天下着大雨，一位老妇人步履匆忙地进入了店内，被雨淋湿的衣服不断地淌下雨水，很快脚下的地板就被她从身上淌下的雨水浸湿了。店内的雇员一个个都流露出很不满的情绪，只有一位小伙子走过来问她："请问我有什么可以帮助您的吗？"

"不用了，谢谢，我只是暂时避一下雨。"老妇人用沉稳而略带感激的语调对小伙子说。但是淌在地上的雨水令她感觉很不安，她不好意思地看看地板，又无助地看了一眼小伙子。

小伙子显然看出了她的不安，于是不等她解释，赶紧搬来了一把椅子，并且说："您坐下休息一下吧。"

雨停了，老妇人向小伙子道谢，并要了一张他的名片。

几个月后，商店的老板收到了一封信，信中指明要菲利去苏格兰，接收一份装潢材料的订单和几个家族公司整个季度的办公用品供应订单。老板异常震惊，因为这两份订单给店铺带来的收益超过了他们两年的利润总和。

当他们看到落款时，才发现原来写信人正是几个月前在店铺内躲雨的老妇人——而她正是钢铁大王卡内基的母亲。

老板开始对菲利刮目相看，他立刻吸收菲利做了自己的合伙人，就在菲利起身去苏格兰之前，这家百货商店已经有他一部分了。那年菲利才刚刚22岁。

菲利加入卡内基麾下不久，就凭着踏实、诚恳与良好的仪表成了卡内基的左膀右臂。随着他的作用的不断发挥，他逐渐成了美国钢铁业的灵魂人物。

一句礼貌而温暖的问候、一把解人尴尬的椅子,成就了菲利一生的成功与魅力。

良好的礼仪是成功的金钥匙,是获得他人尊重、欣赏和喜爱的法宝。 良好的礼仪可以弥补一个人的缺陷,可以让一个人成为最具魅力的人。 良好的礼仪比智慧和学识更重要,更容易给人留下良好的印象。 光明而美好的前途往往会青睐那些具备良好礼仪的人。

【西点寄语】

良好的礼仪是成功的金钥匙,是获得他人尊重、欣赏和喜爱的法宝。良好的礼仪可以弥补一个人的缺陷,可以让一个人成为最具魅力的人。良好的礼仪比智慧和学识更重要,更容易给人留下良好的印象。光明而美好的前途往往会青睐那些具备良好礼仪的人。

做一个有礼貌的男子汉

天色近黄昏,一个年轻人骑马赶路,迎面走来一位老农。年轻人勒住马缰,在马上高喊:"喂,老头儿,离客栈还有多远?"老人回答:"五里。"年轻人策马飞奔,跑了十多里仍不见人烟,暗想:这老头儿真可恶。五里,五里,哪里只有五里!

年轻人喃喃着猛然醒悟:"五里"不是"无礼"的谐音吗?问路不讲礼貌,怎么能得到正确答复呢?于是他掉转马头往回赶,发现老人还在原地等候。年轻人赶紧翻身下马,恭敬地叫了一声"老伯"。话没说完,老人就说道:"天色已晚，如不嫌弃，可到我家一住。"

年轻人前后的态度不同，得到的回复也就截然不同。

的确，在现实生活中，那些彬彬有礼的人往往更受人欢迎，相反，那些高傲自大、目中无人的人，往往也会遭到别人的厌弃。

因为深知"礼貌"在人与人之间的重要性，西点对于学员的礼貌训练丝毫不放松，一直鼓励学员通过自己的礼貌赢取良好的人际关系。

西点要求新学员对包括学长在内的人敬礼，称呼"长官""您"，入学之初，新学员就必须学会尊重和谦虚。另外，西点还要求每个新学员记住其余1400名学员的名字和基本情况，因为西点认为记住对方的名字是有礼貌的表现。

然而，和西点对礼貌的重视程度形成鲜明对比，现实生活中，我们很多人却缺乏一些基本的礼仪观念。比如，得到别人的帮助很少说"谢谢"，需要别人的帮助从不说"请"，做了伤害别人的事从不说"对不起"，与人见面几乎从不说"你好""早上好"之类的话……也许你会觉得这些都是小事情，做与不做没什么区别。

这种想法大错特错。爱默生说过："美好的行为比美好的外表更有力量。美好的行为，比形象和外貌更能带给人快乐。这是一种精美的人生艺术。"对所有的人都以礼相待，尊重每一个人，这样的人才能更受欢迎，人们才更愿意与之交往。而忽略了基本的礼仪，则会给人留下无礼的印象，让他人对你的好感大打折扣。

作为社会的人，每个人都无可避免地要跟别人打交道，如果你因为没有礼貌而受到大家的疏远，而遭到大家的嫌弃，无疑是一件非常遗憾的事情。

所以，作为男孩，向西点军人学习吧！做一个既能力出众又彬彬有礼的男子汉，你会发现，彬彬有礼的你，会更受大家的欢迎与喜爱。

【西点寄语】

做一个既能力出众又彬彬有礼的男子汉，你会发现，彬彬有礼的你，会更受大家的欢迎与喜爱。

善良也是一种策略

俗话说得好："种瓜得瓜，种豆得豆"给人关爱，自己获得的也会更多。所以说，善良，也是一种策略。

"人生知己最难求。"认识一个人是容易的，但要真正理解一个人却很难。虽然如此，但是，替别人设身处地地想一想，这倒是每一个人都可以做到的，同时这也显示了人们豁达的品质。

生活中时不时会发生这种情形：对方或许完全错了，但他仍不以为然。在这种情况下，不要指责他人，因为这是愚人的做法。你应该尝试去理解他，而只有聪明、宽容的人才会这样去做。对方为什么会有那样的思想和行为，其中自有一定的原因。探寻出其中隐藏的原因来，你便会得到了解他人行动或人格的钥匙。而要找到这种钥匙，就必须诚实地将自己放在对方的立场上。

假如你对自己说："如果我处在他的困难中，我将有何感受，有何反应？"这样你就能消除许多烦恼，也可以掌握许多处理人际关系的技巧。

那么怎样做才算是真正的为他人着想呢？让我们通过一个小故事来体会这一点，相信大家都会有不同的收获。

卡耐基很爱护树木，所以每当他看见一些小树被人为烧掉时，就非常痛心。这些失火事件不是由粗心的吸烟者所致，大多都是由到园中野炊的孩子们引起的。有时这些火蔓延得很凶，以致必须叫来消防队员才能扑灭。公园边上有一块布告牌，上面写道，凡引火者应受罚款及拘禁。但这布告竖在偏僻的地方，很少有人能看见它。有一位骑马的警察在照看这一公园，但他对自己的工作不大认真，火灾仍然时有发生。

有一次，卡耐基跑到一个警察身边，告诉他一场火灾正急速在园中蔓延着，要他通知消防队。警察却冷漠地回答说，那不是他的事，因为不在他的管辖范围内。卡耐基急了，所以从那时起，卡耐基自愿承担起保护公共场所的责任。最初，他没有试着从儿童的角度来对待这件事。当他看见孩子们在树下起火野炊时就非常不快，急于想做出正当的举动来阻止他们。他上前警告他们，用威严的声调命令他们将火扑灭。如果他们拒绝，他就恫吓要将他们交给警察。这只是在发泄情感，而没有考虑孩子们的想法。结果呢？那些儿童遵从了——怀着一种反感的情绪遵从了。但当他离开以后，他们又重新生火，并恨不得烧尽公园。卡耐基的做法获得了适得其反的效果。

多年以后，卡耐基增长了一些有关人际关系学的知识，再遇到类似事情的时候，他不再发布命令不再威吓孩子，而是走到火堆前,向他们说道:"孩子们,这样很惬意,是吗?你们在做什么晚餐?……当我是一个孩童时,我也喜欢生火。但你们应该知道在这公园中生火是极危险的,我知道你们不是故意的,但别的孩子不会是这样小心,他们过来见你们生了火,也就会学着生火,回家的时候也不扑灭,以致使火焰在干树叶中蔓延,以致烧毁了树木。没有了树林以后要去哪里玩呢?我不干涉你们的快乐,但请你们将树叶扒得离火远些——在你们离开以前,要小心用土盖起来,下次你们取乐时,请你们在山丘那边沙滩中生火好吗?那里不会有危险。多谢了,孩子们。祝你们快乐。"

这种说法产生的效果就不同了,它使孩子们产生了一种同你合作的欲望,没有怨恨,没有反感。他们没有被强制服从命令,保全了面子。他们觉得好,觉得这些话完全是在为他们自己着想。当然,卡耐基也感觉很好,因为他在处理这件事情时,考虑了孩子们的想法。

就像富兰克林说过的:"如果自家的窗户是玻璃的,就不要向邻居家的窗户扔石头。"当你学会换位思考的时候,就会在遇到问题时多站在别人的角度看问题,设身处地地为别人着想,然而只有我们做到这些的时候,我们才能够更多地理解别人,宽容别人,也才能够顺利又和谐地解决问题。毕竟责备和埋怨都不是我们所需要的东西,只有从根本上解决问题才是我们的最终目的。

在生活中学会换位思考,当遭遇挫折时,不妨化消极为希望,阳光就会向你微笑。

当我们学会并做到换位思考的时候,我们会发现原来生活其实很美好,每一天的心情都是很好的;在工作中,要学会换位思考,当受到领导的批评时，不妨反思一下自己工作中的不足、标准上的差距，听进他人之言虚心改进，工作就会变得得心应手、游刃有余。即使与同事发生矛盾，也能化干戈为玉帛，重建良好的友谊。

总之，如果你习惯站在他人角度看待问题，那么你很可能得到一颗成功的种子，善加管理耐心呵护一定会开出漂亮的花朵，结满甘甜的果实。

【西点寄语】

如果你习惯站在他人角度看待问题，那么你很可能得到一颗成功的种子，善加管理耐心呵护一定会开出漂亮的花朵，结满甘甜的果实。

第四章　学无止境

要不断自我提升

在西点军校，所有的学员都知道，人生是一个漫长的过程，需要持续的动力，而要想保持这种动力，就只有不断地学习，不断地积累知识。在他们看来，学习是一种非常重要的能力，只要具备这种能力，就能不断自我提升，就没有得不到的成功。

人生需要不断学习，如果不继续学习，就无法使自己适应急剧变化的时代，就有被淘汰的危险。只有善于学习、懂得学习的人，才能具备高能力，才能够赢得未来，在漫长的人生道路上留下精彩一页。

英国杰出的军事家、英国陆军元帅伯纳德·劳·蒙哥马利曾经多次到西点军校访问和讲演，他对学习的浓厚兴趣和执着精神，成为西点学子学习的重要榜样。

据说，蒙哥马利没有太多的嗜好，他不喝酒，不抽烟，不好女色，不爱交际，他一生中唯一的兴趣和爱好就是军事。在他的心中，训练、作战、胜利是全部的内容。正是这种别人无法相比的敬业精神，使蒙哥马利能够在同辈人中出类拔萃，声名显赫，战功卓越。

蒙哥马利对自己的职业几乎达到了狂热的程度，为了把事业做得更好，他不断学习。为了争取到印度服役，与印度士兵沟通，蒙哥马利刻苦学习印度的乌尔都语和普什土语；为了能使用和管理营里的运输工具，他对有关骡马的知识也做了深入的了解，把野战勤务条令背得滚瓜烂熟。他这种不断学习和热爱职业的敬业精神使他在世界军事史上留下了光辉的形象，成为无数人心中的大英雄。

没有什么东西能随着时间的流逝历久弥新，知识、技能皆如此。停下就意味着被超越，在战场上就意味着牺牲。因此，只有不断为自己补充能量，才能使自己保持强劲的动力，一直向前进。

在西门子公司的车间里，有一位做杂活的年轻人。这个年轻的小伙子非常憨厚，平时不爱说话，每天只是闷头干活。

平时，员工们在工作之余会坐在一起聊天，说些笑话，但这个小伙子却很少在休息时间里与人聊天，和大家说笑，他自己也并不歇着，而是站在一些生产设备前看个不停，一会儿摸摸这儿，一会儿动动那儿，时不时他也会和大家沟通几句，但内容都是一些关于生产的问题，有兴致的时候，他也能饶有兴趣地和工人讨论一些产品生产中的问题，大家在一起讨论得非常开心。

其实一开始，他的行为遭到了同事们的嘲笑和不屑："你这么拼命、这么努力，难道还想做技术工人不成？"但他每次对这样的嘲笑和奚落却只是笑笑，并不在意，该怎么做依旧怎么做。他的努力真的没有白费。

一天，车间的一台机器出了问题，技术师傅忙了半天也没修好，小伙子自告奋勇，过来摆弄了一会儿，机器就恢复正常，继续工作了。此举让所有人大吃一惊。原来，这个憨厚又执着的小伙子已经在这两个月中学习了产品生产的全过程，并且对机器的操作也非常熟练了。大家都非常惊讶地说："你的学习能力真强！"

很快，这件事情就被主管知道了。主管非常欣赏他的学习精神，于是就把他提升为车间负责人。然而，小伙子并未因此停下学习的脚步，依然像原来一样，抓住各种机会学习。在学习产品生产和其他知识的同时，还自学了外语，并每个月自费去总部参加培训。1年之后，这个其貌不扬的年轻人又被提拔为总公司生产制造部的主管，由于深得总裁信赖，3年以后，他成为了经理。

尽管西点学员是在最好的军校受训，但他们还是有很强的危机感。没有人希望自己不被社会认可或被淘汰掉，西点学子也是如此，他们更不能接受被淘汰的命运。走进西点，就意味着成功和进步。因为西点赋予每一个学员这样的使命：要保持西点永远的经典，要保持学员永远的优势和荣誉感。为此，西点为学员准备了很多"加油站"，努力学习，不断提升自我，从而取得了伟大的成功，让西点的经典成为永恒。

总之，一个具备学习能力，能够积极利用一切条件学习的人，就能克服任何困难，实现自己的理想。也就是说，人不光是靠他生来就拥有的一切，而是靠他从学习中所得到的一切来造就自己。

男孩，你准备好了吗？你一定要趁此大好年华，努力学习，培养自己不断学习的能力，让自己养成爱学习的习惯。

中国有句话叫作："活到老，学到老。"要想让自己站在时代的前沿，就一定要终身学习，不断提升自我。

【西点寄语】

在所有的能力当中，学习能力应该是人才应具备的各种能力的核心。如果没有了学习能力，人的思维就会僵化，就无法获得进步，最终被新知识、新观念所淘汰。人生竞争将是学习能力的竞争，一个善于学习的人，前途必将一片光明。

学习要有"挤"和"钻"的精神

西点学员都知道，只有不断学习，才能自我提高和完善，才能在漫长的人生之路上充满斗志和激情，保持持久的生命力。在西点，每个学员都利用有限的时间学习最多的东西。即使没有时间，他们也会挤出一些时间。雷锋曾说过："钉子有两个长处：一个是挤劲，一个是钻劲。"显然，西点学员很好地践行了雷锋精神，他们已经把"挤"和"钻"变成了一种自觉的行为，变成了一种责任。

其实，无论时代如何发展，"钉子精神"永不过时。时代发展得越快，人们需要学习和掌握的东西就越多，然而时间有限，如何在有限的时间里学到更多的知识呢？这就需要钉子精神，需要"挤"和"钻"。

一个善于挤出时间学习的人，一定是一个勤奋的、上进的，一心想要自我提高的人。这样的人，最终必然会因为这种难能可贵的钉子精神而获得巨大的成功。下面这个故事就是"钉子精神"的最好体现。

日本著名作曲家小泽征尔是一个非常热爱学习，善于挤时间的人。日本作曲家武满彻曾经在小泽寓所住过一段时间，亲眼见证了大师的崇高精神。

武满彻说："每天清晨4点，小泽屋里就亮起了灯，他就开始读总谱。我真的没想到他是如此用功。"

其实，小泽从青年时代就养成晨读的习惯，一直坚持到今天。小泽曾这样说过："我是世界上起床最早的人之一，当太阳升起的时候，我常常已经读了至少两小时的总谱或书。"

正是因为小泽比别人早起了两个多小时，多挤出了一点时间，他就比别人多学了两小时的知识，所以，他成了日本著名的作曲家，成为人们非常尊敬的人。当然，他更是所有人学习的榜样，学习他那种学习时的"钉子精神"。

然而，在现代社会，真正能够全身心投入学习的人已经不多了，有的人觉得现在过得衣食无忧，无须再补充知识；有的人虽然想学习，但是总觉得心有余而力不足；有的人天生就不爱学习，终其一生只能庸庸碌碌。

在现今市场竞争残酷，技术日新月异，知识不断更新的社会，如果我们不能很好地筹划自己的未来，不能给自己不断地充电，那很有可能会被社会所淘汰，势必会使自己将来的生活水平永远停留在社会的基准线以下。要提升自己，要给自己充电，要想让人生过得精彩,生活获得幸福,事业赢得成功,你就需要拿出不怕困难的"钉子精神",这样会让你产生强大的精神力量,更能助你成功。

当然,有些人会说现在工作那么忙,根本就没有时间学习。其实,学习不在于工作忙不忙,而在于你愿不愿意学习,会不会挤时间。学习的时间是有的,问题是你善不善于挤,愿不愿意钻。一块好好的木板,上面一个眼也没有,但钉子为什么能钉进去呢?这就是靠压力硬挤进去的,硬钻进去的。在学习上,只要你也抱着这种"钉子"精神,善于挤和善于钻,你就能为学习提供充裕的时间。

要知道,时间对任何人来说都是公正、平等的,只是每个人利用时间的能力有所不同。对善于科学利用时间的人来说,一天可当成两天用,没时间也可以挤出时间用。如果你再有一股"钻"劲,不管遇到什么困难,都千方百计把它搞懂,那么,你就会不断进步,不断提高。

小武是一个来自农村的小伙子,在偌大的城市中打工是他的心愿,他觉得自己能在城市里出人头地,实现自己的梦想。

他每天除了在工地上辛苦工作到很晚,还要跑到学校去上课,晚上回到宿舍还要继续学习。用他的话说,"学习的时间都是挤出来的,虽然工作累,但是,学习的劲头上来了,就忘了累。再说,现在不辛苦,只能永远给人打下手。我的目标是要让自己和家人过上吃穿不愁、快乐无忧的幸福生活。我不缺鼻子,不少手,我不会认命,也不会服输,我相信,只要我努力学习,再难的问题我也能解决,我一定不会比世界上任何人差，我一定会成功。"

小武就是凭着这种不服输的精神，无论风霜雨雪，他都没有一天不去学校学习。他说"每天学习一点点、每天掌握一点点，我就能成长一点点、离成功就近了那么一点点"，在小武朴实无华的话语中，流露出的正是一种锲而不舍的精神，这就是"钉子精神"，一个平凡的钉子成就的伟大而崇高的精神。其实，任何人具备这种精神，都会迎来人生的精彩，事业的成功！

男孩，时代在发展，人类在进步，未来的职场竞争将不再是知识与专业技能的竞争，而是学习能力的竞争，一个人如果善于学习，他的前途定会一片光明。如果你没有学习的能力，不能在人才济济、竞争激烈的市场大潮中为自己谋得生存之本，那么，未来的路将会举步维艰。

因此，现在你就应该以西点精神为指引，重视时间，抓紧一分一秒，学习"钉子精神"，争取竞争的主动权。不要再为学习找任何借口，只有学会充分利用时间，认真钻研，才能不断自我提高，才能让你有限的生命之树开满鲜花，硕果累累。

【西点寄语】

天下没有不劳而获的事情，只有充分利用"钉子精神"不断学习才能让你获得想要的一切。可以说，"钉子精神"是人们走向成功的最坚实的基础，是人们事业成功的保证。

向每个人学习

美国第三任总统托马斯·杰斐逊签署法令，宣告西点军校诞生时，说过这样一句话："每个人都是你的老师。"这句话让西点军校的学生们受益终身，也给后来很多人以警示。

有研究表明，一般人的智商差别并不是很大，也不会因此给各自的生活道路造成多大的影响，而真正起决定作用的是后天的努力。这些努力，其中就包括从他人那里得到的经验。

落后就要被淘汰。对于现在的年轻人来说，落后就有保不住职位的可能，所以大家都会意识到学习的重要性，忙着去充电，去拿必要或不必要的证书，而忽略了另外一种学习，从身边每个人身上学到有用的东西，从而提高自己。

职员小王是个刚毕业不久的大学生，社会经验少，业务不熟练，但所幸她是个谦虚好学的女孩，尽管目前工作还不熟练，工作效率也不是很高，但她并不气馁，一直注意向身边每一个人学习。一次她从饭店出来后打了一辆车说去机场，其实她去的是机场附近的一个小区。因为是个新兴的小区，一般人不知道。可是那个司机却说："你是不是要去某某小区啊？"

小王当时就吃惊地瞪圆了眼睛，连问你怎么知道。那个司机像个神探，给她推理说："我刚才看到你跟朋友道别，只是象征性地挥了挥手，看来你不是要出远门。一般人要是出差，都会有个行李箱，而你也没有，你的手里只拿着一本杂志，神情很悠闲，也不像是去接人。这么一分析，你去机场的可能性就不大，而那附近就那么一个小区，所以你只能是去那里了。"

小王非常佩服这个司机的职业水准，能够分析得这么透彻，他一定是个很投入的司机。果然，在接下来的聊天中，司机说自己因为爱动脑子，比较职业化，收入比同行都要高。

从这个师傅那里，小王学到了要对自己的工作投入和主动，才可能掌握好它所需要的技能和知识。

但也有一些男孩，总觉得向别人学习会降低身份。他们的问题是，将自己看得过高，自认样样都最好，而别人则个个不如自己，这样的人，怎么能够取得进步呢？

在向别人学习的过程中，不但要学习别人的经验，还要学习他失败的教训。借鉴吸取别人的教训，以铜为镜，谨言慎行，就会少走许多弯路。

只有在勤学好问中，才能不断地提升自己的能力，孔子曰："敏而好学，不耻下问。"千万别骄傲自满，在生活、工作中你还得多积累经验，否则你会陷入孤立的状态，停滞不前。

有一个博士生被分配到一家研究所，他是所里学历最高的人。

有一天，他到池塘去钓鱼，正好正副所长也在钓鱼。他只是勉强点了点头，心想："跟这两个本科生有啥好聊的呢？"于是他就独自垂钓。不一会儿，正所长放下钓竿，伸伸懒腰，噌噌噌从水面上如飞似的走到对面上厕所。博士睁大了眼睛，怎么回事？但他又不好去问，自己是博士生嘛！

过了20分钟，副所长也噌噌噌地飘过水面上厕所，速度如疾飞。这下博士生更加惊呆了，以为到了一个江湖高手集中的地方。他想着想着，觉得很奇怪，这时他也内急了。看看池塘对面的厕所，心想："这两个本科生能过的水面，我就不相信自己过不去。"只听咚的一声，博士生栽到了水里。两位所长忙将他拉了上来，问他为什么要下水，博士生问："为什么你们可以走过去呢？"

两位所长相视一笑："这池塘里有两排木桩子，由于这两天下雨涨水正好淹在水面下。我们都知道这木桩的位置，所以可以踩着桩子过去，你怎么不问一声呢？"

这位博士生栽到水里的事例，不正是反映了当今许多人自视清高，以为学历高就什么都精通，不闻不问，结果栽跟头的现象吗？

"三人行必有我师焉！"这是前辈留下的智慧结晶，在现实生活中，可以让你踩着别人的脚印朝前走，避免落水和跌倒。我们要学会从其他人身上去学习他们的优点，不断创新，发挥个性特长，这样做了，你将是一个非常优秀的男孩。

【西点寄语】

在向别人学习的过程中，不但要学习别人的经验，还要学习他失败的教训。借鉴吸取别人的教训，以铜为镜，谨言慎行，就会少走许多弯路。

学习是一生的事情

在科学技术飞速发展的今天，知识竞争力已经成为一个人、一个企业甚至一个国家能否在竞争中获胜的重要因素。而知识尤其是信息技术的更新速度之快，常常让我们应接不暇，知识危机感每天都会伴随我们左右。 新时代渴望成功的男孩们，你们只有从现在起，努力学习，并让学习时刻伴随左右，才能使自己的内涵丰富和深刻，而这正是成功的西点学员有如此骄人成绩的原因。 人们要不断进取、发挥才能，否则将被淘汰。 这是每一位西点人都谨记的一句至理名言，它感染着每一个西点人为了自己的理想而不断奋进。

西点学员深知当今社会竞争激烈，要想在竞争中胜出，必须让自己的专业技能不断跟进。 为此，西点学员对自己的技能要求很高，并且不断探寻能够让他的专业技能更上一层楼的机会。 西点学员通过阅读、聆听、训练来吸取新的经验。 不论是在军界生涯的哪个阶段，学员学习的脚步都不曾稍有停歇。 另外，西点军校告诉学生，在学校里接受教育仅仅是一个开端，其价值主要在于训练思维并使其适应以后的学习和应用。 西点告诉学生要把握生命的每分每秒，把学习当作终生的事业。

涉世未深的男孩们，你们要明白，真正的知识是没有尽头的，正如有句话说，"吾生也有涯，而知也无涯"。 如果你想不断适应变化速度逐渐加快的现今社会，就必须学无止境，把学习当成一项事业，并把这项事业贯彻到每天的生活中，如衣食住行一般。

哈佛大学的一位专家也指出：学校里学的知识是十分有限的，在工作中和生活中所需要的相当多的知识与技能完全要靠我们在实践中边学边摸索。 社会是更大的一本书，需要经常不断地去翻阅。 须知，在现代社会中不充电很快就会没电。 在学习的过程中，最需要的就是干劲。

某日，一位管理学教授为一群大学生讲课。课程接近尾声时，教授拿出一个两升的广口瓶放在桌上："我们最后来做个小试验。"随后他取出一些拳头大小的石块，把它们一块块地放进瓶子里，直到石块高出瓶口再也放不下了，他问："瓶子满了吗？"所有的学生都回答："满了。"他反问："真的吗？"说着他从桌下取出一桶砾石，倒了一些进去，并敲击玻璃壁使砾石填满石块间的间隙："现在瓶子满了吗？"这一次学生有些明白了。"可能还没有满。"一位学生说道。"很好！"他伸手从桌下又拿出一桶沙子，把它慢慢倒进玻璃瓶。沙子填满了石块的更多间隙。他又一次问学生："瓶子满了吗？""没满！"学生们大声说。然后教授拿一壶水倒进玻璃瓶直到水面与瓶口齐平。

从这个哲理故事中，我们得知，人生就好比这个瓶子，必须先把你生命中的大石块放进去，然后再放砾石、沙子、水，这个次序不能颠倒，否则，大石块就永远放不进去了。信仰、学识、技能、事业都是生命中的大石块，要趁着年轻力壮，把这些学好用好，稳稳妥妥地放进自己的瓶子里，然后再从从容容地去休闲。年纪轻轻就先忙着吃喝玩乐，不干正事，不务正业，那就等于瓶子先装了一堆砾石、沙子，等醒悟过来，想装大石块时，已为时过晚，只能空叹"少壮不努力，老大徒伤悲"。

而生活中，有几个人有这种意识，而正是因为如此，很多人只能甘于平庸，甚至跟不上时代的步伐。但实际上，在中国古代，人们已深知这个道理。

黄帝带领六位随从到贝茨山见大傀，在半途上迷路了。

他们巧遇一位放牛的牧童。

黄帝上前问道:"小孩,贝茨山要往哪个方向走,你知道吗?"

牧童说:"知道呀!"于是便指点他们路向。

黄帝又问:"你知道大傀住哪里吗?"

牧童说:"知道啊!"黄帝吃了一惊,便随口问道:"看你年纪小小,好像什么事你都知道不少啊!你知道如何治国平天下吗?"

那牧童说:"知道,就像我放牧的方法一样,只要把牛的劣性去除了,那一切就好办了呀!治天下不也是一样吗?"

黄帝听后,非常佩服:真是后生可畏,原以为他什么都不懂,却没想到这小孩从日常生活中得来的道理就能理解治国平天下的方法。

要坚定"奋斗不息,学习不止"的信念,日复一日,沿着知识的阶梯步步登高,养成重视学习的习惯。世上没有绝对的成功,只有不断努力,才能让你的成功之路走得更快更远。

这一启示告诉生活中的男孩们,一个人的工作也许有阶段性完成的一天,但一个人的教育却没有终止。那么,怎样才能够做到终生学习呢?

1. 树立终生学习的理念

需要走出"时间太晚、年龄大了"的误区。学习是没有时间和年龄限制的,只要努力学习、刻苦自励,从现在开始学习,为时未晚,年龄大不是拒绝学习的理由。

2. 增强使命意识和危机意识

终身学习是飞速发展的时代向我们提出的要求。21世纪是知识经济的年代，高新技术带动生产力突飞猛进地发展，不断改变着我们的生存环境和生活方式，更需要我们不断提高对新知识、新科技的掌握能力，以及对新环境、新变化的应对能力。我们假如仅仅满足于在学校学得的那点知识，不注意及时"充电"，就远远不够了。

3. 积极拓展知识领域，开阔学习视野

终身学习理念中重要的一点是要学会不断拓展自己的学习领域，开拓自己的视野。孔子说："好学近乎知（智）。"拓展学习领域关键要培养学习兴趣。学习是一种习惯，终身学习则是一种理念，兴趣是成功的一半。一个人树立起终身学习的理念，就会认同"万事皆有可学"这个道理。

【西点寄语】

真正的知识是没有尽头的，正如有句话说"吾生也有涯，而知也无涯"。如果你想不断适应变化速度逐渐加快的现今社会，就必须学无止境，把学习当成一项事业，并把这项事业贯彻到每天的生活中，如衣食住行一般。

第五篇

西点军校送给男孩的
第五份礼物：要擅长团队合作

第一章 合作的力量

携手，难事可成

生活在海边的人常常会看到这样一种有趣的现象：几只螃蟹从海里游到岸边，其中一只也许是想到岸上体验一下水族以外世界的生活滋味，只见它努力地往堤岸上爬，可无论它怎样执着、坚毅，却始终爬不到岸上去。这倒不是因为这只螃蟹不会选择路线，也不是因为它动作笨拙，而是它的同伴们不容许它爬上去。你看每当那只企图爬离水面的螃蟹，就要爬上堤岸的时候，别的螃蟹就会争相拖住它的后腿，把它重新拖回到海里。人们也偶尔会看到一些爬上岸的海螃蟹，但不用说，它们一定是单独行动才上来的。

非洲有一种鳄鱼，每次吃完食物之后，就会把嘴张开。这时，就会有一只牙签鸟飞进它的嘴里，替它细细地清理牙齿，把齿缝间的食物残渣啄食干净。鳄鱼获得了舒适，牙签鸟也填饱了肚子。假如鳄鱼不留神把嘴合上了，鸟儿就用它尖硬的翅膀戳一下，鳄鱼感觉到就会张开嘴。鳄鱼与牙签鸟默契合作让鳄鱼轻松除去了牙缝中的东西，牙签鸟也吃饱了。它们在合作中互生互存，多么美好的合作啊！

这两则关于动物之间团队合作的故事相映成趣，说明这样一个道理：掣肘，易事难为；携手，难事可成。螃蟹的"拖后腿"，很像生活中某些人，由于嫉妒心、"红眼病"和一己之私作祟，他们惧怕竞争，甚至憎恨竞争；一旦看到别人比自己强，就拆台阶、下绊子。 鳄鱼与牙签鸟互相合作，是力量的凝聚，是团结协作的手段，为互惠共生、更好生活做出必要的努力。

【西点寄语】
掣肘，易事难为；携手，难事可成。

靠团队生存

每个人都不能离开团队的配合，单靠个人能力很难取得成功。只有与人合作，靠团队的力量才能完成任务，实现最终的目标。记住：团队是最佳生存之道。

团队，就是要让一加一等于三，等于四甚至更多；团队的目标，就是要创造出比团队成员个人所能创造出的总和更多的价值。

狼群最伟大的品质就是它们的团队精神。我们几乎可以将狼群的行动看成是"合作"的隐喻。

在广阔的草原上，大雪过后，大地一片白茫茫，许多动物都早已经进入了冬眠。可是，狼却必须寻找食物。狼群很少贮存食物，而在这样的环境中寻找食物是非常困难的。狼群必须保存它们的体力，因为往往奔波忙碌数天后，却还是一无所获。如果它们不尽量地保存自己的体力，那么连续的劳累再加上饥饿和严寒的折磨，它们就很可能丢掉性命。聪明的狼群在这时采取单列行进的办法，一头接一头，这样它们就能保证狼群消耗最少的体力。跑在最前面的狼体力消耗最大，它必须在厚厚的雪地上，踩出第一行脚印，这样后面的狼就能节省许多的体力。领头的狼跑不了多久就会疲惫，这时它就会自动退到队伍的最后面，休息一下，养精蓄锐，以便能够保存体力，继续战斗。

再来看看狼捕猎时的场景。狼群在围猎时，有严格的战术和作战纪律。每头狼都有自己的任务，任何狼都不能擅离职守。有的狼要做先锋，去骚扰猎物；跑得快的狼去围追或堵截猎物；强壮的狼去猎杀强壮的猎物；弱小的狼去猎杀弱小的猎物。一切分配得井然有序。

每年两次的南北迁徙，对大雁来说都是非常漫长和遥远的路程。任何一只大雁都不可能单独完成长达十几天的旅程。它们靠的就是团队的紧密合作。大雁在飞行的时候总喜欢排成"一"字或"人"字，在这种团队结构中，每一只大雁扇动翅膀都会为紧随其后的同伴添一股向上的力量。每只大雁都能比单飞的情况增加70%的飞行效率，从而减少体力消耗，这样它们才能顺利地到达目的地，完成长途旅行。

不仅仅是动物生存需要团队，我们每一个人也同样需要团队做支撑。今天，是一个团队至上的时代。所有事业和成就都是团队精神的一种反映。依靠个人的力量已经不可能取得什么成就。

小李刚毕业时，立志要闯出一片天地来。他独自一人来到北京，在举目无亲的京城，小李感到一切是那么茫然，面对复杂的社会有点不知所措。几经周折，他终于在中关村的一家科技公司找了份工作。找到了新的工作，小李兴奋不已，可是由于涉世不深，没有什么社会经验，加之专业不是很对口，小李的工作业绩一直很差。就在心灰意冷，准备"打道回府"之际，他想到了团队，想到了和蔼的领导、亲切的同事。小李决定好好置身于团队，请求他们的支持和帮助。在日后的工作中，小李所在的团队给了他巨大的帮助，同事们帮助他怎么工作，领导告诉他怎么和客户打交道。如今，小李已经连续3年被评为优秀员工。

小李认识到，一个人只有在团队中才能生存，才能发展。

现代社会科技高度发达，社会分工越来越细，任何人都已经不可能在某个领域凭借一己之力取得很大的成就。也许，站在领奖台上的只是某一个人，但我们绝不能忽视站在他身后的团队成员。没有团队成员的支持和帮助，即使是天才，所能取得的成就也将十分有限。以前，科学家独自一人扎在实验室里潜心工作，就可能研制出许多新发明和新技术。但现在，所有的科学成就都是团队合作的成果。如今的诺贝尔奖多为两三个人同时获得，就是最有说服力的证据。

所以说，团队是最佳的生存之道。

【西点寄语】

每个人都不能离开团队的配合，单靠个人能力很难取得成功。只有与人合作，靠团队的力量才能完成任务，实现最终的目标。记住：团队是最佳生存之道。

信任你的"战友"

西点军校第一任校长乔纳森·威廉斯说:"对团队伙伴的信任是团队赖以生存的条件,没有这种条件,团队就会完全萎靡不振。"在西点军校,大家所信奉的是:"我们这样团结起来可以创造一种集体观念的气氛。"因为信任你的"战友"是团队精神的体现,更是团队成功的开始。

在西点军校,学员们总是自觉地帮助学习较差的同学。如果某学员的车坏在路上,他绝对不会求助无门,因为他的伙伴一定会伸出援助之手,不管认识还是不认识,他都相信自己的伙伴一定会竭尽全力帮助自己。这是一种基本的素养,也是西点军校的学员们长时间形成的习惯。

要知道,在一个团队中,缺乏信任是很可怕的一件事。

弗朗西斯、埃尔维斯和丹尼尔三人去沙漠探险,但是他们被困在了沙漠之中,已经好几天没有喝水了。为了不至于渴死,他们决定分别去找水源。为了不至于在遇到危险、迷路的时候无人搭救,他们约定,一旦发现水源或者需要帮助,就要向天鸣枪,然后其他人就要立即赶过去。

弗朗西斯带上5发子弹,把手枪别在了腰间,独自向东出发,寻找水源。大约在走了5公里的时候,由于口渴得厉害,他再也走不动了,加之中午的太阳光很毒,似乎把大地都要烤焦了。弗朗西斯心想:"必须让大家来救我了。"于是他朝天鸣了一枪。

可是,枪声过后,弗朗西斯认为自己太天真了,一定不会有人来救自己。转念他又想,或许是他们没有听到枪声,于是,他又鸣了一枪。第二声枪响许久之后,依然没有见到有人来救自己,弗朗西斯开始着急了,他想:"这次他们肯定能听到枪声了,可是他们却见死不救,可能这是他们早就商量好了的,这是个阴谋,这些谋财害命的家伙,设计好圈套让我钻,然后等我死了,霸占我的财产。"

弗朗西斯边想边往回走,而且又鸣了第三枪、第四枪。

当其他两个伙伴带着已经找到的水源汇聚到枪声响起的地方时,发现弗朗西斯已经死了,他用最后一颗子弹射穿了自己的心脏。因为他不信任自己的伙伴,最终一个人永远地躺在了沙漠里。

这是一个悲剧,因为不信任自己的"战友",造成了这场悲剧。

然而在西点,这样的悲剧永远都不会发生。训练有素的学员总是充分信任自己的伙伴,他们知道,信任是取得团队胜利的基本保障,是与人沟通交流的首要条件,只有信任才能让彼此的力量凝聚在一起,才能保证团队最强大的战斗力并赢得胜利。

其实,信任在任何组织中都扮演着关键的角色。在一个企业中,上司和员工之间、员工和员工之间也需要相互信任。对一个长期运作,以求不断发展的企业来说,为了保持竞争力,很多时候都会面临改变自己的情况,而且每一次改变都会遭到质疑,因此,只有信任才能让员工忍受变化带来的不确定性、困惑和痛苦,才能让员工一如既往地为企业效忠。另外,只有员工们互相信任,精诚合作,才能为企业的发展带来源源不竭的动力。

比如,在一个足球比赛中,规则要求将部分队员的眼睛蒙上,而只有被蒙眼睛的队员才可以踢球,因此,他们必须信任队友,听从队友的指挥,这样才可以准确无误地踢进球。在这样的比赛中,只有队友互相信任,默契配合,才能赢得比赛的胜利。

然而,现在有很多人却将信任置于可有可无的位置,因此引发了人们之间的信任危机,而这种危机,不但加大了人们之间的距离,也使人与人之间的沟通越发困难。尤其是在一个企业里,员工之间互不信任,互相猜疑,对一个企业的发展会有很大的不利影响,它就会变成一只负重的蜗牛,艰难地爬行,至于何时到达终点就不得而知了。

可以说,没有信任就没有合作,没有合作就没有团队精神,没有团队精神就意味着这个利益共同体迟早要被淘汰。所以,年轻人,如果你想成为一名成长在优秀团队中的优秀员工,就一定要信任你的合作伙伴,让信任之花永不凋零,你和你的团队就会逐渐走向卓越。

【西点寄语】

在一个团队中,信任就是诚实、正值、不欺骗、不夸大,是团队赖以生存的重要条件。信任你的伙伴、你的战友、你的同事,是一个人成功的重要法则,只有这样,你们才能齐心协力,各展所能,为团队贡献力量,最终赢得成功。

竞争的前提是合作

在全球经济一体化的今天,一些从表面上看是竞争对手的关系,从另一方面看则又是一种微妙的"合作伙伴"关系。现在,像这种既竞争又合作的关系日益明显，很多时候，竞争的前提恰恰是合作。

在美国的某个地区，每年都有举办南瓜品种大赛的惯例。然而每年的冠军得主均是一个名叫特里的农夫，但令人难以理解的是，获得冠军的他回到家乡之后，毫不吝惜把获奖的种子分送给他的左邻右舍。于是，大家都说他太傻。

有一天，特里的一个朋友很奇怪地问他："你的奖项得来不易，每季都看你投入大量的时间精力来做品种改良，为什么还这么慷慨地将种子送给别人呢？难道你不怕他们的南瓜品种因此而超越你的吗？"

特里憨厚地笑了笑回答道："我将种子分送给大家，帮助大家，其实也就是帮助我自己啊！"

我们知道，每家的田地都是地接地、彼此相连的。如果特里将得奖的种子分送给邻居，邻居们就能改良他们的南瓜品种，也可以避免蜜蜂在传递花粉的过程中，使邻近的较差品种的花粉污染了自己的品种，这样他才能够专心致力于品种的改良。反过来，如果特里将得奖的种子独自占有，而不分发给他的邻居，为了防范外来蜜蜂等昆虫所带来的花粉弄杂他的种子，就得花费大量的人力和物力驱赶昆虫，不仅要疲于奔命，恐怕还不会有什么好的效果。

特里将获奖的种子送给大家，可以避免自己的南瓜受到劣质品种的影响，实际上就是在帮助自己。很多人想不通这个道理，他们对那些与自己争夺获奖或晋升机会的同事或团队心存怨恨，在工作中与之势不两立。由于信息不通、沟通不畅，双方都把大量的时间花在了证明那些已被对方证明了的结论上、设计那些已被对方设计出的方案，结果是谁都很难走向成功。

毋庸置疑，竞争意识有利于我们发挥自己或整个团队的潜能，提高工作效率。但如果我们只讲竞争、不讲合作的话，我们就成了一支孤军奋战的队伍，或许我们本身有很好的技能，但最终在强大的敌人面前也不可能创造奇迹。只有在竞争中合作、在合作中竞争，才可能如特里的南瓜种那样，不被外来的花粉杂化并最终问鼎大奖。

当今社会，讲究的是"人和"、是协作，而不是单枪匹马地独自作战。积极地和你的对手结成联盟，不管他是一个人、一个团队、一个组织，还是一个企业，分享彼此的经验和成果，共同抵御风险，在合作中竞争，这样才能创造奇迹。

【西点寄语】

当今社会，讲究的是"人和"、是协作，而不是单枪匹马地独自作战。积极地和你的对手结成联盟，不管他是一个人、一个团队、一个组织，还是一个企业，分享彼此的经验和成果，共同抵御风险，在合作中竞争，这样才能创造奇迹。

第二章 借助集体的力量解决问题

集体的力量助你成功

西点军校教育学生不应该立足于"我",而是凡事能够考虑到"我们",因此西点要求学生之间在许多事项上要相互通报。在西点军校中,当一个学生了解情况后,就把信息发布在网络上,让所有学生快速了解信息。比如新生们需要相互转告"每日一问"的内容,需要彼此通知第二天的制服要求,彼此提醒各种活动禁忌等。

1862年5月30日,杰克逊的主力部队在查理镇,距离斯特拉斯堡70公里;北军弗雷蒙特的主力部队位于莫菲尔德,距离斯特拉斯堡53公里;谢尔兹师已经越过蓝岭,其前锋于30日下午进占福让特瑞尔,距离斯特拉斯堡不足30公里。杰克逊的部下得知敌情,都暗自捏了一把汗。有人问杰克逊:如果北军会师斯特拉斯堡截断后路怎么办?杰克逊泰然自若地指了指西面的群山,说道:"那我们就进山绕道回去。"其实杰克逊心里有数,他通过活动在谷地的骑兵分队侦察敌军的一举一动,一切都在"石墙"的掌握之中。

杰克逊先将散布于各地的部队收拢到温彻斯特。5月31

日清晨大军出发南撤,骑兵照例在前面开路;后面是两千北军战俘;然后是满载物资的马车长龙,排成两列纵队,绵延10公里;部队跟在最后面。杰克逊的部队以难以置信的速度急行军80公里,于6月1日下午从斯特拉斯堡穿城而过。与此同时,北军两路人马按照计划向斯特拉斯堡进逼。弗雷蒙特军团进抵斯特拉斯堡西郊几公里的地方,已经同尤威尔的侧卫部队交火,但谢尔兹师从福让特瑞尔出发以后错上了去温彻斯特的公路,结果未能按时同弗雷蒙特会师。弗雷蒙特显然被杰克逊的威名所震慑,不敢单独与其决战,只得后撤。

斯特拉斯堡以南,马萨纳腾山脉骤然崛起,将谷地劈成两条河谷。北军两路人马会师斯特拉斯堡以后,分别沿着东西两条河谷南下追击,相约在马萨纳腾山脉南端再次会师,合击杰克逊。北军这次兵分两路又为杰克逊制造了一个各个击破的机会。6月3日,杰克逊大军撤到新集市,派人登上马萨纳腾山脉东南角的顶峰,从那里观察山脉两侧北军的动向,并用旗语及时报告。

杰克逊现场观看了十字钥匙战斗的整个过程。此战弗雷蒙特拙劣的指挥给杰克逊吃了定心丸,他决定避实就虚,集中优势兵力进攻路易斯顿的三千北军。

杰克逊一直在冷静地观察战局的发展,他看到烧炭高地北军的炮火完全覆盖了南军的进攻路线,立刻命令刚刚到达战场的特罗准将率领第8旅对高地发动强攻。由于此时已经没有时间迂回到高地的侧后方了,特罗指挥的4个路易斯安那步兵团不得不从正面仰攻烧炭高地。勇敢的南军士兵冒着北军步枪和火炮霰弹的近距离齐射,前仆后继,终于冲上高地。北军指挥官泰勒马上调集3个步兵团发动反冲锋,双方士兵挺着刺刀进行白刃搏斗,高地几度易手。最后北军由于寡不敌众,被彻底地赶出高地。

共和港战斗结束以后,杰克逊的部队在杉安道河南岸严阵以待,但此时无论弗雷蒙特还是谢尔兹都已经斗志消沉,各自领军北撤。

休整几天以后,杰克逊留下数千部队监视谷地的北军,自己则亲率主力南下里士满增援李将军。彪炳战史的杉安道谷地战役到此落下帷幕。

西点军校就是要让学生知道,自加入西点的那一刻起,他们的观念中就不仅仅只有自己,而是一个团队。许多西点名将都聊起过西点学生中"等待吹号"的乐趣。

在西点军校,上课不能迟到,下课也必须准时。一旦下课号吹响,不管什么课程都必须立即结束。因此学生们在同学遇到困难时,就开始了"等待吹号"。比如说,有哪位同学被老师点名回答问题,这位同学支支吾吾答不出来,这时候,就会有很多同学纷纷给予帮助。帮助者会不断向老师提问,试图岔开老师的思路,只要拖到"吹号",那位回答不出问题的同学就可以逃过一劫。据说,艾森豪威尔的好人缘就和他擅长帮助同学拖延至"吹号"不无关系。可以看出,这种行为确实培养了西点学生的团队意识。

自加入西点的那一刻起,不再仅仅考虑"我",而是凡事都要想到我们。 男孩要想成长为一个懂得竞争与合作的人,男孩要知道:作为男孩,就要懂得合作,懂得相互帮助,从"我"到"我们"，最终达成取长补短、共同发展、获取双赢的目的。

那么作为男孩，怎样做才能学会与别人分享呢？

1. 用正确的合作方法，分享团队中的快乐

一个懂得合作的孩子会很快适应新的环境并发挥积极的作用；而不懂得合作的孩子在生活、学习中会遇到很多的麻烦，产生更多的困难，以致感到无所适从。

每个人都不可能孤立地生活在这个社会中，总要与人交往、合作。尤其是现代社会的发展与特点，更需要人们具有合作精神和善于合作的能力。因此，一个男孩学会正确的合作方法，将关系到他们能否与人愉快地游戏、把事做好，也关系到他们今后的生活、学习和工作的质量。

当孩子在集体活动时，按照活动的规则进行，不要违规，融入集体活动中去，和大家一起分享自己的快乐感受；或者是发表对活动的看法，也可以提出自己对活动的良好建议。

2. 品尝合作的力量，分享团体情谊

团队是由一群有缺点的人构成的，因为没有哪一个个体是完美的，只有总体搭配起来，才能够发挥出团队的最大力量。各种不同人才的搭配，才会实现一个完美的团队。所以每一个人都应该明确，在团队当中应该扮演一个什么样的角色，你在这个团队能够起到多大的作用。

当今已经进入互相合作、和谐发展的时代，事实说明，许多天才并不是输在智慧上，而是败在了人际关系上。可以说，一个不善于合作的人就不是一个现代人，一个不会与人合作的人终将一事

无成。

多参加各种体育活动。体育是一种直接与人正面接触和竞争的群体活动，总是要有两个以上的人参与才有意义。更重要的是，体育活动不但需要智慧和力量，也需要胆量。而这胆量，正是人际交往中所必需的一种要素。孩子一旦爱上体育，就会主动寻找对手，这种寻找，就是交际；而合适的对手，往往也就是具有深厚情谊的伙伴。

【西点寄语】

男孩要想成长为一个懂得竞争与合作的人，男孩要知道：作为男孩，就要懂得合作，懂得相互帮助，从"我"到"我们"，最终达成取长补短、共同发展、获取双赢的目的。

训练你的团队意识

西点学员日常流行一句话："精诚团结直到毕业。"这与美国陆军军人中流行的"同志间要友谊和忠诚"十分相似。

在西点军校，大家所信奉的是："我们这样团结起来可以创造一种集体观念的气氛。"军官在人行道上相遇，总是彼此问候致意；学员们总是自觉地帮助学习较差的同学；如果某人汽车坏在路上，毫无疑问，过路者一定会伸出援助之手。这是一种基本素养，是西点军校长时间形成的习惯。

训练团队意识。你代表的不是个人，而是一个团队。实际上，精诚团结使西点获得了意想不到的成就和荣誉。一个有着悠久历史,有着光荣传统,有着辈出的名人的教育团体,一个始终以集体精神、团结一致进行灌输的团体,逐渐形成了一种社会网络,以致在美国的各行各业都能体现出来。西点人用西点人,帮西点人,成就西点人,光大西点的影响,几乎成为西点人的自觉行动。

团结就是力量,即使很多微小的力量凝聚在一起有时也会产生很大的能量。

每到秋天,当你见到雁群为过冬而朝南方飞去的时候,你是否想过它们为何以"人"字队形飞行呢?

其实这是有道理的。当前面一只鸟展翅拍打时,其他的鸟可以更省力地跟上。借着"V"字队形,整个鸟群比每只鸟单飞时,至少增加了71％的飞行能力。

分享共同目标与集体感的人们可以更快、更轻易地到达他们想去的地方,因为他们凭借着彼此的冲劲、助力而向前行。

当一只野雁脱队时,它立刻感到独自飞行时的迟缓、拖拉与吃力,所以很快又回到队形中,继续利用前一只鸟所造成的浮力。如果我们拥有像野雁一样的感觉,我们会留在队里,跟那些与我们走同一条路,同时又在前面领路的人在一起。

当领队的鸟疲倦了,它会轮流退到侧翼,另一只野雁则接替飞在队形的最前端。轮流从事繁重的工作是合理的,对人或对南飞的野雁都一样。飞行在后的野雁会利用叫声鼓励前面的同伴来保持整体的速度。

最后——而且是重要的——当一只野雁生病了,或是因枪击而受伤,从而掉队时,另外两只野雁会脱离队伍跟随它,来帮助并保护它。它们跟掉队的野雁到地面,直到它能够重上蓝天或者死去。而且只有在那时，另两只野雁才会离去，或跟随另一队野雁飞走。

如果我们拥有野雁的感觉，我们将像它们一样互相扶助。

布莱克说过：没有一只鸟会飞得太高，如果它只用自己的翅膀飞升。所有的人都因在团队中得到互相的扶持而比单独奋战达到更高的目标。

除了强调团队意识，队员间互相扶持之外，西点还要求学员共同承担责任。军队是一个整体，一个人犯错，也会导致整个军事行动失败，所以在西点军校内，经常是一个人犯错，全小队一起受罚。

或许一开始许多人会觉得不公平，但是西点却一直沿袭着这个传统。这样做的目的并非为了惩罚谁，而在于强调每个人都是军队中的一员，每个人都应为自己的行为负责，并且也有义务监督或扶持其他人。

【西点寄语】

没有一只鸟会飞得太高，如果它只用自己的翅膀飞升。所有的人都因在团队中得到互相的扶持而比单独奋战达到更高的目标。

团队合作势在必行

在西点军校，教官都会对新学员进行教育，使他们懂得：一个人的能力是有限的，当一项任务远远超出个人能力范围时，团队合作就势在必行。在充满挑战的第一年"魔鬼训练"生活中，没有学会与他人合作很有可能会面临被淘汰的危险。

在西点军校,新学员面临的挑战很多来自学长的"刁难",面对"绝对服从"的军规和学长花样翻新的百般"捉弄",新学员之间必须要学会合作。他们的共同目标是做一个优秀的服从者,为避免受到学长的"特别注意",新学员必须同心协力,共同打败他们的"敌人",实现"合作以毕业"。换句话说,学校有什么新规定大家要通风报信。比如,新学员之间互相转告"每日一问"的内容,包括当天上演的电影、当日菜单、距离最近的一些活动还有多少天等。这些信息每天都会改变,新学员要学会在电脑网络上实现"资源共享",通过大家的合作,节省彼此的时间和力气。如果有谁拿到菜单,把内容传到网络上,其他多名新学员就不必都跑去餐厅抄菜单了。这就是"合作以毕业"的具体行动。

为保持一种战场上的紧张感,西点学员和战术教官之间常常存在着一种模拟的敌对状态。在"敌对状态"下,就需要学员之间的密切合作来躲避教官的巡查。据说曾经有学员们在学校里养仓鼠,这当然是教官们所不能容忍的,由于学员们的巧妙伪装和默契配合,巡查的教官们只能找到仓鼠的毛爪子印!西点学员们还合作过一件更加离经叛道的大事。那时,西点军校有一门叫学员们起床、出操的火炮,每天早晨学员们的美梦总是被它打断。而这天,火炮竟一直都没响!

负责鸣放火炮的军士一早起来发现火炮不见了,他赶紧报告了值日官,值日官也急了——平时这门火炮没少遭学员们戏弄,无非是藏个零件、挪个位置什么的,今天居然有人把它偷走了!事关重大,西点的警卫士兵们开始了"掘地三尺"式的搜寻。终于,火炮的零部件接二连三地出现了:在水沟里,发现了一只轮子。在学员部附近,发现了另一只轮子和炮架,但炮身却始终没有找到。

西点军校的上司们大为恼火,他们知道,单凭一个人的力量是绝对完不成这件事的,肯定是一个小团体共同搞的恶作剧,但却始终追查不出肇事者的丝毫痕迹。炮身仿佛融化了一样,消失了。直到有一天,一位学员去地下室拿东西,突然被绊倒,才偶然发现了炮身。于是值日官带着一群人进入地下室把炮身重新搬回到地上。

被调查的学员们一个个闭紧了嘴巴,谁也不肯泄露半点消息。最后值日官也查不出罪魁祸首是谁,只好命令学员们每天24小时轮流看守火炮。

通过合作,学员们在日常活动中养成了彼此帮忙的习惯,体验了团队合作的好处,也增进了彼此之间的友谊。合作使每个人都变得更有力量,每个人的聪明才智也被充分地调动出来。

西点军校在训练学员时,尽量模拟学员将来在战场上可能经历的情境,培养他们的合作精神。在西点校园旁边美丽的波波洛本湖岸上,有一个巴克纳营,作为西点军校的常设营区,里面的设备非常简单,为了让学员充分体验"合作"的重要,学员们都要在这里接受6个星期的密集战地演习,包括步兵战斗、炮兵射击、攀登、野战通信、救生训练等。这些尽可能模拟真正战争环境的训练,不但需要学员在体力上竭尽全力,也要在智慧方法上通力合作。

巴克纳营演习，主要针对的是已经受过一年训练的新学员，虽然学员们已经通过了一年级的"魔鬼"训练，自认为已经是铜墙铁壁，所向无敌了，但到了暑假的巴克纳营演习，他们才发现一年级的艰辛实在微不足道。而现在这种艰难是没有亲身经历的人所不能体会的，只有西点共同经历过的同学才清楚其中付出的血汗与苦乐。正是这种独特的共同经历，使得西点学员之间能够惺惺相惜，相互安慰与扶持，也因此结下了终身的友谊。

巴克纳营的训练从一开始就注重培养学员的合作意识，让学员自己去体会团队合作的根本障碍，提出解决之策。有一项任务是：6个学员一组，在规定时间内必须爬上一个有4级台阶的10米的高台，而每级台阶间隔2.7米，每个人都必须爬上去再爬下来。学员们看到这个心里都非常清楚，不论用什么方法，一定离不开通力合作。

这个活动有两大阻碍：一是技术问题，怎样才能从地面爬上平台。解决的办法可以是各组以"叠罗汉"的方法，先把最高的一个送上去，再由最高者拉大家上去。第二个是人的问题，怎样克服个别弱点，比如个子矮或体重最重怎么办？每个学员只有通过合作协商，综合团体的智慧，最终才能选择一个最理想的解决办法达成任务，获得成功。

在野战营还有一个"组合桥梁"活动，学员被分成35人一组的几个小组，各组在规定时间内必须完成组合桥梁的任务，看哪一队先把桥梁搭好。在战场上，搭建这种组合桥多半是由于迫切的任务：或是逃避敌人的追击，或是运输重要物资等需要。在这种危急情况下，针对这个"假想敌"，更需要激发士气，学员之间通力合作。组合桥的每一块桥面和梁柱都有几百公斤重，搬起三四百公斤的大桥墩，就需要一群人的力量。所以这是一个通过合作才能完成的任务。

巴克纳营的演习训练了学员们有共同的价值观和共同的目标，加强了学员的团队精神，让他们了解了合作的重要性。演习同于战争，在战争中，不允许有个人的行为动机，只有整体团队的目标。一盘散沙的军队注定会被战争淘汰，只有懂得默契合作的团队才能集结共同的智慧结晶，打赢一场漂亮的战役。

让我们像西点军人那样学会"与人合作"，这对我们的学习和生活也有深刻的意义。现代社会"合作精神"已经深入我们生活、工作的方方面面。一个人是否懂得合作，关系到他的人际关系是否和谐、工作能力是否突出等。因为人是社会的人，在社会的大集体中，面对困难，个人的力量也许微不足道，而团体的力量却是巨大的。一个人的智慧完成不了的事情，通过合作就能集结全体智慧的结晶，找到解决问题最有效的方法。

【西点寄语】

现代社会"合作精神"已经深入我们生活、工作的方方面面。一个人是否懂得合作，关系到他的人际关系是否和谐、工作能力是否突出等。因为人是社会的人，在社会的大集体中，面对困难，个人的力量也许微不足道，而团体的力量却是巨大的。一个人的智慧完成不了的事情，通过合作就能集结全体智慧的结晶，找到解决问题最有效的方法。

团队合作也需要有技巧

合作讲究的是如何有效地与人沟通，正如西点毕业生阿拉姆所说的："我可以把胜利定义为：'我打败你了。'但接下来我们的沟通会怎样？我们之间真的称得上关系吗？互相有多信任？要想得到最佳结果，我就必须花时间听对方诉说担心、需求和恐惧。"

美国著名人际关系专家彭特斯在《合作的六大习惯》一书中说："合作的可能性只有一条：站在同一立场上。"因此说合作的技巧很重要。

现实社会中，有好人缘的人，人们都愿意与他们合作；而有的人正好相反。其实不是是否有个好人缘的问题，而是合作中对合作技巧的掌握是否熟练的问题，也是人们良好习惯的体现。

一般来说，缺少安全感的人往往坚持己见，一意孤行，处处要别人顺从与附和。他们不了解，合作最可贵的正是接触不同的观点。一致并不代表团结，相同也不意味着齐心：团结才能互补，合作也应该尊重差异。

创造性组合不仅对事业非常重要，对个人也十分重要。凡擅长语言、逻辑，即左脑较为发达的人终会发现，有些需要创造力来解决的问题，理性是无能为力的。唯有运用久已闲置的右脑，使右脑主司的直觉与左脑相配合，协调运作，才能解决更多的问题。只有进行创造性的合作，才能获得合作的成果。

合作的技巧其实很简单，就看你是否愿意去掌握它。如果总觉得自己如何了不起，而不去考虑别人的感受，是不会受到别人的欢迎和喜欢的，当然就不会有"人缘儿"。

1. 求同存异

在与人沟通之前，你可以先找到共同的立场，这样会使你们相处容易些。 其实你和周围的人，不论是朋友，还是难缠人物，都有发生冲突的可能性，主要差别在于朋友之间的冲突会因彼此之间共同的立场而逐渐缓和。 而对于难缠的人最好的办法就是减少差异，寻找两者共同的立场。 如何减少差异呢？必须运用同化和转向。 所谓的同化就是以自己的行动来减少彼此之间的差异，设身处地为对方着想，以达到共同的立场。 同化能使双方的关系更加融洽；转向能利用融洽的关系来改变互动的方式。 同化是人们沟通立场、加深关系时用途很广的基本沟通技巧。 同化无时不在你我身边。

2. 用肢体语言

你付出什么，就收获什么。 如果同合作者合作愉快的话，那么他们之间就有着某种默契，或者说有一种感应，他们彼此的动作、表情和神韵自然都会很相似。 如果你把和自己沟通良好的人的交谈情形录下来，再倒过来看看，你会发现这种交谈很像是在上表演课。 一个人摆出了某种动作，另一个自然地就跟了上来。

通常只有当你和别人相处融洽时，才会产生这种默契。 通过这种体态语言的一致，你和你的交谈对象完全进入了合作状态。

3. 做一个倾听者

学会聆听是一种美德。 人人都希望有一个倾诉对象，也希望别人了解自己。但是如果两个人都希望倾诉和被了解,却没有一个人愿意去听对方的话,这样,两个人就很难达成共识。因此,如果你想被别人了解,你先得学会听别人倾诉。只有愿意了解别人的人,别人才愿意了解你。

倾听是一门艺术,只有懂得并掌握这门艺术,才易于沟通、交流与合作。倾听时要保持注意力,随时注意对方谈话的重点。在对方兴致正浓的时候,你要用眼、手或简短的语言来加以反馈,尤其是要表达出你关注的内容正是对方谈话的要害所在。能够以听为主的同时,还不要妄下结论。在知道别人准确意思前,不要急于提出自己的看法。等别人讲完,让他把意思讲清了,自己再做评价。

4. 置身于对方的立场

重视人们喜欢的东西,要教给他们得到所喜欢的东西的方法,没有人喜欢别人指使。要争取得到对方的合作,就应站在对方的立场上为他考虑,从而调动其积极性。应站在对方立场上考虑,说不定对方也有几分道理。许多人不论自己有多大错误,往往不愿承认自己是不对的。掌握了这一点,也许你会获得更多的合作。

5. 真诚的赞赏

一位狱长曾经说过:"对于罪犯的努力给予适当的称赞,比严厉的批评与惩罚,能得到他更大的合作。"如果我们将这个方法应用于人际关系,不应过于挑剔别人的行为,而应更多地看到别人的优点,即使是最微小的优点和进步,我们也要称赞,这比起责罚的做法聪明得多。

6. 诚信

我们要与别人合作，一个基本前提就是要守信用。假如甲有管理才能，乙有一笔资金，有了这两个条件，两人就有合作可能了。但是两人未必就能合作成功。还必须有一个信任关系。比如甲拿了钱，得让乙相信他不会挪作他用，更不会逃之夭夭。所以我们东方最早的信贷关系是发生在本家族之内，需要有可靠的保人。

【西点寄语】

合作最可贵的正是接触不同的观点。一致并不代表团结，相同也不意味着齐心：团结才能互补，合作也应该尊重差异。

第三章　完美的团队造就完美个人

拥有团队归属感

每个人都是团队中的一分子，西点学员从不把自己孤立出来，禁锢在一个狭小的圈子里，他们知道，如果不把自己融入集体中，独来独往，唯我独尊，长此以往，将无法体会也得不到他人的友情、关爱和尊重。即使是最有独立特性的人，也必须学会把自己融入集体中去，否则单凭个人的力量是无法在西点军校立足的。对单枪匹马、刚刚入学的新学员来说，仅是应付学长的"刁难"都会把自己弄得精疲力竭。

在西点军校，没有"我"，只有"我们"，要真诚平等地对待每个人，不管他是你的长官、下属，还是同学。要知道，你周围的每个人都可能对你的前途、事业产生关键性的影响。对集体拥有强烈的归属感是信赖集体和队友的表现，这种信赖和强烈的归属感甚至可以改变一支弱小队伍的气势，造就出成就非凡的将军。

毕业于西点军校的乔治·巴顿将军是一个真正的斗士，他作战勇猛，喜欢冒险。从表面上看，巴顿将军总是一副豪迈直爽、说话粗鲁的样子，他是一员猛将但不是铁石心肠的人。只要长期与巴顿将军相处的人都会发现，出现在公众面前的巴顿与私下里的巴顿判若两人。真实的巴顿将军生性内向、善良敦厚，非常看重情感，爱兵如子。

巴顿痛恨软弱的士兵，他会毫不留情地用鞭子抽打那些软弱的人。而对于勇猛作战的士兵，他却像对待自己的孩子那样关怀备至。他说："是勇士们赢来了勋章，只不过由我们佩戴罢了。"

虽然巴顿将军讨厌去医院（他自己受伤了只要不是性命攸关，他都只是简单包扎处理即可，很少去医院就诊），但战争期间，只要是有时间他总要到医院去看望伤员。一方面，巴顿把看望伤员当作自己的工作内容和崇高职责，他认为这可以减轻受伤士兵的痛苦；另一方面，巴顿认为创伤是士兵英勇作战的标志，值得嘉奖，而他的慰问则可以给士兵带去安慰和鼓舞。

在医院里的每一个病房，巴顿将军都要停下来发表一番演讲，并且演讲的内容从不重复。但每一次都激动人心。他总是毫不厌烦地从一个病床走到另一个病床，用温柔的话语与伤员亲切地交谈，慰问他们，并亲手给他们戴上紫心勋章。紫心勋章是美国为表彰有功的普通士兵所颁发的勋章。它标志着勇敢无畏和自我牺牲精神，在美国人心中占有崇高的地位。

每当巴顿将军看到那些牺牲的将士的尸体，他都要努力控制自己的感情，以免哭出声来。在这种心理的驱使下，巴顿将军常常感到自己没有负伤简直是一种罪恶。有一次，巴顿将军来到一位戴着氧气罩、生命垂危的士兵身旁，脱下钢盔，跪在士兵身旁，轻轻地把他的头抱在自己怀里，在他耳边说了几句至今没有人知道内容的话，然后巴顿将军给他的士兵别上了一枚紫心勋章，起立、敬礼。让在场的每一个人都感动得流下了眼泪。

巴顿深知，没有士兵的英勇作战就不会有战争的胜利，更不会成就巴顿的威名。胜利的荣誉不只属于巴顿自己，也属于他英勇无敌的士兵们。巴顿已经把自己融入团队中去，他深知，只有在团队中才能实现自我的价值。巴顿的团队精神就是得益于他在西点军校所受的教育。

在西点军校，每个优秀的学员都会最大限度地将自己融入团队，因为西点军人的团队不仅能完善和提高个人的能力，还能够加强学员之间的互相理解和沟通，只有真正把自己看成团队的一分子，把团队任务内化为自己的任务，才能真正成为团队的主人，获得主动性。团队提高了个人能力，个人又促进了团队的和谐发展，这就形成了一个良性循环。这样的团队才会战胜一切困难，赢得最终的胜利。

而如何做才能形成良好的团队基础呢？对西点学员个人来说，诚实、正直、廉洁的内在修养是与人交往的前提。每个人都有被别人重视的需要，特别是那些某方面有特长的学员更是如此。这就需要端正态度，正确看待自己的长处，对优点不自满，有特长的学员会发挥自己的特长帮助那些在此方面不擅长的学员，这样做既帮助了别人，提高了团队的整体水平，又收获了队友真诚的友谊和感谢。

而那些自认为水平有待提高的学员，则会从自身水平出发，认识自己的不足，虚心向其他学员请教，而别的学员也乐于伸出双手帮忙。当你对别人寄予希望时，别人也同样会对你寄予希望。就这样，有了愉快的合作氛围，整体团队的战斗力也会增强，团队的协作会变得很顺畅，一个优秀的团队便形成了。

在团队训练中，每个成员的优缺点不尽相同，西点教官们强调最多的便是：鼓励学员们寻找并学习其他学员的积极品质，消灭自己的缺点。如果团队的每一位成员都去积极寻找其他成员的优秀品质，那么任务完成的效率就会提高。这也是西点学员获得成功的一项至关重要的因素。

西点军校的学员还非常注重检视自己的缺点，比如自己是不是言辞锋利、对人冷漠，是不是固执己见。只要一发现问题就立刻改正。因为这些缺点是团队合作中的禁忌，会成为个人进一步成长的障碍。如果无法听取他人的意见，或无法和他人达成一致，就不可能真正融入团队，团队的工作就不能开展下去。西点学员这种克服自身缺点的方法，也值得我们借鉴。

【西点寄语】

一个人再完美，也只是一滴水；而当他融入一个优秀的团队，他将享有大海的荣耀。

把自己融入集体中

在西点的课堂上，教员们总是会给学员们讲这样两个"团队力量大于个人力量"的例子：

——世界上的植物当中，最雄伟的当属美国加州的红杉。它的高度大约为90米，相当于30层楼那么高。一般来讲，越是高大的植物，它的根应该扎得越深。但是，红杉的根只是浅浅地浮在地表而已。而根扎得不深的高大植物，是非常脆弱的，只要一阵大风，就能把它连根拔起，更何况红杉这么雄伟的植物呢。

可是红杉却生长得很好，这是为什么？

原来，红杉不是独立长在一处，红杉总是一片儿一片儿地生长，长成红杉林。大片红杉的根彼此紧密相连，一株连着一株。自然界中再大的飓风，也无法撼动几千株根部紧密相连、上千公顷的红杉林。

——在南美洲的草原上，有一种动物演绎过这样的奇迹：酷热的天气，山坡上的草丛突然起火，无数蚂蚁被熊熊大火逼得节节后退。大火的包围圈越来越小，渐渐地，蚂蚁们似乎已变得无路可走。

然而就在这时，出人意料的事情发生了：蚂蚁们迅速聚拢起来，紧紧地抱成一团，很快就滚成一个黑乎乎的大蚁球。蚁球滚动着冲向火海……

尽管蚁球很快就被烧成了火球，在噼噼啪啪的响声中，一些居于火球外围的蚂蚁被烧死了，但更多的蚂蚁却得以绝处逢生。

看完这两个例子，我们可以想一想：是什么让根基不深的红杉林能够屹立不倒？是什么让小小的蚂蚁能够在火海之中得以逃生？就是团队的力量。

常言道："单丝难成线，独木难成林。"一棵红杉、一只蚂蚁可能轻易就会被风吹倒，可能也会轻易被火烧成灰烬，然而，当成百上千棵红杉、成千上万只蚂蚁聚集在一起组成一个庞大的团队时，就仿佛无数滴水汇成一条溪流甚至是汪洋大海一样，其力量便不容小觑了。

因为深明这个道理，西点就十分重视团队精神，重视到甚至有时要扼杀学员个性的程度。比如说，深知团队协同重要性的校长塞耶，就曾极力倡导甚至强制推行一种共同行为、共同理念。结果，许多西点老学员明确喊出："西点第一，陆军第二，美国第三。"还比如说，在西点，如果教官对一个战斗小组进行考核时，只有你一个人准备好了装备，第一个进入序列，而撇下了其他的战友，你不但得不到表扬，而且会受到学长的斥责。

作为男孩，好好想一下：你的身上是不是存在着一些个人英雄主义的思想？

当老师布置了某项任务，你觉得自己能力不错，于是闷头开始自己单干；当班级遇到了某些困难，你觉得是该自己表现的时候了，所以选择独自出头……

你要知道，现代社会已经是一个以追求团队绩效为主的世界，个人单打独斗的时代已经过去了，团队合作将越来越频繁地发挥它的作用。如果你没有一定的团队意识，总是存在一些个人英雄主义的想法，那么固然你本身真的拥有不错的实力，也很可能会在与他人的竞争中败下阵来。

所以，学习西点学子们的团队合作精神吧，把自己融入集体，在团队合作中，将个人的力量充分发挥出来，你会发现团队合作所创下的"战绩"，往往是你个人所不能企及的。

【西点寄语】

把自己融入集体，在团队合作中，将个人的力量充分发挥出来，你会发现团队合作所创下的"战绩"，往往是你个人所不能企及的。

学会分享利益

有这样一则寓言，说的是百兽之王狮子有一天找到猎豹，对它说："你有速度我有力量，咱们一起合作，肯定能够更容易、更多地捕获到猎物。"

猎豹和狮子的合作无疑是一种比较完美的组合——狮子拥有力量，善于捕捉猎物；猎豹拥有速度，善于寻找猎物。

因为是百兽之王找到的猎豹，所以使长期受到压制的猎豹有点受宠若惊，忙不迭地答应下来。

为了表示诚意，它们还缔结了联盟条约，以保障彼此的利益。

二者的合作，果然不同凡响，凭着猎豹闪电一样的速度、狮子"力拔山兮"般的力量，它们果然捕捉到了更大、更多的猎物。

面对眼前一大堆肥美的食物，它们欣喜若狂。按照原先的约定，由狮子来决定分配方案。

这时，狮子百兽之王的傲慢便淋漓尽致地表现出来了。它压根儿没将合作伙伴看在眼中，毫不客气地将食物分成三份，并龇着长长的獠牙对猎豹说："第一份应该归我，因为我是百兽之王；第二份也应归我，这是我们合作我所应得的；至于第三份嘛，我们可以公平竞争，不过你是聪明人，你应该知道，要是你不赶紧滚开，把它让给我，恐怕你就要大祸临头，成为我的第四份晚餐了。"

最后的结果我们不难想象,狮子独吞了所有食物,并厚颜无耻地把它的合作伙伴——猎豹赶跑了。

从此,百兽之王狮子只能形影相吊,再也找不到合作伙伴了,当然,也很少找到如此肥美的猎物了。

猎豹和狮子的合作叫作"竞合",即以双赢为出发点,能力不弱的两个以上个体互相合作、共担风险、共享利益,这种更深远意义上的"团队意识"已经成为现在一个不争的共识。 不过,实现成功的"竞合"必须遵守一个前提——利益均分,而非一方独享。

卡内基10岁时,曾经无意间得到一只母兔子。不久,母兔生了一窝小兔,但他的零用钱有限,实在没有足够的钱买食物来喂这窝小兔子。于是,他想出了一个主意:他告诉邻居小朋友,只要他们肯拿食物来喂小兔子,他将用小朋友的名字为小兔子命名。小朋友们立刻踊跃提供食物。这件事给卡内基留下极深刻的印象——人们对自己的姓名非常在意。

有一次,卡内基与布尔门铁路公司竞标太平洋铁路的卧车合约,双方不断削价并均已无利可图。一天,卡内基与布尔门在一家饭店门口巧遇。卡内基对布尔门说:"我们这不都是在伤害自己吗?"布尔门说:"你话中何意?"卡内基向布尔门陈述恶性竞争的坏处,并提议彼此化解前嫌,携手合作。布尔门认为有点道理,就问道:"如果我们合作的话,新公司的名称叫什么好呢?"

卡内基想起养兔子的往事,果断地回答:"当然要叫'布尔门卧车公司'啦!"卡内基的回答,使布尔门的双眼顿时发亮，两人很快达成了合作的协议。

又有一次，卡内基在宾夕法尼亚州的匹兹堡市建了一家钢铁厂，专门生产铁轨。当时，美国宾夕法尼亚铁路公司是铁轨的大客户，而该铁路公司的董事长名为汤姆森。于是，卡内基就把这家钢铁厂命名为"汤姆森钢铁厂"。这么一来，汤姆森董事长在采购铁轨时，自然优先考虑"汤姆森钢铁厂"了。

卡内基"尊重别人姓名"的本事，使他以名得利，最后建立了自己的钢铁王国。

【西点寄语】

以双赢为出发点，能力不弱的两个以上的个体互相合作、共担风险、共享利益，这种更深远意义上的"团队意识"已经成为各家公司之间一个不争的共识。不过，实现成功的"竞合"必须遵守一个前提——利益均分，而非一方独享。

有友谊，有忠诚

西点学员日常流行一句话："精诚团结直到毕业。"这与美国陆军军人中流行的"同志间要友谊和忠诚"十分相似。

所有的西点学子都信奉："我们这样团结起来可以创造一种集体观念的气氛。"军官在人行道上相遇，总是彼此问候致意；学员们总是自觉地帮助学习较差的同学；如果某人汽车坏在路上，毫无疑问，过路者一定会伸出援助之手。这是一种基本素养，是西点军校长时间形成的习惯。

黑格将军在尼克松政府里举足轻重,他从基辛格的副手一跃成为尼克松的右臂,成功的原因是夜以继日的艰苦工作,出众的参谋技能,与上司亲密无间的能力,与政客们搞政治游戏的第六官能。还有一点,就是西点的团体协作作风。这位西点毕业生的助手几乎是清一色的西点人,他们共同努力,即黑格常挂在嘴边的"直率、诚实、讲团结,并以此来证明,这就是西点人的本质",赢得了事业的成功。

黑格将军曾自豪地说:"西点军校是一个团结一致的优秀典范,美国就是根据这种精神,制定与执行国家各项政策的。"

要时时牢记,你代表的不是个人,而是一个团队。实际上,精诚团结使西点获得了意想不到的成就和荣誉。一个有着悠久历史,有着光荣传统,有着辈出的名人的教育团体,一个始终以集体精神、团结一致进行灌输的团体,逐渐形成了一种社会网络,以致在美国的各行各业都能体现出来。

所有的西点人都有着高度的团队意识,他们明白无论是否在战场上,拆散的箭总比捆起来的箭易折。

从前,有一位老人在弥留之际,把三个儿子召唤到病榻前说:"亲爱的孩子,你们试试能否把这捆箭折断,我还要给你们讲讲它们捆在一起的原因是什么。"

长子拿起这捆箭,使出了吃奶的力气也没折断,"把它交给力气大的人才行。"他把箭交给了老二。二儿子接着使劲折,也是白费力气。小儿子想来试试也是徒劳,一捆箭一根也没折断。"没有力气的人,"父亲说,"你们瞧瞧,看看你们父亲的力气如何?"三个儿子以为父亲在说笑,都笑而不答，但他们都误会了。老人拆开这捆箭，毫不费劲地一一折断。

"你们看，"他接着说，"这就是团结一致的力量。孩子们，你们要团结，用手足情意把你们拧成一股绳。这样，任何人、任何困难都打不垮你们。"老人感到自己就要撒手归西了，又对孩子们说："孩子们，记住我的话，你们要始终团结，在临终前我要得到你们的誓言。"三个儿子一个个都哭成了泪人，他们向父亲保证会照他的话去做。父亲满意地闭上了双眼。

三兄弟清理父亲的遗物时，发现父亲留下了一笔丰厚的财产，但留下的麻烦也不少，有个债主要扣押财产，另一个邻居又因为土地要和他们打官司。

开始时，三兄弟还能协商处理，问题很快解决了。然而，各自的利益又促使他们吵着要分家。此时，债主和邻居都提出申诉，重新翻案。不团结的兄弟内部分歧更大了，互相使坏，最后他们丢失了全部家产。

当想起捆在一起又被拆散的箭和父亲的教诲时，他们都后悔莫及。

很多时候，别人尊重你或对你有所忌惮，并不是因为你本身，而是顾虑你所在的强大团队。 如果你脱离了所在的团队，可能就会发现原来自己其实是非常弱小的。

团结就是力量，即使很多微小的力量凝聚在一起有时也会产生很大的能量。

曾听人讲过这样一个原理：一个木桶由许多块木板组成，如果组成木桶的这些木板长短不一，那么这个木桶的最大容量并不取决于最长的那块木板，而是取决于最短的那块木板。

虽然木桶中其他的木板都很长，但是只要有一块木板是非常短的，那么当我们往木桶中加水的时候，水涨到最短的那块木板的长度的时候就会渗出来，根本就不再有上升的空间了，哪怕其他的木板再长，也不能改变整个木桶的容量。

团队的最大能力往往不取决于某几个超群和突出的人，更取决于它的整体状况，甚至取决于这个团队是否存在某些突出的薄弱环节。唯有通过合作扬长避短，才能发挥出团队最大的力量。

星期六上午，一个小男孩在他的玩具沙坑里玩耍。在松软的沙堆上修筑公路和隧道时，他在沙坑的中部发现一块巨大的岩石。

小家伙开始挖掘岩石周围的沙子，他手脚并用，似乎没有费太大的力气，岩石便被他边推带滚地弄到了沙坑的边缘。不过，这时他才发现自己无法把岩石向上滚动、翻过沙坑边墙。

小男孩下定决心，手推、肩挤、左摇右晃，一次又一次地向岩石发起冲击，可是，每当他刚刚觉得取得了一些进展的时候，岩石便滑脱了，重新掉进沙坑。每一次他得到的唯一回报便是岩石再次滚落回来，还砸伤了自己的手指。

最后，他伤心地哭了起来。这整个过程，男孩的父亲从起居室的窗户里看得一清二楚。当泪珠滚过孩子的脸庞时，父亲来到了跟前。

父亲的话温和而坚定："儿子，你为什么不用上所有的力量呢？"

垂头丧气的小男孩抽泣道："但是爸爸，我用尽了我所有的力量！"

"不对，儿子，"父亲亲切地纠正道，"你并没有用尽你所有的力量。你没有请求我的帮助。"

父亲弯下腰，抱起岩石，将岩石搬出了沙坑。

故事中的小男孩，虽然用尽自己的力气，想方设法地自己去解决问题，但却一次次地失败。求助也是一种合作的能力，你不擅长的却可能是团队中其他人所擅长的。在团队里，每个员工的能力构成都是不一样的，或者说是具有互补性的。有效地整合你身边的资源，通过合作，发挥最大的能力。

【西点寄语】

求助也是一种合作的能力，你不擅长的却可能是团队中其他人所擅长的。在团队里，每个员工的能力构成都是不一样的，或者说是具有互补性的。有效地整合你身边的资源，通过合作，发挥最大的能力。

第六篇

西点军校送给男孩的
第六份礼物：要能够吃苦耐劳

第一章　百炼才能成钢

历经严酷的训练是完善自我的必由之路

1812—1815年，第二次英美战争爆发，美国人打了一场原始的无计划的战争，给年轻的共和国带来了羞辱和失败，其中包括华盛顿城的国会被焚。

塞耶身为上尉参谋参加了这次战争。他先是在部署于美加边境的北部军队里负责军械装备的供应和部队开进道路的侦察。有一次在侦察中同部队失去了联系，他饿了好几天。后来，他又奉命先后去纽约、弗吉尼亚等地负责防御工事的加固，并在同英国海军陆战队的战斗中发挥了重要作用。1814—1815年的冬季，由于过分劳累，塞耶病倒了，直至1815年春，英美和平协议签署，他才恢复健康。

战争中，塞耶目睹了由于缺乏充分的战争战役准备、计划和协调，由于无知的鲁莽、松懈的纪律以及将领之间的不和所造成的惨重伤亡与失败。

战争使塞耶深刻地认识到，正规严格的军事训练和教育的极端必要。而纪律、坚定、忠于职守则必须作为训练军人打仗的最基本目标。

1817年，塞耶出任西点军校的校长后，就制定了一套系统而严格的训练制度，来加强对学员的训练。

西点军校的军事训练严格而系统,其中一年级新生的"兽营"最为典型。顾名思义,"兽营"就是像训练野兽一样残酷无情。新生在入学后为期8周的训练中,不仅要完成其训练强度比陆军基本训练高好几倍的体格达标训练、基础操练、熟悉步枪等武器训练,使自己出色地完成由老百姓到士官生的转变,而且还要忍受来自担任指挥官的高年级学员的屈辱和非人折磨。艾森豪威尔有这样的经历:一次收操后,他被强迫在炎热的阳光下做整整一小时的"挺胸!收腹!再挺一些!头抬高!下巴往里收!动作快!动作快!"新生"必须挺住""必须忍受""必须达标""必须做好",这是不可动摇的律令,以证明自己是合格的军人,否则"打道回府"。而被无情淘汰,不仅一辈子受到军人和社会的人格歧视,而且一辈子在就业、提升职务等方面受到歧视。"兽营"训练方式受到来自各方面的谴责,美国国会甚至通过立法禁止,但校方总以锻炼高年级学员的领导才能、培养新生的"服从"意识和置之死地而后生的精神为由,将它保留至今。

除8周"兽营"训练外,西点学员每年夏天都要进行严酷的野外训练,共30周。第二年夏天9周,其中8周在巴克纳训练营,模拟真正的战争环境,进行步兵格斗、各种武器的操作、攀登、军事工程作业、救生等艰苦训练;另一周到诺克斯堡学习坦克驾驶、野战炮兵和防空兵作战演练。第三年夏天7周,分两阶段:第一阶段是领导管理训练,即到美国驻德国、巴拿马、阿拉斯加、夏威夷、韩国和其他陆军正规连队任见习排长;第二阶段是专业技能训练,即每个学员根据自己的情况选某一地点进行一项训练。第四年8周,充任新生"兽营"基础训练和二年级学员巴克纳营地训练的指挥官。

正规严格的军事训练和教育是极为必要的。纪律、坚定、忠于职守，必须作为训练军人打仗的最基本目标。无知的鲁莽、松懈的纪律、缺乏充分的战争、战役准备等因素是招致失败的主要原因。为了避免失败，就必须要加强纪律，强化训练。这一点对于任何追求成功的男孩同样是必要的。

每个男孩在成长过程中都需要有自由，以便能用自己的方法学会各种事物，但他还不懂得克制自己的不正确行为，因此，如果不给他制定规定，他就会缺乏这方面的知识，今后在与他人相处时将会出现问题。

记住：训练自己，需要纪律和毅力。即使你在训练时遇到了一些挫折，如果你努力坚持下去，你会很快看到结果——当生活问题来时，你会像拳击冠军那样，坚定地战斗到最后一轮，并被宣布获胜。

【西点寄语】

训练自己，需要纪律和毅力。即使你在训练时遇到了一些挫折，如果你努力坚持下去，你会很快看到结果——当生活问题来时，你会像拳击冠军那样，坚定地战斗到最后一轮，并被宣布获胜。

锲而不舍是成功的第一要素

有人说，执着和痴情是创造奇迹的一斧一凿，有了这两样东西，世上就没有什么不可能的事；也有人说，锲而不舍是成功的第一要素，只要门敲得够响够久，总会有人被你唤醒。

炎热的夏季，雄蝉常常伏在树干上，不停地振动鼓膜，发出嘹亮的鸣叫声，为的是引雌蝉来与它交尾，它的急切的鸣叫，似乎释放着自己重见天日的快乐。

因为，它们要在地底下潜伏很长时间，少则一年，多则17年，才能钻出泥土，从蝉蜕里挣脱出来。雄蝉的腹下有一对"膜"，可以振动发出尖锐的声音，吸引雌蝉。

雌蝉在交配后爬上桑、柳等树的树枝上，用有锯齿的产卵器刺入这些嫩枝的皮层内，随即将卵产在里面，一边爬、一边不停地刺，一直到将卵产完为止。

这时，产完卵的雌蝉已筋疲力尽，不久就会死去。卵就依靠太阳的温暖而自己独自进行发育和孵化，当幼虫孵出以后，遗留下来的一层薄而脆的外皮会形成一条细丝，常将幼虫倒挂在半空中。

不久，幼虫降落到地面上，又钻入树根周围的泥土中去，继续发育和成长。再经过两三年，或者更长时间，幼虫经历了六次的蜕皮，才会变成"拟蛹"的形式出土，它们出土之后又一次自己爬上树干，经过最后一次蜕皮以后，才变为真正的成虫。

再然后，卵又孵化，成小虫，落在地上，钻进土里，靠树根的养分过活，开始漫长的等待，有的一年，两年，最长的达17年。

它们等上17年，真正能飞、能鸣的日子，居然不过1个月！莫焦躁，莫惊慌，莫灰心，沉着冷静，夺取最后的胜利。人应当百折不回。

7天嘹亮的歌声，来自17年沉潜酝酿，生命像一粒种子，只有今生才能耕种，把握今生今世！持之以恒、永不放弃是所有成大业者的共同个性特征。他们不管遇到多少艰难险阻，不管遇到多少诅咒反对，总是会矢志不渝地坚持下去。

辛苦的工作不会使他们烦恼，恶劣的处境不会使他们气馁，反复的探索不会使他们厌倦，迷人的诱惑不会使他们动摇，无情的打击不会使他们改变。"不懈追求，永不放弃"已经成了他们生命中的一部分，只要生命不息，他们就会奋斗不止。

尼克松说过："我不怕失败，因为我知道还有未来。"众所周知，由于"水门事件"，尼克松总统被迫辞职。从辞职到他逝世前的20年中，他经历了巨大的精神折磨。突然降临的失落与忧愤，媒体的穷追猛打和冷嘲热讽，熟人朋友们则避之不及，使62岁的尼克松患上内分泌失调和血栓性静脉炎，医生说他基本上是一个废人。

然而尼克松没有倒下去，更没有向命运屈服。相反，辞职还他以支配时间的自由，耻辱为他提供了恢复名誉的动力，挫折和忧愤赋予他以哲人的敏锐。正因为经历了刻骨铭心的大起大落，他才能发出这样的声音："美国今天之所以成为一个伟大的国家，并不是因为政府为人民所做的事，而是因为人民为他们自己以及人民相互之间所做的事。"

在黯然下台后的日子里，尼克松把全部的感情和智慧都倾注在阅读和写作上，反思自己的过去，评论美国政治的得失，连续撰写并出版了《尼克松回忆录》《真正的战争》《领导者》《不再有越战》和《超越和平》等一系列畅销全球的著作，以独特的方式提升自己的价值，继续推动美国的内政外交。

1994年尼克松走完他的一生，白宫宣布葬礼那天为全国哀悼日，政府停止办公，邮局中断投递一天。克林顿总统代表国家对这位前总统表示敬意，88个国家的400多名代表及来自各界的2000多名要人参加了葬礼。尼克松凭借老骥伏枥的顽强努力，终于改变了历史对自己的评价。

他以一种积极健康的心态去面对自己的人生，而从不自怨自艾，挫折、忧愤使尼克松成为一个深怀"野心"的人，而坚持不懈、持之以恒使尼克松达到了人生的又一巅峰。

【西点寄语】

持之以恒、永不放弃是所有成大业者的共同个性特征。他们不管遇到多少艰难险阻，不管遇到多少诅咒反对，总是会矢志不渝地坚持下去。

经受住考验的人才能有大作为

有句话是这样说的："只要是在西点军校成功的人，走到哪里都能成功。"西点军校对学员们的训练无疑是在考验学员们的意志力。最后经受住了西点的挫折磨炼，并将自己锻炼得不屈不挠，这样的人在日后的生活中就没有过不去的坎儿，无论做什么都容易成功。

每个学员在进入西点军校前，都要做好被淘汰的思想准备，不但学员本人要做出保证，他们的父母也要以书面形式保证做好孩子的工作，以绝后患。因为大家都深知：即使过五关斩六将跨进了西点军校的门槛，且不说西点军校严酷似魔鬼般的训练，就是西点军校严格的纪律，也够学员们受的了，如果无法忍受中途放弃，就必须面临被淘汰的结果。

艾森豪威尔曾经说过一句话："在西点军校,学员随时随地都可能犯错误。"

这句话也几乎成了描述西点军校纪律的名言。艾森豪威尔本人在学校的经历也证明了这一点。他的学习成绩一般,品行排名也并不靠前,在164名学员中,他名列第95位。他因为做事拖拉、喜欢抽烟等毛病,多次受到学校记过的处分。由于在一次比赛中膝盖受伤,他被永远禁止打橄榄球。他还因为无视警告带着舞伴乱转而被从军士降为二等兵……

西点军校有严格的管理体制。由于管理与被管理、监督与被监督的渠道很多,使学员们无论做什么都要受到监督。

西点军校还有详细的"清规戒律"。这些纪律细则像天网一样罩住学员们的一举一动——从课内到课外、从思想到行动、从学习到娱乐,只要稍不留神,就会触犯纪律。即使在吃饭时也有吃饭的规矩:就餐的时间一到,学员们就要整齐列队进入餐厅。一声令下,所有学员同时坐下,而且必须坐在指定的位置。有50多名侍者为学员用餐服务。

每张餐桌还有3名新学员负责保证食品的供应,并且每个人都有明确的职责分工——"热饮下士"负责分配茶和咖啡,"冷饮下士"负责分配牛奶、果汁和水,"点心分配员"负责分配蛋糕和馅饼。

"学员守则"在用餐上有明确的规定:新学员要清楚地了解坐在本餐桌上的高年级学员在饮料上的嗜好,以保证服务积极主动、到位。用餐时要挺直腰杆、目不斜视,并且只准看自己的盘子。开始咀嚼食物之前,要将餐具放在盘子里……

正因为有如此多的纪律细则,使学员们随时随地都可能犯错误，所以西点学员们必须保持高度的警惕——任何时候都不能松懈，这无疑给了学员极大的压力，在西点学校的每一分、每一秒，他们都在经受着超强的意志力的考验。一旦你顶不住压力，意志松懈，无法忍受这些"清规戒律"，就有被开除校籍的可能。

西点军校的排名体系颇为苛刻，也有"三好学生"评定标准，西点的"三好学生"必须要达到体能、心智、意志三者的平衡，学员之间有着激烈的竞争和博弈。而且西点军校意在培养全方位的战争人才，因此对毕业生的要求还包括要成为一名绘制军用地图的能手。

西点军校制定了两年的课时，要求学员学习绘画课，其中包括地形学、测量制图法、直线配景法、阴影和影像绘制法、色彩理论和着色法、徒手风景画、战场侦察轮廓绘制法等。要求之高、操作之难，几乎和培养一个集工程师、画家、雕刻家和建筑学家于一身的达·芬奇不相上下。考验之重、压力之大，没有永不屈服的坚定意志力是无法接受的。

不受百炼，何以成钢。一个人的成功固然受环境、机遇、天赋以及学识等因素的影响，但更重要的是，要经受住通向成功路上的各种压力与磨难的考验。经受不住考验，遇到一点困难就妥协，遇到一点挫折就止步不前，那么你永远也无法到达胜利的终点。如果在困难与挫折面前想要妥协时，就想想西点学员们是怎样承受压力和磨难的吧！记住：只有经受住考验的人才能有大作为。

【西点寄语】

只有经受住考验的人才能有大作为。

在逆境中学会坚强

世事常变化，人生多艰辛。在漫长的人生之旅中，尽管人们期盼能一帆风顺，但在现实生活中，却往往令人不期然地遭遇逆境。逆境是理想的幻灭，事业的挫败；是人生的暗夜，征程的低谷。就像寒潮往往伴随着大风一样，逆境往往是通过名誉与地位的下降、金钱与物资的损失、身体与家庭的变故而表现出来的。逆境是人们的理想与现实的严重背离，是人们的过去与现在的巨大反差。

每个人都会遇到逆境，以为逆境是人生不可承受的打击的人，必不能挺过这一关，可能会因此而颓废下去；而以为逆境只不过是人生的一个小坎儿的人，就会想尽一切办法去找到一条可迈过去的路。这种人，多迈过几个小坎儿，就会不怕大坎儿，最终就能成就大事。通往成功的道路从来都不会是一帆风顺，人生必须渡过逆流才能走向更高的层次，最重要的是永远看得起自己。当人生遭遇逆境的时候，你要直面挫折，挺直脊梁，以昂扬的斗志和积极的心态，从逆境中闯过来。

西点军校这样教育学员："面对逆境你必须振作精神，跟命运搏斗，只有把痛苦化为力量，才能有所建树。成功者大都起始于不好的环境并经历许多令人心碎的挣扎和奋斗。他们生命的转折点通常都是在危急时刻才降临。经历了这些沧桑之后，他们才具有了更健全的人格和更强大的力量。"

明代洪应明在《菜根谭》中说过一段话，耐人寻味："横逆困劳，是锻炼豪杰的一副炉锤，能受其锻炼者则身心交益；不受锻炼者则身心交损。"如果一个人生活太优裕，人生之路太过顺畅，那么他的身心便不能承受重压，他的意志将无法抗击风暴，一旦遭到坎坷和挫折，往往会一筹莫展，驻足不前，甚至长期地沉落在苦闷之中。 一个人只有在磨难和挫折中成长，才能具备应付逆境的意志和驾驭生活的能力，面对人生中的大小磨难，他才会无所畏惧，勇往直前。

对一个人身体的磨难有时还让人可以忍受，但一个人往往被精神的磨难击垮。 也许一个人面临的最大逆境就是走一条没人认可的道路，没有人支持，孤独地前行，甚至做出了成绩却无人为自己喝彩。 精神的折磨与压抑最容易让人再无站立起来的信心。

成大事者往往会心胸豁达，以风清月明的态度从从容容地对待别人不公正的批评。 这是因为他坚信天空是宽广的，走过去，前面便是一片蓝天。 一个人在生活、工作、学习以及与他人交往中，总不免被人批评，受人指责。

美国许多成就卓越的著名人物都被人骂过：美国的国父乔治·华盛顿曾经被人骂作"伪君子""大骗子"和"只比谋杀犯好一点。"《独立宣言》的撰写人托马斯·杰斐逊曾被人骂道："如果他成为总统，那么我们就会看见我们的妻子和女儿成为合法卖淫的牺牲者；我们会大受羞辱，受到严重的损害；我们的自尊和德行都会消失殆尽，使人神共愤。"格兰特将军在带领北军赢得第一场决定性的胜利、成为美国人民的偶像之后，却遭到嫉妒、逮捕和羞辱，被夺去兵权。 威廉·布慈将军被人诬告侵占了某个女人募捐而来为救济穷人的 800 万元捐款。 这些人非但没有被批评、辱骂所吓倒，反而更加保持乐观和自信的态度，做出了影响深远的成就。

在你被人恶意批评时请记住，他们之所以做这种事情，是因为这件事能使他们有一种自以为重要的感觉，这通常也就意味着你已经有所成就，而且值得别人注意。你应该记住哲学家叔本华的话："庸俗的人在伟大的错误和愚行中，得到最大的快感。"

多年前有个《太阳报》的记者来参观卡耐基的成人教育示范班，后来在报上撰文讽刺卡耐基。卡耐基在看了报纸之后怒不可遏，认为那是最大的人身攻击，便立刻打电话到报社去抗议，要求他们刊登事实，而不是讥诮。卡耐基骂他们这种做法太伤人格了。后来，卡耐基对当初自己的反应只觉汗颜。卡耐基了解了，买那份报纸的人有一半不会注意到那篇文章，另外看过的那些，半数也只当它是茶余饭后的消遣而已，看过就算了，没有人会记得它多久。卡耐基给我们总结道："别人不会注意你、注意我、注意人家怎么说我们，他们心心念念想的都是自己。他们宁可关心自己的一点皮毛之伤，也不会在意你我的死活。我们只是一些不相干的其他人而已。"

卡耐基认为，虽然我们不能禁止别人对自己有不公平的责难，但是却可以决定要不要让那些不公平的责难困扰自己。情感智商高的人，往往从积极的方面去理解别人的批评，包括那些不公正的责骂。他们会把别人的批评，看作是改进自己的工作、完善个性、克制情绪、提高心理承受力以及激发斗志的机会。

在美国历史上，林肯总统恐怕是受人责难、怨恨、诬陷和批评最多的总统。也许应付批评的最佳典范该推林肯总统才是。南北战争期间，国事艰难，林肯若不是有一套应付批评之道，只怕不等战争打完，他已经先垮了。他应付批评的那一段话已成了经典之作，麦克阿瑟将军把它当作座右铭，丘吉尔也当它是传世箴言，高挂在自己书房的墙上。 林肯是这么说的:"别说是回答,就算是我试着去听每一句攻击我的话,那么这里早就可以开店,改做别的营生去了。 我只能做到我所知道的最好的地步,尽力而为而已,而且我将坚持到底。 如果临了证明我是对的,那么所有反对我的意见都无关紧要了。 如果证明我是错的,那么就算有一打天使宣称我是对的,又有什么差别呢?"

林肯不仅能正确应付别人不公正的批评,而且从来不以他自己的好恶来批判别人。 如果有什么任务待做,他也会想到他的敌人可以做得像别人一样好。 如果一个曾经羞辱过他的人,或者对他个人有不敬的人,却是某个位置的最佳人选,林肯还是会让他去担任那个职务,就像他会委派他的朋友去做这件事一样。 而且,他从来没有因为某人是他的敌人,或者因为他不喜欢某个人而解除那个人的职务。 在林肯所任命的高职位的人物中,有不少是曾经批评过他的人。 但林肯相信:没有人会因为他做了什么而被歌颂,或者因为他做了什么或没有做什么而被罢黜。 因为所有的人都受条件、情况、环境、教育、生活习惯和遗传的影响,使他们成为现在的这个样子,将来也永远是这个样子。

曾任美国华尔街40号美国国际公司总裁的马歇尔·布拉肯先生在回忆受批评的经历时说:"我早年对别人的批评非常敏感。 我当时急于让公司的每个人都觉得我是十分完美的。 如果他们有一个人不这样认为的话,我就感到忧虑,于是我会想办法去取悦他。 可是我讨好他的结果,又会使另一个人生气;而等我想满足这个人的时候,又会使其他一两个人生气。 最后我发现,我越想去讨好别人,以免去他们对我的批评,就越会使我的敌人增加。 因此我对自己说:'只要你超群出众,你就一定会受到批评,所以还是趁早习惯的好。'这一点对我的帮助很大。 从那以后,我就决定凡事尽力而为，然后张一把心灵的保护伞，躲开非难的雨滴，不让它沿着我的脖子滑落，湿透全身。"

罗斯福总统的夫人曾向她的姨妈请教对待别人的不公正的批评有什么秘诀。她的姨妈说："不要管别人怎么说，只要你自己心里知道你是对的就行了。"避免所有批评的唯一方法就是只管做你心中认为对的事——因为你反正是会受到批评的。知道自己在做什么是很重要的，别人如何看待你的工作、决定、努力、动机或成就，这些都不要紧，因为只有我们自己最清楚自己所作所为的重要性。即使在上帝面前，我们也必须依据自己的价值观及信念来评估自己一生的作为。

面对非议却坚定自己的信念，坚持自己的选择，你就已经具备了冲破逆境的桎梏，走向成功的精神力量。人言并不可畏，挫折只是暂时的，只有经历风雨才能见到天边美丽的彩虹。

荷马是古希腊伟大的诗人，《荷马史诗》是全人类的文化遗产，而荷马本身的经历同样是人类历史上不可多得的精神财富。公元前870年，荷马出生于希腊境内小亚细亚的一个世袭贵族家庭，从小就受到良好的教育。然而，正所谓天妒英才，幸运女神并没有一直垂青这个孩子。就在他风华正茂的少年时代，小亚细亚城邦发生了一场可怕的瘟疫，这场灾难整整持续了半年多，一个又一个鲜活的生命被死神带向了黑暗的深渊。荷马也不幸染上了瘟疫，父母请来了最好的医生为他诊治，然而虽然荷马的生命保住了，但他一双明亮的眼睛却永远失去了光彩。

面对命运的不公，荷马曾选择了放弃，但母亲的一席话让他又重燃生命之火，"厄运是魔鬼，它夺走了你的光明。

厄运也是天使,它是一座深不可测的宝藏。要在厄运中赶走魔鬼、拥抱天使,最重要的美德就是坚忍"。

通过3年的学习,聪慧的荷马已经比较熟练地掌握了弹琴的技巧,并且学会了用诗歌来吟唱故事。他的琴声和歌声都极有魅力,很快就引起了人们的关注。为了吟唱诗歌和收集古老的故事,17岁的荷马离家远行。从此,他风餐露宿,历尽千辛万苦,走遍了整个希腊的大地。在广泛收集民间故事的基础上,荷马用自己丰富的想象力和非凡的文学才华,创作出了两部史诗——《伊利亚特》和《奥德赛》,这两部永留青史的辉煌史诗,成为了人类文明中的一枝奇葩,它的光辉永远照耀着人们的心灵。

面对逆境这条人生的畏途,不同的人有着不同的观点和态度。就悲观者而言,逆境是生存的炼狱,是前途的深渊;就乐观的人而言,逆境是人生的良师,是前进的阶梯。 逆境如霜雪,它既可以凋叶摧草,也可使菊香梅艳;逆境似激流,它既可以溺人殒命,也能够济舟远航。

逆境具有二重性,就看人们怎样正确地去认识和把握。 古往今来,凡立大志、成大功者,往往都饱经磨难,备尝艰辛。 逆境成就了"天将降大任者"。 如果我们不想在逆境中沉沦,那么我们便应直面逆境,奋起抗争,只要我们能以坚忍不拔的意志奋力拼搏,就一定能冲出逆境。

费希特在年轻时,曾去拜访大名鼎鼎的康德,想向他讨教,不料康德对他很冷漠,拒绝了他。费希特求教无门,但他并没有灰心，也不怨天尤人，而是从自己身上找原因。他想："我没有成果，两手空空，人家当然怕打搅喽！我为什么不拿出成果来呢？"于是他埋头苦学，完成了一篇《天启的批判》的论文，呈献给康德，并附上一封信。信中说："我是为了拜见自己最崇拜的大哲学家而来的，但仔细一想，对本身是否有这种资格都未审慎考虑，使我感到万分抱歉。虽然我也可以索求其他名人的函介，但我决心毛遂自荐，这篇论文就是我自己的介绍信。"康德细读了费希特的论文，不禁拍案叫绝。他为其才华和独特的求学方式所震动，便决定"录取"，亲笔写了一封热情洋溢的回信，邀请费希特前来一起探讨哲理。由此，费希特获得了成大事者的机会，后来成为了德国著名的教育家和哲学家。

但凡一个杰出的人物，都产生在重重的磨难里，产生在十分恶劣的人生境况之下。人生的风雨是立世的训谕，恶劣的境遇是人生的老师。

瑞典科学家阿列纽斯于1882年在瑞典科学院物理学家爱德龙德的指导下，进行了测定电解质导电率的研究工作。他把测定结果写成一篇博士论文寄给母校乌普沙拉大学，由于该校学位评议委员会的成员们还不理解论文的深刻意义，因而错误地将其评为四等。"四等"就意味着参加博士考试的失败，但是，阿列纽斯在逆境面前没有退却，没有消沉，他将这篇落选的博士论文和一封附信一起寄给了德国加里工学院的物理化学家奥斯特瓦尔德。奥斯特瓦尔德在仔细地阅读了论文和来信后，被深深地打动了，连呼"真了不起"。1884年8月，他亲自去瑞典访问了阿列纽斯，对那篇落选的论文给予了高度的评价，并代表加里工学院授予他博士学位。阿列纽斯在此基础上继续努力，1903年因这一成就获得了诺贝尔奖。

人间不平事，不知有多少。逆境吞噬意志薄弱的失败者，而常常造就毅力超群的事业成功者。矢志进取的人，面对逆境没有抱怨，没有烦恼，没有退却。这是因为他们深信，风雨过后必能见彩虹。从逆境中奋起，靠你坚定的意志和决心，不断斗争拼搏，不因为疲倦和失败停止前进的脚步，这样你就能最终获得成功的奖赏。

【西点寄语】

从逆境中奋起，靠你坚定的意志和决心，不断斗争拼搏，不因为疲倦和失败停止前进的脚步，这样你就能最终获得成功的奖赏。

第二章　勤奋胜于天分

任何时候都不要懈怠

约瑟夫·华伦·史迪威是西点军校的优秀毕业生。他的名字也为中国人所熟知，他是中国人民永远的朋友。抗日战争期间，他同中国的爱国官兵并肩战斗，为打败日本法西斯侵略者立下了不朽的功勋。在周恩来总理心中，史迪威将军是中国人民心目中"最优秀的战士"。

史迪威将军在西点军校学习时就是一位佼佼者。他于1900年7月考入西点军校，是当时最年轻的西点士官生。在学校期间，他是一名优秀的运动员，曾经把篮球引入西点军校，还成为橄榄球队的队员。此外，他还是一名神枪手。1904年毕业后，他由于成绩出色，被派往驻菲律宾的第12步兵团服役。在菲律宾，史迪威第一次参加真正的军事任务时就受到了严峻的考验。

史迪威所在的连队受命清剿叛乱的普拉吉族人。神出鬼没的普拉吉族人躲在热带丛林深处。史迪威和战友们不得不在丛林中穿行，他们忍受着暴雨和酷热，还要对付野兽的攻击与蚊虫的叮咬。一次，史迪威押着一个俘虏走在队伍最后面，突然，军士长中暑晕倒了，军人的使命感使史迪威停下来照顾军士长，可是不论史迪威如何呼唤，军士长都没有醒过来，无奈之下，史迪威只好忍着酷热，背起军士长继续赶路。不幸的是，在史迪威呼唤、照顾军士长的时候，他们的队伍已经走远了，茂密的丛林遮挡了队伍的踪迹，史迪威他们掉队了。

想到曾经在西点军校接受的野外作战训练，史迪威振作精神，他知道自己不得有丝毫懈怠——因为手握大刀的普拉吉族人随时都有可能从丛林深处突然跳出来，把他们干掉。史迪威深知他们所处的不利环境：自己单枪匹马，身上又背着昏迷的军士长，而前方队伍也没有派人来寻找他们。这些不利因素考验着史迪威的信心。

史迪威没有懈怠，他鼓起勇气背起军士长继续赶路，虽然他手中只有一把自动手枪，好在史迪威在西点军校学习期间就练就了出色的射击能力。他是个优秀的神枪手。军人的职责要求史迪威不能放弃自己的战友，把军士长扔到一边。他告诉自己，必须在天黑之前找到队伍，不然他们将无法活着走出这片热带雨林。

史迪威背着军士长，凭借在西点军校时的野外训练经验一点点地摸索着前进，有时候走错了路，但他都能通过敏锐的观察很快地改变路线，返回原地继续走。在前进中，他像一只豹子，时刻保持警觉：倾听来自丛林深处的危险声音，辨别队伍远去的方向和留下的痕迹，照顾昏迷不醒的军士长。

天色暗了下来，最终，史迪威凭借着强壮的身体和猎人的敏锐追踪能力,背着军士长在天完全黑下来之前赶上了队伍,找到了营地。尽管此时他已经累得疲惫不堪。

史迪威的优秀事例还有很多。史迪威在西点军校学习期间绘制军用地图的成绩名列前茅,因此毕业后不久,他就被美国政府选中,担负了一项秘密使命——到危地马拉考察地形。

史迪威接到命令,决定全力以赴。他打着学西班牙语、度假的旗号进入了危地马拉,他在危地马拉周游了整整6个星期,有时候徒步行走,有时候骑骡子到处转悠,不知道的人看到他悠闲的样子还以为他在看风景。史迪威丝毫没有放松、懈怠,他每到一处都细心观察,认真记忆。回到住所后凭借出色的记忆能力,他把危地马拉这个国家的港口、码头、防御工事、湖泊、运河、浅滩、渡口、桥梁、铁路、公路、运货马车、拉车的马匹、电话、电报线路、城市、村庄、兵营、人1:7密度与分布、粮食、饲料、燃料、疾病、气候变化和政治动向等近30个方面的调查项目弄得明明白白,并在陆军部提供的略图上一一标示出来,这是一部翔实而准确的危地马拉军事、政治、经济地形图。史迪威出色地完成了任务,给美国政府交上了一份合格的答卷。

试想,如果在困难和挑战面前,史迪威优柔寡断、放松警惕,他就不会走出丛林,找到队伍;也不会克服常人无法克服的困难,画出准确的地图,也就不能完成上级交代的任务,这将是西点学员最大的耻辱。 史迪威的成功告诉我们,选定目标后就要全力以赴,不能懈怠,要时刻保持警醒,因为也许就在你放松的那一瞬间，你所有的努力都将功亏一篑。

要做到任何时候都不懈怠，就要学会自我提醒。尤其是在安逸的环境下，也不要放松自己而是要竭尽全力。奥利弗·克伦威尔曾经说过："不求自我提醒的人，到最后只会落得退化的命运。"对我们来说，自我提醒也许只是在墙上贴一张小字条，提醒自己还有没巩固的知识，还没有完成该完成的任务；也许是在睡觉前把一整天的事像电影一样在脑海里过一遍，就可以达到温习的目的……只要养成这种好习惯，久而久之，你会发现自己变得越来越有计划了，对自己的要求也越来越严格，生活和学习也会在这个小小的改变后变得井井有条，你已经完全变成了一个对生活充满热情的人。

【西点寄语】

选定目标后就要全力以赴，不能懈怠，要时刻保持警醒，因为也许就在你放松的那一瞬间，你所有的努力都将功亏一篑。

成功完全是努力的结果

一位西点军校的教官正在给新学员介绍西点军校的训练情况。他严肃地说："西点军校的学员们一天要练25小时！"

一个新学员嘀咕着说："可是，一天只有24小时呀！教官。"

这位教官训斥道："不要找借口！成功是你自己的事，别忘了，你完全可以每天提前一小时起床！"

在西点军校，每个学员都深深明白一点：成功完全是自己的事情，能否取得成功完全取决于你的态度。没有人会督促你去成功，同样，也没有人能阻挠你成功。一切完全取决于你自己是否能自动自发地去获得成功。

艾森豪威尔经常和家人一起玩纸牌游戏。一次晚饭后，艾森豪威尔像往常一样和家人打牌。这次他的运气很不好，总是抓到很差的牌。

刚一开始，他只是抱怨几句，可后来一而再、再而三地摸到差牌，他实在忍无可忍了，便发起了少爷脾气。

和他一同打牌的母亲实在看不下去了，正色说道："牌是上帝发的。既然选择打牌，你就必须接受上帝发给你的牌，不管牌是好是坏——好运气不可能总是都让你碰上。"艾森豪威尔没有理会母亲的话，依然愤愤不平地抱怨。

母亲又说："其实，人生就和打牌是一样的，发牌的是上帝。不管你手中的牌是好是坏，你都必须拿着，除此之外，你别无选择。你唯一可以选择做的，就是管理好自己的态度，让浮躁的心情平静下来，认真对待每一张牌，把自己手中的牌打好，力争最好的效果。只有这样打牌，这样对待人生才有意义！"艾森豪威尔牢记母亲的话，激励自己积极进取。

后来，他一步步向前迈进，成为中校、盟军统帅，最后当上了美国总统。

的确，生活就像是玩纸牌，上帝发的牌总是有好有坏，发到手的牌是确定了的。

收到坏牌后一味地抱怨于事无补,也无法改变现状,如何把手中的牌打好,才是你应该思考的重点。但是你能否成功,能否打出好牌,却取决于你的意志和态度。

西点军校提倡的这种自动自发的精神就是主动精神,西点学员被要求:要懂得随时把握机会,积极表现,锻炼自己必要时打破陈规的智慧和判断力。西点军校流传着一句话:"适合哪儿就站哪儿,关键是站在行动上!"

成功完全是你自己的事情,你的态度决定着你的成功。西点学员认为,一切都要靠努力去争取。

在获得成功的道路上,能够保持积极的心态就成功了一半。在生活的难题面前不退缩、不消沉,主动培养刚毅、果断的性格是每个西点学员追求的目标。

华盛顿是西点学员们最崇拜的伟人之一。他是一个善于主动学习的人,年轻的时候,为鞭挞自己改正一些生活上的小毛病,他曾经在练习簿上写下了一篇有趣的文章——"110条准则",其中规定了自己在"交友和谈吐中"必须遵守的一些准则。这篇手稿共有10页,它是绅士的良好行为指南,对华盛顿的性格塑造产生了极大的影响。下面列举几条:

第一条,在朋友中所做的每个举动都应该表示对别人的尊重。

第二条,在别人面前,不独自哼唱或用手敲击或脚抖动发声。

第五条,如果你咳嗽、睡觉、叹气或打哈欠,不要发出很大的声音,要私下隐蔽进行。

第六条,当别人在讲话时,你不要睡觉。

第九条,别向炉火中吐口水。

第十条,当你坐下,脚要平直不动。不要两脚交叉或叠放。

第十三条,不在别人面前打虱子、跳蚤等。

第十五条,指甲保持干净,不留长指甲。

第十七条,不阿谀奉承。

第三十二条,对你的同辈或下属,在你的住所应该安排主要的地方给他。

第四十八条,当你责难别人时,你应是无可责难的。

第五十四条,不爱慕虚荣。

第一百零一条,不在别人面前漱口。

华盛顿一生都铭记这些准则,并真正将它们付诸实际行动。他在历练自己的性格、态度方面的事迹给西点学员留下了深刻的印象。

成功取决于你自己的态度,每个人都必须找准自己的位置并积极地付诸行动。

为了能获得成功,为了每次都能让成绩提升,我们从此刻开始就要端正自己的态度:要知道成功完全是自己的事情,你如果不积极行动,如果不懂得提升自己,总是甘于堕落,那么就永远也别指望成功。

因此,我们要珍惜学习的机会,热爱每一堂课,认真听老师讲课,用心于我们的学业,总有一天我们会出人头地,成为被人们仰慕的男子汉。

【西点寄语】

成功取决于你自己的态度,每个人都必须找准自己的位置并积极地付诸行动。

今日之事今日做

西点军校绝不允许学员做事拖延。不管你是新进学员还是老学员,也不管你负责的是哪一方面,都必须抓住自己工作的实质,当机立断,今日之事今日做。只有这样,成功才会垂青于你。

许多事情若能立即动手去做,那么,你将能感觉到更多的快乐,成功的概率也会大大增强;但如果你做事拖延,愚蠢地去满足"万事俱备"的先行条件,在实现目标的过程中不但会更加艰辛,更会失去本应得到的快乐和满足。

时间是不能替代的,所以世上没有任何人可以把明天当作今天过。清朝人文嘉写的《今日歌》,虽然文采一般,但被后人吟诵至今,具有非常重要的意义。

今日复今日,今日何其少!
今日又不为,此事何时了?
人生百年几今日,今日不为真可惜!
若言姑待明朝至,明朝又有明朝事。
为君聊赋《今日诗》,努力请从今日始!

在世界历史中，再没有别的日子比"今日"更伟大，"今日"是各时代文化的总和。"今日"是一个宝库，它蕴藏着过去各时代的精华。每个发明家、发现家、思想家，都曾将他们努力的成果奉献给"今日"。

今日的物理、化学、电器、光学等科学的发明与应用，已把人类从过去简陋的物质环境中挽救出来。今日的文明，已把人类从过去的不安与束缚的环境中解放出来。今日一个平常人可以享受的安乐，简直可以超过一世纪以前的帝王。

有些人往往有"生不逢时"的感叹。以为过去的时代都是黄金时代，只有现在的时代是不好的。殊不知，凡是构成"现在"世界的一分子的，才是真实的世界，每个人都必须真正地生活在"现在"的世界里。我们必须去接触、加入现在生活的洪流中，必须纵身投入现在的文化巨浪。我们不应该生活于"昨日"或"明日"的世界中，把许多精力耗费在追怀过去与幻想未来之中。

一个人能够生活于"现实"之中，而又能充分利用"现实"，他要比那些只会瞻前顾后的人有用得多，他的生活也会更成功、更完美。

如果你现在还住在茅屋之中，那么赶紧下定决心，努力改善你现在所住的茅屋，使它成为世界上快乐、甜蜜的处所。而幻梦中的亭台楼阁与高楼大厦，在没有实现之前，不妨先将你的心神贯注于你现有的茅屋。这并不是叫你不为明天打算，不对未来憧憬，只是我们不应将目光过度地集中于"明天"，过度地沉迷于"将来"的梦想，反而将当前的"今日"丧失，丧失它的一切欢愉与机会。

人们常有一种心理,想脱离他现有不快的地位与职务,在渺茫的未来中,寻得快乐与幸福。其实这是错误的见解,试问有谁可以担保,今日不笑的人,明日一定会笑呢?假使我们有创造与享乐的本能,而不去使用,怎知这种本能,不在日后失去作用?

享誉世界的我国著名书画家齐白石先生,90多岁后仍然每天坚持作画,"不叫一日闲过"。

有一次,齐白石过生日,身为书画界的一代宗师,学生和朋友也就特别多。许多人都来祝寿,从早到晚客人不断,因此,齐先生未能作画。

第二天,齐白石先生一大早就起来了,顾不上吃饭,他就赶紧走进画室,一张又一张地画起来,连画5张之后,他终于完成了自己规定的今天的"作业"。在家人反复催促下吃过饭后,他又继续画了起来,家人觉得非常疑惑:"您已经画了5张,怎么又画上了?"

"昨天生日,客人多,没作画,今天就该多画几张,以弥补昨天的'闪过'呀。"说完,齐白石先生又认真地画了起来。

齐白石老先生就是这样抓紧每一个"今天",也正因为这样,他也才有了充实而光辉的一生。

1871年春天,一个年轻人拿起一本书,并且看到了改变他一生的一句话:"最重要的就是不要去看远方模糊的,而要做手边清楚的事。"

在这之前,他只是蒙特瑞综合医院的一名医科学生,他的生活总是充满了忧虑,他几乎无时无刻不在担心,"怎样才能通过期末考试,该到哪去,怎么才能更好地生活"。

之后,他成为了那一时代最有名的医学家,并创建了全世界知名的约翰霍普金斯医学院,成为牛津大学医学院的钦定讲座教授——这是在英帝国学医的人所能得到的最高荣誉。同时,他还被英国国王册封为爵士。他的名字就是威廉·奥斯勒爵士。

42年后,在一个温和的春夜,威廉·奥斯勒爵士对耶鲁大学的学生发表了一次别开生面的演讲。他对那些耶鲁大学的学生说,像他这样一个曾经在4所大学当过教授,写过一本很受欢迎的书的人,似乎应该有"特殊的头脑",但其实不然。他的脑筋其实是"最普通不过了",只是这样,学生们更加好奇了,他的成功秘诀究竟是什么?

其实,原因很简单,他总是踏实地活在"一个完全独立的今天"里。

在奥斯勒爵士到耶鲁大学去演讲的几个月前,他乘着一艘很大的海轮横渡大西洋,看见船长站在船头指挥室里,按下一个按钮发出一阵机械运转的声音,然后,船的几个部分就立刻彼此隔绝开来——隔成几个完全防水的隔舱。

于是,奥斯勒爵士对那些耶鲁的学生说:"你们每一个人,组织都要比那条大海轮精美得多,所要走的航程也要远得多。因此,我要提醒各位,你们也要学着怎样控制一切,而活在一个'完全独立的今天'里面,用铁门把过去隔断——隔断那些死去的昨天;按下另一个按钮,用铁门把未来也隔断——

隔断那些尚未到来的明天。然后你就保险了——你有的是今天……切断过去，把已死的过去埋葬掉；切断那些会把傻子引上死亡之路的昨天……明日的重担，加上昨日的重提，就会成为今日最大的障碍！要把未来像过去一样紧紧地关在门外……未来就在于今天……没有明天这个东西，人类的救赎日就是现在，精力的浪费、精神的苦闷，都会紧随着一个为未来担忧的人……那么把船后的大隔舱都关断吧，准备养成一个好习惯，生活在'完全独立的今天'里。"

要做到"绝不拖延"、今日之事今日毕，很不容易，因为这样难免会发生失误。然而，"今日之事今日做"的态度，却是个人价值的一部分。养成了绝不拖延的习惯也就掌握了个人进取的秘密。

生活在今天，从现在开始！做现在的事情。因为，只有现在才有成功。

【西点寄语】
一个人能够生活于"现实"之中，而又能充分利用"现实"，他要比那些只会瞻前顾后的人有用得多，他的生活也会更成功、更完美。

养成日事日清的好习惯

西点军校的教官们教导学员，无论做什么事情，都绝不拖到第二天，而是应该养成日事日清的好习惯。

任何一个人，如果能够养成日事日清的良好工作习惯，那么他将一生受益无穷。一个有着日事日清习惯的人，他的魄力、能力、工作态度及负责精神都将会为他带来巨大的收益；一个有着日事日清习惯的领导，不但会感染自己的属下与他一同改进日常的工作，还能让他的事业每天都有新进展。

英国的一家公司被一家日本企业兼并了，在兼并合同签订的当天，新公司的老总就开会宣布："声明一下，我们不会随意裁员，但是，如果你的日语水平太差劲，导致无法和其他员工沟通，那么我们就不得不辞退你。这个月底我们将进行一次日语水平测试，只有测试合格的人才能留在这里继续工作。"会议一散，几乎所有员工都拥向了图书馆，他们这时才意识到要赶快补习日语了。只有一位员工和平常一样直接回家了，而且每天如是，同事们都认为他已经准备放弃这份工作了。但是，当月底测试结果出来的时候，让同事们大吃一惊的是，这个在大家眼中必定没希望的年轻人却得了全公司的最高分。

原来，这个年轻人在大学刚毕业来到这家公司之后，就已经认识到自己身上有很多不足。从那时起，他就有意识地开始了自身能力的储备工作。工作虽然很忙，但他却每天坚持提高自己。作为一个销售部门的普通员工，他看到公司有很多日本客户，可他自己又不会日语，每次与客户的往来邮件与合同文本都要公司的翻译帮忙，有时翻译不在或兼顾不上时，自己的工作就无法开展。因此，他早早就开始自学日语了。同时，为了在与客户沟通时能把公司产品的技术特点介绍得更为详细一点，他还向产品开发部和技术部的其他同事学习相关的专业知识。

有同事问他："这可需要大量的时间啊，你是怎样解决学习与工作之间的矛盾的呢？"这位员工笑着说："只要每天记住10个字，一年下来我就会3600多个字了。同样，我只要每天学会一个技术方面的小问题，用不了多久，我就能掌握大量的技术了。"

这位年轻人正是凭着每天记住几个字、每天进步一点点的习惯，让自己脱颖而出的。日事日清、每天进步一点点，这些都是良好的工作习惯，是成功的人生战略。无论对于精神生活、物质生活的追求，还是对于事业成功的追求都是这样。

布留索夫曾说："如果有可能，那就走在时代的前面；如果不可能，那就同时代一起前进，但绝不要落在时代的后面。"

人的躯体之所以能够保持健康活泼，就是因为人体内的血液时刻在更新。只有不断地从工作过程中学习吸取新思想，不断地提高自己的思考能力，才能在工作中获得不断改进的方法。

歌德曾说："只有投入，思想才能燃烧。一旦开始，完成在即。""绝不拖延，立即行动"这句话是最为惊人的启动器，无论什么时候，当你觉得拖延的恶习正逐渐地向你靠拢，或当这个恶习已迅速把你缠住，让你无法动弹时，就不妨用这句话来警醒自己，让自己在一分钟之内就行动起来。

如果能用"日事日清"的原则来管理与运行我们的工作，将会减少许多无谓的麻烦，避免许多不必要的过失。

【西点寄语】

如果有可能，那就走在时代的前面；如果不可能，那就同时代一起前进，但绝不要落在时代的后面。

立即行动，绝不拖延

西点军校最重要的一条军训就是：立即行动，绝不拖延。毕业于西点的艾森豪威尔将军的一句话最能代表西点的这种行动精神，他说："任何语言都是苍白的，你唯一需要的就是执行，一步实际行动比一打纲领更重要。"

华裔科学家，电脑行业的先驱者王安先生童年的一段经历让他铭记终生。

一天，6岁的王安外出玩耍，发现了一只嗷嗷待哺的小麻雀。他决定带回家喂养，走到家门口，忽然想起未经妈妈允许。他便把小麻雀放在门后，进屋请求妈妈。在他的苦苦哀求下，妈妈答应了。但是，当王安兴奋地跑出去后时，小麻雀已不见了，看到的是一只意犹未尽的黑猫。

由此可见，"万事俱备"固然可以降低出现意外情况的概率，但致命的是，它会让你失去成功的机遇。企盼"万事俱备"后再行动，你的工作也许永远没有"开始"。世间永远没有绝对完美的事。"万事俱备"只不过是"永远不可能做到"的代名词。

很多人对等待"万事俱备"的人表示不屑一顾，这是非常有道理的，等待会让你失去许多机会。而一旦你动手去做，那么情况就相反——很多机会在等着你。从某种意义上讲，"万事俱备"还是个"窃贼"，它会窃取你宝贵的时间和机遇，让你的工作不能迅速、准确、及时地完成，从而毁掉你走入老板视线的机会。

你若想以积极者的面目出现，就赶快让自己摆脱"万事俱备"的旋涡，即刻去做手中的工作吧。只有"立即行动"，才能抑制"万事俱备"的"第三只手"，把你从"万事俱备"的陷阱中拯救出来。

立即行动吧，这种态度还会消减准备工作中一些看似可怕的困难与阻碍，引领你更快地抵达成功的彼岸。

有个农夫新购置了一块农田，可他发现在农田的中央有一块大石头。

"为什么不铲除它呢？"农夫问。

"哦，它太大了。"卖主为难地回答说。

农夫二话没说，立即找来一根铁棍，撬开石头的一端，意外地发现这块石头的厚度还不及30厘米，农夫只花了一点儿时间，就将石头搬离田地。

也许，在开始的时候，你会觉得做到"立即行动"很不容易，因为这样难免发生失误。但最终你会发现，"立即行动"的工作态度，会成为你个人价值的一部分。当你养成"立即行动"的工作习惯时,你就掌握了个人进取的秘诀。当你下定决心永远以积极的心态做事时,你就朝自己的成功目标迈出了重要一步。

立即行动吧!行动会让你不断地发现惊喜,超越自我。

【西点寄语】

当你养成"立即行动"的工作习惯时,你就掌握了个人进取的秘诀。当你下定决心永远以积极的心态做事时,你就朝自己的成功目标迈出了重要一步。

第三章　身体是革命的本钱

坚强的体魄助你成功

据说最早在西点军校大力推广体育锻炼和运动项目的是西点最著名的五星上将校长麦克阿瑟，当时他提出了"每个军校学生都是运动员"的口号，他认为，体育锻炼能够培养西点学生坚忍不拔的性格、自我控制和快速反应的能力。1915年西点毕业生，美国五星上将布雷德利曾经说过："我的自我约束能力得益于长期进行长跑所锻炼的耐力。"

甚至有人认为，西点军校在体能上的关注度是和美国常春藤名校最大的区别，因为那些常春藤名校常常不可避免弥漫着一些颓废消极的情绪，但是在西点军校，所有学生必须是体能良好、性情积极的年轻人。不管学生文章多么有文采、学习成绩有多好，如果体能不达标就进不了西点军校；如果为人颓废放荡，则绝对没办法在西点熬到毕业。

健康的精神需要健全的体魄，这是西点军校所信奉的格言。

西点军校4年的学习中，体育训练贯穿始终。所有学生都需要修习：体育原理知识课程、身体素质基础训练课程、运动技巧课程等，并且需要在4年中参加各种大大小小的体育赛事。

西点军校中各种体育运动都由专门的机构组织，涉及的面非常广泛：曲棍球、网球、垒球、美式橄榄球、英式足球、篮球、拳击、手球、游泳、排球、摔跤，还有各种类型的跑步诸如短跑、越野跑和马拉松，等等。

西点基于其学生体能优势，当然经常参加各式各样的校际体育比赛，在31项校际体育赛事中，西点有二十几项都处于绝对的领先地位。也正因为这样，西点学生尤其重视体育赛事的结果，视此为他们荣誉感的重要象征。

在我们国家，许多男孩常常以各种理由来拒绝参加或逃避学校组织的体育锻炼。而青少年正处于长身体的黄金时期，参加体育训练不仅使自己的身体更加强壮，而且还利于增高。西方国家的同学把锻炼当作是一种乐趣，因为一个学生要想在学校里受到欢迎，他必须有一样出众的才能，而这往往需要在崇尚力量和速度的比赛场上展现。成绩出众的文弱书呆子反而是被看成另类的弱势群体。健康的身体是革命的本钱，这是不变的真理。所以，一个男孩要想成功，就需要有一个健康的体魄。

锻炼的关键是自觉。如果你有改进身体状况的愿望，你就可以在任何地方运动。教室、宿舍、家里、上学路上，都是可能的锻炼场所。《头文字D》中的周杰伦，就是在帮老爸送货的过程中不经意地成了秋明山车神的。

如果说性格决定命运走向，那么健康的身体就如发动机，为我们完成人生提供着绵绵不绝的动力。美国加州州长阿诺·施瓦辛格在自己的书里说："要肌肉增长，你必须有无穷的意志力，你必须忍受痛苦。你不能可怜自己、稍痛即止，你要跨越痛苦，甚至爱上痛苦，别人做十下的动作，你要加倍磅数做足二十下。你要用不同的方法，从不同的角度去'震撼'你的每一组肌肉，令它无法不强壮，无法不结实。不要松懈，不要懒惰，没有坚忍不拔的意志，你无法取得成功！"

埃内斯托·格瓦拉是近代最伟大的传奇革命英雄，最著名的军事家，他出生在阿根廷第三大城市罗萨里奥。他的父亲是阿根廷的著名医师，母亲则是社交名媛。他大学毕业后参加古巴起义军，是古巴党和国家的主要领导人之一，后又投身于非洲、南美洲的游击战争，甚至到了今天，他的头像都还被印在青年人的T恤上。

格瓦拉非常喜爱读书，尤其喜欢读文学名著。遇事很有主见，而且意志力很强。格瓦拉小时候身体很弱，经常伤风感冒。在格瓦拉两岁生日的前夕，他的哮喘病第一次发作，犯起病来，就喘得透不过气来，非常难受。由于疾病的缘故，格瓦拉没办法像正常的孩子一样上学，他只在学校上了两三年学，他的老师就是他的母亲。

为了使自己的身体强壮起来，格瓦拉暗下决心，一定要好好锻炼身体，努力战胜疾病。

格瓦拉的父亲培养了儿子对于体育的热爱，并且使他相信，顽强的毅力可以令他战胜病痛带来的种种困难。格瓦拉的父母都热爱体育，喜欢大自然，这种爱好也影响了他们的孩子。在运动时，埃内斯托表现得很吃力，可他总是能坚持到最后，在不断的游泳、登山和骑马中，他的病情稳定了不少。

按照医生的嘱托，哮喘病人是不能做剧烈运动的。可是格瓦拉却每天坚持锻炼，他注意循序渐进，逐步增加运动量。他在外出锻炼中随身带上哮喘喷雾器，如果哮喘病发作了，就用哮喘喷雾器治疗一下，再继续锻炼。

格瓦拉练习体操，还练游泳，有时候还练习踢足球。

长期不懈的体育锻炼，终于使格瓦拉强壮起来了。他的胸部、背部、臂部、腿部的肌肉发达起来了，形成了肌肉块，身体也变得匀称健美了。那小小"男子汉"的形象，使许多少男少女都羡慕不已。

　　随着健康状况的明显好转，格瓦拉练习踢足球的时间越来越长了。有些小伙伴劝他多休息，少参加像踢足球这样的剧烈运动。可是格瓦拉却经常信心十足地走进足球场，他像战士一样冲锋陷阵，不怕疲劳，连续作战，苦练技术。很快，格瓦拉就成了一名出色的足球运动员。

　　说来也奇怪，随着格瓦拉体质的增强，他患伤风感冒越来越少，哮喘病也明显有了好转。

　　格瓦拉有了强健的体魄，这就为他长大以后投身解放运动和革命战争打下了坚实的基础。

　　锻炼不难，难的是坚持。总有这样或那样的主客观因素让你不能坚持，比如今天太冷或者太热，心情太差或者太好，作业太多，要准备考试……其实这是一个选择的问题。假如你觉得一样东西重要，你无论如何都会选择它，而把其他东西放在另外一边。

　　有的男孩常常以身体有病为由，逃避不喜欢的体育运动，这是不正确的，身体是"学习"的本钱。没有一个好的身体，再大的能耐也无法发挥。因而，再繁忙的学习，也不可忽视放松锻炼。有的男孩为了学习而忽视锻炼，身体越来越弱，学习越来越感到力不从心，这样怎么能提高学习效率呢？

　　站在领奖台上的体育明星是耀眼的，但你更应该看到他们在成功前的刻苦训练，因为运动素质的培养是一个漫长而艰苦的过程。意志是自觉地确定目的，根据目的支配、调节自己的行为并克服各种困难实现目的的心理过程。它是人类意识能动作用的表现，是人所特有的。意志总是在行动中表现出来，一个人的意志是坚强还是脆弱，都可在人的行动中观察到。

被誉为"西点之父"的西点军校第四任校长塞耶曾经说过："一个人身体上有力量，心理上也就有了依赖。"确实如此，健全的体魄对于人们健康的精神影响非常之大，人们说"身心"健康，身与心总是分不开的。

【西点寄语】

健康的身体是革命的本钱，这是不变的真理。所以，一个男孩要想成功，就需要有一个健康的体魄。

离垃圾食品和饮料远点

现在的孩子对洋快餐有浓厚的兴趣。下课后，经常可以看到穿着校服的学生三三两两坐在肯德基、麦当劳里吃着汉堡包、薯条，喝着加冰的可乐。

洋快餐有"三高"和"三低"的特点，所谓"三高"指高热量、高脂肪、高蛋白质，"三低"指低矿物质、低维生素和低膳食纤维。营养学家称其为"垃圾食品"。西方国家对此早有研究，认为其危害甚大，一些相关组织甚至提出了"把快餐赶出校园"的口号，报纸刊物上关于垃圾食品的危害的报道也屡见不鲜：

2002年11月，纽约肥胖儿童状告麦当劳，认为自己因长期食用洋快餐才变成了这副模样。

2003年1月29日伦敦出版的《新科学家》杂志报道，洋快餐可引起体内激素变化，引起上瘾。

华盛顿大学内分泌学家迈克尔·施瓦茨教授认为洋快餐可引起体内激素变化，使食用者难以控制进食量。他在文章中指出："快餐生物效应的发现具有爆炸性的意义，发胖的原因不能归结为肥胖者没有自我控制能力。"

制作某些洋快餐的油并非传统使用的植物油，而是氢化油，即把植物油加氢生产出的油。哈佛大学公共卫生学院营养学系主任威利特教授1991年提出这样的观点，将天然植物油加氢后生产的氢化油对健康有害。氢化油中含一些自然界本不存在的反式脂肪酸，反式脂肪酸会对人体内分泌系统造成不良影响。

此外，孩子们还喜欢喝碳酸饮料，有些孩子甚至用汽水代替白开水。碳酸饮料的危害显而易见，其中含有大量的色素、添加剂、防腐剂等物质，对身体没有任何益处。有些男孩认为碳酸饮料"解渴"，其实不是这样。碳酸饮料中所含的诸多成分在体内代谢时需要大量的水分，并且一些碳酸饮料中含有的咖啡因，有利尿作用，所以喝碳酸饮料非但不会解渴，还会越喝越渴。

碳酸饮料也是造成龋牙的最重要的饮食来源之一。饮料中的酸性物质、有酸性糖类副产品会软化牙釉质，促进牙齿龋洞形成。肥胖、消化不良、骨质疏松，也是碳酸饮料爱好者们的常见病症。

男孩要想健康，应离垃圾食品和碳酸饮料远点。

【西点寄语】

男孩要想健康，应离垃圾食品和碳酸饮料远点。

到大自然中呼吸新鲜空气

某地有个远近闻名的长寿村，那里环境幽美，树木茂盛，空气清新，泉水甘甜。据说，在这个小村庄，百岁以上的老人就有50多人，下地干活的八旬老翁屡见不鲜。

后来有位健康专家到那里做了深入调查后，得出的结论是：这儿之所以生病的人少，长寿的人多，全都是大自然的恩赐。

大自然是造物主赐给人类的最高享受，谁能与大自然亲近，谁就能拥有健康。男孩应该多到大自然中玩一玩、跑一跑。

中国唐代伟大诗人杜甫，他一生热爱大自然，并把大自然当作最好的医生。他曾经写过这样的一首诗："清江一曲抱村流，长夏江村事事幽。自去自来堂上燕，相亲相近水中鸥。老妻画纸为棋局，稚子敲针作钓钩。多病所需唯药物，微躯此外更何求。"

这首诗的大意是：人有了病之后，不要精神萎靡不振，更不要失去生活的信心，自寻烦恼。要去环境幽静的地方散心解闷，看一看自由自在的飞燕，相亲相爱的鸥鸟，寻找生活中的乐趣，这样便可心悦而减少疾病。另外，要治病，除了吃药外，还可以下棋以怡心，钓鱼而抒怀。

阳光和雨露是上天赐给人们的最美妙的事物之一，是现有的最好的也是最便宜的天然医疗和健康手段。阳光有利于增加人体养分和能量，它给人类的生存提供了必备的生态环境，它把温度和湿度调节到生命所需的程度。人体每天所需求的维生素D大概是1400个单位。沐浴几分钟的阳光，所获得的维生素D就会高于一天的所需量。维生素D加上适当的钙和磷，能使人体骨骼挺拔与健壮。此外，适量的紫外线还是非常好的消毒工具。而雨露则是自然孕育的精华。常识告诉我们，有雨露之时，空气也格外的清新爽美。在肺结核和不治之症的年代，医生们常常会提议患者用自然疗养法进行辅助治疗：每天留出一定的时间，将自己融入大自然中，在阳光下漫步，在雨露中呼吸。

身处大自然时，人们都会情不自禁地做深呼吸的动作，想尽情地吸入大自然的清新，呼出胸中压抑已久的污浊。

中国有句古谚：掌握呼吸，行沙土而不留足迹。从这句古谚中可以说明，古代人就知道正确的呼吸能增进生命的活力。为此，在大自然中掌握正确呼吸的方法，对身体的健康是很有价值的。当男孩遇到不高兴的事情或情绪很低落时，不要封闭在屋子里，应当走出去，到树林或公园中做几次深呼吸。

可以闭上双眼，暂时忘掉之前的不快，想象着身边布满了鲜花，彩蝶在花间飞舞，阳光照射在树林上，光线透过叶子的缝隙在草地上映出斑驳的影子。吸一口气，再慢慢呼出来。这样做，能够促进血液循环，增加体内供氧，增强肺活量。这时，你就会感到松弛，不那么紧张了。你会不再皱眉头、发脾气，而是胸宽郁解、轻松愉快地微笑了。深呼吸可以使自己的精神状态得到改善，学习效率得到提高。

现在城市里的男孩在钢筋混凝土构筑的高楼以及防盗门里，在家长的过分呵护和溺爱下，在电视、音响、电子游戏、电脑所制造出来的"狭小空间"中，逐渐丧失了亲近大自然的本性。这犹如在动物园中长大的野生动物，失去了自然生态条件，就势必会失去许多野性和本能，而且性格也变得乖张。所以，要多到大自然中走一走。

【西点寄语】

正确的呼吸能增进生命的活力。为此，在大自然中掌握正确呼吸的方法，对身体的健康是很有价值的。

让男孩选择适合自己的运动

"橘生淮南"的典故我们都知道，说的是同样的橘子分别生长在淮河的南北，结果味道变得不一样，这是因为它们生长的地方不同，因此土壤、气候、水质也不一样，所以会发生一定的变化。

其实，男孩的身体也一样。不同的男孩生在不同的地方，有着不同的饮食习惯和身体素质。而且男孩们所处的年龄阶段也不同，因此在进行体育锻炼的过程中，身体能承受多大的运动量，自己比较适合哪种运动也是有所不同的。所以，男孩子进行体育锻炼时，一定要遵循自身的生长发育规律来选择适合自己的运动。

6岁以下男孩的运动要以游戏性项目为主，也可以利用各种玩具进行游戏，例如骑童车、玩皮球等，通过这些运动就能起到锻炼身体的作用。6～10岁的男孩应该选择那些能够增强身体平衡性、灵敏性的项目，如游泳、体操等。10岁以上的男孩要进行有利于生长发育的运动，可以参加田径运动，例如短跑、跳高等，这可以有效地训练身体的灵敏性和速度，促进机体的反射活动；另外可以扩展胸廓、促进呼吸、增强机力和神经机能，并可提高身体的抵抗力，有助于塑造健美体型。13～14岁以上的男孩，可以参加各种球类活动，如篮球、足球等。

另外，身体强壮的男孩可以做一些跑步、跳高等活动。天生体质不好的孩子，要予以宽慰，告诉他不要因为自己的身体不好、不能和小朋友们一起跑跳而感到沮丧，可以做一些伸展运动来锻炼身体，例如广播体操、慢步走等。用不了多久，男孩的身体健康程度就会逐渐赶上其他小朋友。

【西点寄语】
　　男孩的身体也一样。不同的男孩生在不同的地方，有着不同的饮食习惯和身体素质。而且男孩们所处的年龄阶段也不同，因此在进行体育锻炼的过程中，身体能承受多大的运动量，自己比较适合哪种运动也是有所不同的。所以，男孩子进行体育锻炼时，一定要遵循自身的生长发育规律来选择适合自己的运动。

早睡早起，养成良好的作息习惯

　　只有早睡早起，才能保证身体健康。而且我们也能感觉到，如果前一天晚上有一个良好的睡眠，第二天就会感到精力非常充沛。

　　其实，睡眠就像空气、阳光、水分一样，是体内不可缺少的"营养"。对于正处在生长发育期的男孩来说，每天保证 9 小时的睡眠是很有必要的。

　　但是，有的男孩子会说，我已经养成熬夜看电视、早晨睡懒觉的习惯了，怎样才能改掉不好的作息习惯呢？

　　可以为自己制定一个作息时间表，然后严格按照表上时间要求自己的作息。每天 21 点之前要上床睡觉，并设定闹钟，让它叫自己起床。如果实在起不来，可以把闹钟设定得早一点，让自己有一段缓冲的时间。

　　另外，如果男孩刚刚被闹钟叫醒后感到身体很不舒适，可以下床做少量的运动，比如弯腰、伸腿、转动手腕等，这可以帮助自己尽快清醒过来。

男孩能长高很大程度上取决于睡眠的质量,那么如何给男孩一个良好的睡眠呢? 其实睡眠环境很重要,因为噪声、缺氧以及环境污染等,都会影响孩子的睡眠质量。 所以,我们应该尽量使孩子所处的环境优美、安静、空气流通、光照适宜,有合适的湿度和温度,保持清洁卫生等。 以下环境因素,对男孩睡眠质量的提高有一定益处:

1. 环境绿化好

一个良好的环境应该是树木成荫、绿草如茵,身处其中能够使人心旷神怡、精神振奋,有利于提高睡眠质量。 这是因为绿色植物细胞中的叶绿素,通过光合作用吸收空气中的二氧化碳,放出氧气,而孩子的脑组织对氧的需要量约占全身的20%。 环境绿化得好,就等于增加了空气中的含氧量。 如果空气中有充足的氧气,就可以使孩子的头脑清醒,心情舒畅,睡眠质量好,学习效率高,对身体健康有利。

绿色植物能防尘,消除噪声,可以净化空气,保持环境安静,还可调节空气温湿度,使空气湿润,温度宜人。 绿化较好的环境中,除氧气含量较高外,还有大量阴离子,它对大脑皮质的影响非常明显,可以对其兴奋和压抑有充分的调节作用,从而可使自己睡得更好。

2. 环境安静

安静的环境是良好睡眠的基本条件之一,嘈杂的环境,会使男孩的心情无法平静而难以入眠,所以卧室窗口应避免朝向街道闹市,如果朝向街道,也可以加上隔音设施。

噪声不仅损伤听觉，对神经系统、心血管系统等其他系统也有不良影响。研究发现，较强的噪声长时间作用后，除可导致听力下降外，还可引起头晕、头痛、耳鸣、失眠、乏力、记忆力减退、血压波动及心律失常等症状。因此，防止噪声污染，保持环境安静，对提高睡眠质量，保护身体的健康，有着十分重要的意义。

3. 温度、湿度适宜

温度在18℃～22℃时，最有利于男孩的学习、生活，如果室内外的温度过高，就会影响大脑活动，增加身体的耗氧量。夏日的居室如果条件允许，可以安装空调或者电风扇来调节室温，从而改善睡眠。空气的湿度太大或过于干燥也不利于健康，会感到不适，不利于正常的生活。

如果居室的湿度太大，可以通过通风、光照或安装去湿设施来调节。如果过于干燥，则可以直接在地板上洒一些水，或在睡觉前取一盆凉水放在床头。这样可以保证男孩在一个温度、湿度都适中的环境中生活起居。

【西点寄语】

睡眠就像空气、阳光、水分一样，是体内不可缺少的"营养"。对于正处在生长发育期的男孩来说，每天保证9小时的睡眠是很有必要的。

第七篇

西点军校送给男孩的第七份礼物：要心怀远大志向

第一章　理想决定发展方向

用明确的目标点亮梦想的灯塔

西点军校校友、著名企业家威廉·B.富兰克林曾说过："有了奔向梦想和目标的动力，人生才有成功的可能。"西点军校的教育强调：每个人都应该用明确的目标点亮梦想的灯塔。有了梦想，有了目标，才会有行动的动力。如果男孩有了明确的目标，就会努力去实现自己的梦想。

　　潘兴是美国著名军事家、陆军上将，又称"铁锤将军"，出生于密苏里州林恩县拉克利德。1886年他在西点军校毕业后，曾到美陆军骑兵部队任职。他梦想成为指挥千军万马的著名将领。
　　在第一次世界大战同盟国与协约国斗得筋疲力尽之时，美军踏上欧洲的土地。他们的使命就是帮助英法军队击败德军。但潘兴却不急于投入战斗，而是认真地进行战前训练，这可把在堑壕里苦战的英国人和法国人急坏了。谁知潘兴却说："我不知道德国人的想法，我只知道没有受过训练的士兵打不了仗！"这时候的潘兴，只是紧盯着自己训练士兵的目标，根本无暇顾及别人的想法。
　　当潘兴率领美国远征军边开进、边训练地抵达战区后，他的英法同行才真正意识到他的厉害。英法原来打算只将美军作为加强力量使用，不给其独立指挥权，只让美国扮演配角，但潘兴识破了英法的政治意图。

在一次联军会议上，他当着英国首相劳合·乔治和法国总理克里孟梭的面，申明美军必须有独立的作战方向，自己必须独立地指挥美军作战，说完，他拂袖而去。

在他的积极争取下，英法只得同意美军保持战场上的独立性。潘兴的战略意识换取了独立作战的指挥地位，为一战后美国在国际事务中建立自身的军事地位奠定了坚实的基础。因此，当他作为一名具有战略家眼光的英雄凯旋归国时，潘兴受到了美国民众的热烈欢迎，并被授予美国开国以来头一个陆军特级上将军衔。

这就是西点人用梦想推动目标实现的例子，西点人都是用目标来强化自己的梦想，最终将自己的梦想变成了现实。所以，男孩，你要明确你的目标是什么，然后再用你的目标点亮你的梦想，最终才会梦想成真。

新东方大学校长俞敏洪说，小时候他父亲做的一件事情一直到今天还让他记忆犹新。父亲是个木工，常帮别人建房子，每次建完房子，他都会把别人废弃不要的碎砖乱瓦捡回来，或一块两块，或三块五块。久而久之，他家院子里多出了一个乱七八糟的砖头碎瓦堆。一天，他父亲在院子一角的小空地上开始左右测量，开沟挖槽，和泥砌墙，用那堆乱砖左拼右凑，一间四四方方的小房子居然拔地而起，干净漂亮地和院子形成了一个和谐的整体。父亲把本来养在露天里到处乱跑的猪和羊赶进小房子，再把院子打扫干净，他家就有了全村人都羡慕的院子和猪舍。等到他长大以后，才逐渐发现父亲做的这件事给他带来的深刻影响。从一块砖头到一堆砖头，再到最后变成一间小房子，他父亲向他阐释了做成一件事情的全部奥秘。

一块砖没有什么用，一堆砖也没有什么用，如果你心中没有一个造房子的梦想，拥有天下所有的砖头也是一堆废物；但如果你只有造房子的梦想，而没有砖头，梦想也没法实现。在俞敏洪做事的时候，他一般都会问自己两个问题：一是做这件事情的目标是什么，因为盲目做事情就像捡了一堆砖头而不知道干什么一样，会浪费自己的生命；第二个问题是需要多少努力才能够把这件事情做成，也就是需要捡多少砖头才能把房子造好。

他生命中的三件事证明了这一思路的好处。第一件是他的高考，目标明确：要上大学，第一、第二年他都没考上，他的砖头没有捡够，第三年他继续拼命捡砖头，终于考进了北大；第二件是他背单词，目标明确：成为中国最好的英语词汇老师之一，于是他开始一个单词一个单词地背，在背过的单词不断遗忘的痛苦中，他父亲捡砖头的形象总能浮现在他眼前，最后他终于背下了两三万个单词，成了一名不错的词汇老师；第三件事是他做新东方，目标明确：要做成中国最好的英语培训机构之一，然后他就开始给学生上课，平均每天给学生上6到10小时的课，很多老师倒下了或放弃了，他没有放弃，十几年如一日。每上一次课他就感觉像多捡了一块砖头，梦想着把新东方这栋房子建起来。到今天为止他还在努力着，我们已经看到了新东方这座房子就屹立在中关村。

同样，男孩只有确立明确的目标，梦想才有实现的可能。

西点教育非常注重学员梦想和目标的确立，要想让男孩成长为一个用目标推动梦想的人，男孩必须知道：明确的目标是点亮梦想的灯塔。

有的男孩，过分重视自身价值的实现，或是一味考虑自己从社会中得到了什么，而不在意自己为社会做出了什么贡献。只有为社会做出了自己的贡献，才能享受社会为自己提供的各种条件。

勇于表达自己的内心感受，要用自己的价值观判断是非，相信自己有能力去实现所追求的目标，而不是只能通过竞争来体现自我价值。自己在尽了最大努力之后，能做一个继续努力的赢家或是毫不气馁的输家，而不是过分注重竞争本身。

【西点寄语】

男孩，你要明确你的目标是什么，然后再用你的目标点亮你的梦想，最终才会梦想成真。

永远都要坐第一排

西点人明白，唯有卓越的成绩可以说明一切。所以，西点的教官十分注重向学员们灌输卓越的意识，让所有的学员明白，只有全力以赴、勇夺第一、"永远都坐第一排"，才能带来荣誉。

在这个人才辈出，竞争激烈的世界，想坐在第一排的人不少，真正能坐在第一排的人却总不会很多。许多人所以不能坐到"第一排"，就是因为他们把"坐在第一排"仅仅当作一种人生理想，而没有真正付诸具体行动。

理查·派迪是运动史上赢得奖金最多的赛车选手。他第一次赛完车回来向他母亲报告赛车结果时的情景对他以后的成功影响很大。

"妈！"他冲进家门叫道，"有35辆车参加比赛，我跑了第二名。"

"你输了！"他母亲回答道。

"但是，妈！"他抗议道，"您不认为我第一次就跑个第二是很了不起的事吗？特别是这么多辆车参加比赛。"

"理查！"她严厉道，"你用不着跑在任何人后面！"

在接下来的20年中，理查称霸赛车界。他的许多项纪录到今天还保持着，没被打破。他从未忘记母亲的教诲："理查，你用不着跑在任何人后面！"

是的，"你用不着跑在任何人后面！"一旦你从内心决定要得第一，那么你就会有更大的动力。

在生活中你敢不敢说"我是第一"？回答这个问题并不困难。如果你是个渴望成功的人，并且是个认识到以个性为中心是成功的基础的人，会回答："当然，我就是第一。"如果想保持一点谦虚的绅士风度，你也可以回答"不是第一"，但要不失时机地补上一句，"是并列第一"。

为什么一定要是第一呢？因为你本来就是第一。至少，你要在意识中播种争第一的信心。

无数受人尊敬的成功者，都曾宣称自己是第一。是不是第一无须深究，关键是他们的确取得了个人成功。

虽然，人类永远不能达到完美，但在追求完美不断增强自身实力的过程中，那种永争第一，永远在别人面前抢先一步的信念，会促使我们不断登峰，而我们也会朝着一个又一个胜利奔去！

【西点寄语】

人类永远不能达到完美，但在追求完美不断增强自身实力的过程中，那种永争第一，永远在别人面前抢先一步的信念，会促使我们不断登峰，而我们也会朝着一个又一个胜利奔去！

心有多大，舞台就有多大

在现实生活中，我们很容易就知道自己从何而来，关于自己的历史与过去，我们虽算不上如数家珍，但也都有清晰的记忆；我们也不难弄明白自己身在何处，自己在做什么，因为每个当下都是非常短暂的，随随便便就能够捕捉得到。但是，这些过去的我、现在的我，这些历史的存在以及日复一日的今天往往束缚了我们的眼界，把我们困在当下，好像围着磨盘转的驴子，并且总在一个地方打转。而且这个磨盘，很多时候都是我们自己划定的。

然而，西点军校告诉孩子，不要被那无形的线给圈住，永远围着磨盘转；不要给自己贴上什么标签，你现在是某种身份并不代表你永远都会是这种身份；不要被过去和现在的我束缚，过去的你不代表今天的你，今天的你也不是未来的你。千万不要把自己固定在一个小圈子里，很多时候，是我们自己把自己框定在一个小圈子里面了。把所谓的条条框框、各种标签还有无谓的边界都抛弃，你就会发现：你的心有多大，人生的舞台就有多大。

有这样一个故事：

世界级大富豪洛克菲勒曾经过着非常贫穷的生活。有一天，他向一位心仪的女孩求婚，竟然被对方的父母无情地拒绝了。他们还非常刻薄地说："我们绝对不会把女儿嫁给你这种穷光蛋、乡巴佬！"

为了帮助家里的生计，洛克菲勒不得不在16岁结束高中学业到城里去打工。在城里流浪了一段时间，他没能找到工作，于是又被父亲赶回了乡下。

虽然过着如此悲惨的生活，但洛克菲勒从来没有想过要放弃自己的梦想，他暗暗地发誓有一天一定要成为有钱人。生活越是穷困，他对梦想的渴望越强烈。他还曾对朋友们发誓说："总有一天，我会赚很多钱，够我买很多的名牌衣服！"那时在他脑海里始终盘旋着一个念头："我一定要赚到10万美元，不管将来怎么样，我一定要成为了不起的人物！"梦想把洛克菲勒从悬崖边拉了回来。在被父亲赶回乡下的第二天，他又偷偷地回到了城市，来到曾经被拒绝过很多次的一家公司，要求他们再给自己一个机会。终于，那家公司的老板被他的热情和意志力所感动，决定雇用他。

进入公司后，胸怀梦想的洛克菲勒比谁工作都努力，他每天都提早到公司，而且经常加班到晚上11点。他的表现最终受到肯定，公司决定栽培他。而一心想成为富翁的他，5

年后还是离开了这家公司，选择了自己创业。

对于青少年时期的洛克菲勒来说，成为富翁是个非常不切实际的梦想。当这个没有工作、整天为了填饱肚子而发愁的穷光蛋喊着将来要赚10万美元的时候，有谁会当真呢？但是，有一天他的梦想竟然成了铁一般的现实。

洛克菲勒在30岁时已经赚到100万美元；43岁时，他的公司成为当时美国最大的石油公司；53岁时，他变成全世界最富有的人。曾经一度，他的资产总额竟然比美国一整年的财政收入还要多。

很多男孩都想树立远大的梦想，但是他们也认识到要树立梦想就得认清现实。 在生活中，经常有人为自己梦想渺小做辩解："因为我是一个脚踏实地的人。"

事实上，当我们站在现实的角度来树立梦想，我们心底最真的梦想就被遗弃了。 这样树立的梦想，并不是我们真正渴望实现的。 与其说它是梦想，还不如说这是随着时间的流逝，自然会发生的事。

有一天，一名园艺设计师向雇用他的富豪请教："先生！我看您的事业越做越大，光是您家里的花园就比普通人家的房子大上好几倍，看了真叫人羡慕。您是一棵根基稳固、越来越茁壮的大树，而我就像是树上的一只蝉，一生都只依附在树上，连片树叶都不如，实在太没有出息了。请您教我一点创业的方法吧！"

这名富豪一向宅心仁厚，他听后点点头说："好吧！我看你在园艺方面很有才华，经营这方面的事业应该会很得心应手。这样吧！我的工厂旁边有块 20000 坪的空地，我们就来种一些树苗吧！你知道一棵树苗的成本大约要多少钱呢？"

"40 元。"

富豪低头盘算了一下，接着说："好！如果以一坪地种两棵树苗来计算，扣除道路用地，20000 坪土地大约可以种 25000 棵树苗，成本刚好是 100 万元。三年后，树苗应该长得和人差不多高了，到那个时候，一棵树苗可以卖到多少钱？"

"我想，应该可以卖到 3000 块吧！"

"那太好了，100 万元的树苗成本与其中栽培所需的费用都由我来支付，你就全心全意地负责浇水、除草和施肥等工作。这样三年以后，我们就会得到相当多的利润，到时我们一人分一半。"富豪认真地说。

不料园艺设计师却连连摇头，富豪不悦地问道："你是觉得分到一半的利润还不够吗？"

"不，只是我没做过那么大的生意，"园艺设计师说，"这么大的数字，我连想都不敢想，我看还是算了吧！"

格局决定布局，布局决定结局。穷人总是不敢去设想更宏伟的目标，总是把关注的焦点集中于一些生活琐事，所以他们一生都在为生活奔波，在羡慕别人的"功成名就"，而富人考虑问题会从大处着眼，所以他们的事业会越做越大。

胸怀大志是获得成功的一条有效捷径。在生活中，你永远都有两个选择：要么往大里想，要么往小里想，也就是胸怀大志与目光短浅交锋。既然已经在思考未来,为什么不能往大里想想呢?这是你的选择。无论置身什么样的环境,没有什么人能够阻挡得了你心中的大志!

要知道,生活充满了无限的可能。今天的你也许还在一个普通的岗位上做着极其琐碎的整理工作,也许今天的你还在一个偏远的小镇安静地生活,但生活就是这么奇特,也许明天或者将来的某一天,你就可能走出去,开拓一片新的天地。所以要坚信,没有什么是不可能的。给自己一个机会,你会发现更广阔的天空。

【西点寄语】

胸怀大志是获得成功的一条有效捷径。在生活中,你永远都有两个选择:要么往大里想,要么往小里想,也就是胸怀大志与目光短浅交锋。既然已经在思考未来,为什么不能往大里想想呢?这是你的选择。无论置身什么样的环境,没有什么人能够阻挡得了你心中的大志!

第二章　只有行动才会带来结果

立即采取行动

人生光有目标还不行，必须行动。光说不练，纸上谈兵，拖延应付，肯定难以达成目标。成功的秘诀——立即行动。无论你现在决定做什么事，无论你设定了多少目标，你必须要立即行动。现在去做，马上去做，这是成功者所必备的品格。

雷厉风行的行动力是执行力的标志。在当今社会中，如果你希望争得一席之地，就必须果断行动。

在西点军校，每个学员的体能训练成绩都要计算入学业等级，学员们的平均学业积分都要作为排名的根据，而这个排名则决定着每个学员可供选择的军官职位的多少。始终，西点对每个学员的评价都是以实际行动的表现为基础的。一切都是以行动来说话，这是西点的评价标准。

成功的关键在于行动，无论多么美好的想法，没有行动都只能停留在虚幻之中，只能是一个愿望而非现实。成功的路上最难的往往不是确定目标，而是有了想前进的方向之后扎扎实实地向前走，把目标分解为一步一步的具体行动，将梦想变为现实。

马克·霍夫曼是 Commerce One 的创始人，他觉得对自己最大的影响来自西点，他一直遵守西点"立即行动"的准则。

马克·霍夫曼偶然听到一个消息：曾经生意兴隆的一家软件公司因为经济大萧条发生了危机，已经停业，该公司属于巴尔的摩商业信用公司所有，他们决定以70万美元将这家公司出售。

马克·霍夫曼想到一个不花自己一分钱就得到这家公司的创意。这个想法实在太美妙了，美妙得让他不敢相信，美妙得使他甚至准备放弃。但是，放弃的念头一出现，他就马上对自己说："立即采取行动！"于是马克·霍夫曼马上带着自己的律师，与巴尔的摩商业信用公司进行谈判。下面就是那场精彩的对话：

"我想购买你们的软件公司。"

"可以，70万美元。请问你有这么多的钱吗？"

"没有，但是我可以向你们借。"

"什么？"对方几乎不相信自己的耳朵。

马克·霍夫曼进一步说："你们商业信用公司不是向外放款吗？我有把握将软件公司经营好，但我得向你们借钱来经营。"

这是一个看来很荒诞的想法：商业信用公司卖掉自己的公司，不仅一分钱拿不到，还要借钱给购买者去经营。而购买者借钱的唯一理由则是自己有一帮很优秀的技术人员，能经营好这家软件公司。

商业信用公司经过调查后，对马克·霍夫曼的经营才能很有信心，于是奇迹出现了：马克·霍夫曼没有花一分钱，就拥有了一家自己的软件公司。之后，他将公司经营得十分出色，成了美国很有名的软件公司之一。

人与人最大的不同不在于有没有梦想，不在于有没有目标，关键就在于行动。想到就干，立即行动。一切的一切毫无意义——除非我们立即付诸行动。

不少人总是眼睁睁地看着到手的机会溜走了，这是什么原因呢？因为他们不敢行动，而且准备不充分，害怕失败；当他一切都准备充分了，时机已经过去了，如果再采取行动，已经没有任何意义。

注重行动的关键在于，不要怕有疯狂的想法，重要的是要立即行动，而不是拖延。无论什么事，只有自己去做，才可能知道能否成功。

比尔·盖茨的同学克拉克非常优秀，他能够预测到电脑发展广阔的前景。最开始，比尔·盖茨邀请他一起退学开发电脑软件时，克拉克认为这方面的知识不太丰富；当克拉克获得硕士学位的时候，比尔·盖茨已经创业成功；当克拉克获得博士学位，有了足够的能力开发软件时，比尔·盖茨靠开发 Windows 已经成为世界首富。因为比尔·盖茨看准一件事之后马上行动。

比尔·盖茨说过："想做的事情，马上去做！当'马上去做'从潜意识中浮现时，立即付诸行动。"

比尔·盖茨是这么说的，也是这么做的。自从比尔·盖茨进入湖滨中学那间小计算机房的那一天起，计算机对他就产生了一种无法抗拒的魅力。15岁，他就为信息公司编写过异常复杂的工资程序。

比尔·盖茨于1973年考入哈佛大学，攻读计算机专业。他常常在计算机房夜以继日地工作。

就如同苹果砸出牛顿的智慧似的，个人电脑突然出现在盖茨的脑海也是有一个外在的启发者,这就是1975年美国的《大众电子学》杂志,它封面上的一张Altair 8080型计算机图片点燃了盖茨的电脑梦。比尔·盖茨马上打电话给这份杂志的主编表示要给Altair研制Basic语言。接着盖茨与他的好友艾伦在哈佛阿肯计算机中心通宵达旦地工作了8周,研制出了Basic语言,从而开辟了PC软件业的新道路。

于是比尔·盖茨便产生了退学的想法,他希望能够跟艾伦一起创办一家软件公司,可是遭到父母强烈反对。比尔·盖茨当时认定了自己创业的想法,只有付诸行动,才能实现自己的梦想。

虽然他的父母想尽很多方法阻止盖茨创业,可是盖茨仍然坚持自己的想法,最终与好友艾伦一起创建了著名的微软公司。

假如当初比尔·盖茨有了很好的想法,但没有立即行动,那么就不可能获得现在的成就。 获得成功的人士都有一个共同特点——他们做事言出即行。 立即行动是现代成功人士的行为理念,任何规划和蓝图都不能保证你成功,很多人能取得今天的成就,不是事先规划出来的,而是在行动中一步一步经过不断实践和调整才获得的。

那么,作为男孩,该如何修炼自己言出即行的习惯呢?

(1)积极行动,不要等到"万事俱备"的时候再去做。

(2)在计划时间内完成工作。 充分利用有效的时间,去主动完成任务,并清楚在计划时间内完成任务的重要性。

(3)克服拖延的恶习,即刻就去做。 不要今天的事情不做完而放到明天或以后去做,其实在拖延之中所耗费的时间和精力,就足以把今天的工作做完。

(4)养成良好的工作习惯。遇到问题时,能当场解决就当场解决,切忌犹豫不决。

【西点寄语】

千万个梦想不如一个行动,立即行动起来,立即忙起来,立即做该做的事,就是立即向成功跨出了一步。成功属于行动者。

做好正在经手的每件事

做事拖延的军人不是一个好军人,做事拖延的员工不是一个好员工。拖延的恶习一点点腐蚀掉原本渴望成功的人士的热情、进取心以及责任感,而解决的唯一良方就是——立即行动起来。

她是一名普通的中学教师,平凡但是又不平凡。她有个梦想,就是能成为一名大学教师,所以,她十分珍惜时间,充分抓住每一分钟刻苦自学。

年幼的儿子总是看见母亲刻苦的身影,有着些许的不解。但是母亲常对儿子说的话,却的确影响了他一生。她总是对儿子说:"上天给你的生命不过是许多分钟,而且是有限的。从你出生的那一天开始,你就只有这么多分钟的生活,并且无时无刻不在减少。因此,你必须好好利用每一分钟。"

于是,儿子也开始时刻提醒自己要把握每一分钟。

最终,母亲通过自己的无数个一分钟的努力,成为了鲍灵格林大学的婚姻家庭系的副教授,而儿子则成为了世界著名的花样滑冰运动员,1981—1984年连续4次获得世界冠军,他的名字叫科特·汉密尔顿。

从前,有两个年轻人给木匠当学徒,白天的任务十分繁重。到晚上,一个学徒要学习,另一个就纠缠他,要他抛开书本,一起出去玩乐,但他拒绝了这种要求。晚上可用来学习的时间本来就很短,根本不够用,他要用来学习。外人几乎都知道,他在这零碎的时间里进行学习,已成了本行业的专家。

一天,报上登出一则招聘启事,为建造州立大厦征求最好的设计方案,奖金是2000美元。这位年轻的木工决定提出他的方案。他默默地工作着,并不担心自己能否成功、是否会遭到他人嘲笑。他提交了设计方案,结果他中了奖。在这之前,当他在学习钻研时,另一个学徒却在虚度光阴。现在,那个不知进取的学徒还在吃力地干着体力活,其劳动所得很难养活他的家人。

哲学家伏尔泰曾问:"世界上什么东西是最长的,而又是最短的;是最快的,而又是最慢的;是最易分割的,而又是最广大的;是最不受重视的,而又是最受惋惜的;没有它,什么事情都做不成;它使一切渺小的东西归于消灭,使一切伟大的事物生命不绝?"

智者查帝格回答:"世上最长的东西莫过于时间,因为它永无穷尽;最短的东西,也莫过于时间,因为人们所有的计划都来不及完成;在等待着的人看来,时间是最慢的;在作乐的人看来,时间是最快的；时间可以扩展到无穷大，也可以分割到无穷小；当时，谁都不重视，过后，谁都表示惋惜。没有时间，什么事都做不成；不值得后世纪念的，时间会把它冲走，而凡属伟大的，时间则把它们凝固起来，永垂不朽。"

时间有限，生命有限。我们所能做的就是在有限的时间和生命里充分利用每一分钟，决不拖延，以达到单位时间所能发挥的最大功效。

把握生命中的每一分钟，哪怕只是一分钟的积累，在达到一定的量之后将发生质的飞跃。

有的人不聪明但是他却把自己的每一分钟时间都安排得十分充实，利用到最大的限度，所以他成功；而有的人十分聪明，却总是企图用小聪明来替代别人的努力，这样的人只会失败。

西点十分强调行动的作用。停留在想法的阶段永远不可能有所成就，只有立即行动才能获得成功。1973年，布雷德利·李获得塞耶奖时发表演讲，就反复要求西点学员学会实在地行动，善于听取意见。

卡罗·道恩斯原来是一名普通的银行职员，后来受聘于一家汽车公司。工作了6个月之后，他想试试是否有提升的机会，于是直接写信向老板杜兰特毛遂自荐。老板给他的答复是："任命你负责监督新厂机器设备的安装工作，但不保证加薪。"

道恩斯没有受过任何工程方面的训练，根本看不懂图纸。但是，他不愿意放弃任何机会。于是，他发挥自己的领导才能，自己花钱找到一些专业技术人员完成了安装工作，并且提前了一个星期。结果，他不仅获得了提升，薪水也增加了 10 倍。

"我知道你看不懂图纸，"老板后来对他说，"如果你随便找一个理由推掉这项工作，我可能会让你走。"

立即行动，而不是寻找任何的借口逃避，这样的人才能最终赢得胜利女神的垂青。

洛克菲勒曾说："不要等待奇迹发生才开始实践你的梦想。今天就开始行动！"

除非你开始行动，否则你到不了任何地方，达不到任何目标。赶快行动，否则今日很快就会变成昨日。 如果不想悔恨，就赶快行动。 行动是消除焦虑的良方。 崇尚行动的人从来不知道烦恼为何物，此时此刻是做任何事情的最佳时刻。

有机会不去行动，就永远不能创造有意义的人生，因为"人生不在于有什么，而在于做什么"。 行动胜于高谈阔论，成功是经过思索的行动的结果。

若想在秋天收获粮食，至少需要在春天播种；若想欣赏远山的风景，至少要爬上山顶。 生命中的每一天都需要我们立即行动，无论你的人生路上遇到什么艰难，只要你今天就开始行动，并且坚持不懈，就能渡过人生的难关。

现在就开始行动，立即行动，朝着目标大步迈进！今天就是行动的那一天！

【西点寄语】

有机会不去行动，就永远不能创造有意义的人生，因为"人生不在于有什么，而在于做什么"。行动胜于高谈阔论，成功是经过思索的行动的结果。

做一个追求结果的人

　　任务与结果的差别,是很多企业的心病。有时候并不是员工不尽力,大家似乎都在努力地工作,但企业却达不到预期的结果,销售量下降,质量波动,人心浮动,没有业绩。同样,这也是员工的疑惑:我这么努力,"圆满"完成了任务,为什么老板还是不满意呢?

　　问题的关键就在于我们没有把重点放在结果上,被完成任务所迷惑。其实在大多数情况下,对于我们想要的结果,不是办不到,而是因为我们没有执着地办到。如果我们每一个员工都抱着不达到自己想要的结果就誓不罢休的心态,何愁产品质量上不去?产品质量好了,何愁销路打不开?有了好的产品和广阔的销路,再加上后期服务的及时跟踪,企业的结果一定是令人满意的。

　　做一个追求结果的人,是一个人认真负责的突出表现。对于结果的追求,必须是一定要做到,而不能想一想了事。

　　我们来听听冯宇的故事:

　　　　冯宇到一家中美合资的制药公司担任销售员。在那里,他亲身感受到了美国企业是如何要求员工去追求结果、对结果负责的。

　　　　在一个小型的会议上,一位经理问科长:"我们在上海的市场开发工作做好了吗?"

　　　　科长说:"都做好了。医药公司已经同意进货,医院以及药剂科也同意买药,对医生和护士都进行了培训,他们愿意用我们的新药品。"

经理又问:"那为什么这些药还在我们的仓库里?"

科长说:"那是因为北京火车站没有车皮把我们的药物运往上海,我也没有办法。"

经理听了,立即拍案而起:"只要药没有到患者手里,就是你的事情。你必须解决。"

于是科长对冯宇说:"咱们现在到北京铁路局去调车皮。"

冯宇想:铁路局又不是我们开的,哪能那么容易,想调就能调的。

科长似乎看出冯宇的心思,于是说:"经理说得对,只要药品还没到患者手中,就是我们没有完成工作。我们去争取吧!"

后来,经过他们和铁路局的协商,车皮终于安排好了,药很快被运往了上海。

通过这件事情,冯宇明白了:什么叫追求结果,真正对结果负责。

"人人各司其职,追求结果,对结果负责,重视事实与数据。"这也是戴尔企业文化之一。

微软公司的价值观中也有这样一条:信守对客户、投资人、合作伙伴和雇员的承诺,对结果负责。

在莱特的许多作品中,最杰出的也许要算坐落在日本东京的帝国饭店。这座建筑物使他名列当代世界一流建筑师之中。1916年,日本小仓公爵率领一批随员代表日本政府前往美国，礼聘莱特建一座不畏地震的建筑。莱特随团赴日，将各种问题实地考察了一番，发现日本的地震是继剧震而来的波状运动，于是断定许多建筑物之所以倒塌，实际上是因为地基过深、地基过厚。地基过深、过厚，会随着地壳移动，建筑物势必坍塌下来。

他决定将地基筑得很浅，使之浮在泥海上面，从而使地震无从肆虐。

莱特决定尽量利用那层深仅8K的土壤。他所设计的地基系由许多水泥柱组成，柱子穿透土壤栖息在泥海上面。可是这种地基究竟能不能支撑偌大一座建筑物呢？莱特花费了一整年的工夫在地面遍击洞孔从事实验。他将长度八尺、直径八寸的竹竿插进土里，随即很快抽出来以防地下水冒出，然后注入水泥，他在这种水泥柱上压以铸铁，测验它能承担的重量。根据帝国饭店的预计总重量，他算出地基所需要的水泥柱数。在各种数据准确的情况下，大厦动工了。筑墙所用的砖也是经过他亲自设计的，厚度较常加倍。1920年，帝国饭店正式完工，莱特回到美国。

3年之后，一次举世震撼的大地震突袭东京和横滨。当时莱特正在洛杉矶建造一批水泥住宅，闻讯坐卧不宁，等待着关于帝国饭店的消息。

一连数日毫无消息。到了某天凌晨3点，莱特的寓所里电话铃声狂鸣。"喂，你是莱特吗？"听话筒内传来一阵令人沮丧的声音，"我是洛杉矶检验报的记者，我们接到消息说帝国饭店已经被地震毁了。"

数秒之后，莱特坚定地回答："你若把消息发出去，你肯定要声明更正。"

一小时之后，小仓公爵拍来了一封电报："帝国饭店安然无恙，从此成为阁下的天才纪念品。"帝国饭店在整个灾区中竟是唯一一座未受损害的房屋，成了千万灾民的避难所。

小仓公爵的贺电顷刻间传遍全球，莱特成了妇孺皆知的名流。

莱特正是一个敢于负责任、勇于追求结果的人。他用结果证明自己是一个非常负责任的人。可以说，一个卓越的人，一定是一个负责任的人。他关注于结果，追求结果，并想尽一切办法去获得结果。

一个人的成长，需要这种追求结果，对结果永不放弃的精神。只有所有的人对结果不是想要，而是一定要的时候，才能得到终极的结果。

【西点寄语】
一个人的成长，需要这种追求结果，对结果永不放弃的精神。只有所有的人对结果不是想要，而是一定要的时候，才能得到终极的结果。

甘于做别人不愿意做的事

我们知道，重视细节是西点军校的一个重要理念，在西点人看来，无论多么平凡的事情，只要从头至尾彻底做成功，便是大事。这的确是至理名言。我们大部分人都是平凡人，但只要我们抱着一颗平常心，踏实肯干，有水滴石穿的耐力，我们获得成功的机会，肯定不比那些天赋优异的人少到哪里去。

美国已逝的总统罗斯福曾说过：成功的平凡人并非天才，他资质平平，但却能把平平的资质，用以发展成为超乎平常的事业。

有一位老教授说起过他的经历：

在我多年来的教学实践中，发觉有许多在校时资质平凡的学生，他们的成绩大多在中等或中等偏下，没有特殊的天分，有的只是安分守己的诚实性格。这些孩子走上社会参加工作，不爱出风头，默默地奉献。他们平凡无奇，毕业后，老师同学都不太记得他们的名字和长相。但毕业后几年、十几年中，他们却带着成功的事业回来看老师，而那些原本看来有美好前程的孩子，却一事无成。这是怎么回事？

我常与同事一起琢磨，认为成功与在校成绩并没有什么必然的联系，但和踏实的性格密切相关。平凡的人比较务实，比较能自律，所以许多机会落在这种人身上。平凡的人如果加上勤能补拙的特质，成功之门必定会向他大方地敞开。

一个人如果有了脚踏实地的工作作风，具有不断学习的自我努力性，并积极为一技之长下功夫，那么成功就会变得容易起来。一个肯不断扩充自己能力的人，总有一颗热忱的心，他们甘做凡人小事，肯干肯学，多方面向人求教；他们出头较晚，却在各种不同职位上增长了见识，扩充了能力，学到许多不同的知识。

有这样一位年轻人，他总是被公司当作替补队员，哪儿缺人手就被调到哪儿，自己的能力无法正常发挥。这位年轻人沮丧地向他的同学,现在已是一家公司的人力资源部经理诉苦道:"这样值得继续干下去吗?我觉得自己的专长无法发挥出来。"昔日同学很认真地告诉他:"你经常被调到不同岗位磨炼,是辛苦的,但只要你努力肯学,应该也能胜任,否则你的公司不会做这样的调度。现在,你在工作中的表现第一是努力,第二是努力,第三还是努力,那么过不了多久,公司员工之中磨炼最多的是你,能为公司贡献才智的也是你,你应该有这种认识。"最后,同学又口授他一条成功秘诀:肯干就是成功,患得患失,拈轻怕重,就会失去成长的机会。受苦是成功与快乐的必经历程。这位先生干下去了,他干得很起劲,一年后,他终于成为公司中最耀眼的新星。

肯干肯学的人,必然博学多闻,这样的人总有机会去敲他的门。即使是一位资质平平的人,也能跃上龙门。

肯干还要能干;能吃苦还要会吃苦;要热爱工作,还要享受工作。肯干、能吃苦和热爱工作已是20世纪五六十年代的观念;而能干、会吃苦和享受工作则是新经济形势赋予我们的理念。

人才是磨炼出来的,人的生命具有无限的韧性和耐力,只要你始终如一地脚踏实地做下去,无论在怎样的处境,无论大事或小事,都不放松自我,不自暴自弃,你便可以创造出令自己和他人都震惊的成就。

【西点寄语】

人才是磨炼出来的,人的生命具有无限的韧性和耐力,只要你始终如一地脚踏实地做下去,无论在怎样的处境,无论大事或小事,都不放松自我,不自暴自弃,你便可以创造出令自己和他人都震惊的成就。

第三章　有必胜的信念才有胜利的结果

用坚定的信念创造奇迹

坚定的信念来自充分的自信和对事物的正确判断，信念可以创造奇迹，变不可能为可能。作为企业的领导人，一定要有坚定的信念。这种信念表现在你的精神上和行动上，并且时时刻刻影响着公司中的每一个成员。

法兰克·波曼说，信念就是西点军校的组织秘密。这也是一切伟大团队的组织秘密。

是什么样的力量塑造了西点军校这个卓越的组织？是什么样的力量塑造了无坚不摧的战斗力？法兰克·波曼认为最主要的是强大的精神力量。西点善于激发学员的精神力量，西点比一般大学更重视思想教育，这些教育主要体现在爱国教育、忠诚教育、荣誉教育。

麦克阿瑟在担任西点校长期间，他清楚地阐述了西点的信仰："很多都是西点所培养的伟大的将领，肩负着战争时期的国家命运。这些穿着灰色制服的士兵，从来未辜负过美国人民的希望。如果你们辜负了人们的希望，马上就会有上百万的军魂，身着草棕色、蓝色、黄色和灰色制服的军魂，从白色十字架下翻身起来，面对你们会一齐高呼'责任、荣誉、国家'。"

西点军校要求教员们很注意在平时的训练中对学员强化"爱国

的伟大情感""为国家利益做出巨大贡献"之类的信念,为了激发学员的爱国热情,从而激发信念的力量。

法兰克·波曼认为,信念是一切重要问题中最为重要的。因为信念告诉人们一个组织为什么要存在、为什么要发展。信念给予组织存在的意义,就是给予组织的方向。对企业也如此,信念是一种道路,没有信念的企业,一定没有战略。

伟大的组织是信念的物化,领导人是信念的奉行者与推行者。二战期间,美国军方向惠普公司订一大笔货。可是惠普公司的高层深思熟虑之后,仅仅接受了这笔订单的一部分。因为惠普公司的理念就是尊重员工,接受一个很大的订单就要招聘很多人,然而战争之后又要辞退这些员工,因此送上门的钱也不能要。正是这种信念,使惠普公司得以不断地发展。

惠普公司的创始人比尔·休利特说,正像一个人活着只是为了吃饭那样,公司并非只是为了利润而生存。回忆他的一生的时候,他最感到自豪的事情并非创建了一个进入全球500强的巨人公司,而是用一种价值观和做事方法对全球的企业管理方式带来深远影响。

休利特如此说道:"我尤其骄傲的是,留下一个能够不断地经营、能够在我百年以后永久作为典范的组织。"

惠普公司为什么并未把利润视为公司的信念?道理非常简单,如果一个人纯粹以物质为动力,那么这个人只要有充足的生活来源,就会迅速地失去前进的动力;同样,若一个企业纯粹以利润为动力,那么在企业内部为利益斗争所累的同时,还会造就出一心谋私利的员工,这样,塑造企业的文化会使这个企业变成一个利欲熏心、利尽则散的企业。这些企业可能在硬件上能够迅速地赶上并超越一些卓越者,然而精神、价值观等无形的东西永远无法真正像宗教那样深入每一个员工的心灵，让他们以宗教般虔诚的心态来制造、研究和创新。

有时候做什么事情，就是信念。从心理学的角度来看，信念指的是一个人对于自己生活中所遵循的原则和理想的深刻而稳固的信仰。信念就像指南针和地图，指引着人们要达到的目标。一个没有信念、意志不坚强的人，就如同缺少马达和航舵的小汽艇，无法前进一步。因此，人生必须要有信念来引导。当一个人具有坚定的信念，具有钢铁般的意志时，他就能战胜一切困难。

心理学研究表明：信念通常是同炽烈、执着的情感和顽强的意志融合在一起的。因此，具有坚定信念的人，总能创造出各种各样的奇迹。

罗伯特·麦克纳马拉是个信念坚定的企业领导人，他的外表看起来虽然显得很严峻，但他的骨子里透出一种执着的精神。他从来不相信感觉做事，他只凭借信念来完成自己的使命。正是凭借着这种执着的精神，他为福特公司的发展立下了汗马功劳。

二战时期，麦克纳马拉曾在西点军校授过课，后来参军加入桑顿领导的美军陆军航空队统计管制处。二战结束以后，麦克纳马拉受福特公司年轻的总裁亨利·福特二世的邀请，整顿这家曾在世界汽车行业享有霸主地位——当时却陷入破产地步的公司。

麦克纳马拉在福特公司做过15年的高管，最后成为该公司总裁。他把自己严谨的理性分析注入福特公司庞大的官僚体制中，强调用数字和事实来说话，从而使福特公司实现了惊天的大逆转。

麦克纳马拉在企业管理中始终抱着强烈的社会责任感。与很多美国汽车行业的高管不太一样，他最早便提出"安全第一"的理念。

20世纪50年代，他就认识到汽车行业的安全问题。他注意到康奈尔大学的约翰·莫尔主持的一个车祸伤亡研究计划，其中谈及，1956年，美国因为车祸而丧生的人数达到4万之多，受伤人数150万。而15岁至24岁的美国公民死亡原因第一位就是车祸；25岁至29岁的死亡原因，车祸占第二位。麦克纳马拉跟着桑顿为陆军航空队效命时，曾经委托康奈尔大学研究飞机的安全问题，来改进飞行人员的安全措施。然而康奈尔大学进行调查后，却发现飞行员最主要的死亡原因不是飞机事故，而是车祸。

麦克纳马拉对此感到很痛心，当上福特公司总裁之后下决心要解决这个问题。但是，当时美国汽车行业对于车祸问题大多数持冷漠态度，很多汽车生产厂商不希望人们认识到车祸这个问题，也不认为他们对此有任何责任。但麦克纳马拉并不这么认为，他相信在安全问题上能够改变一些市场规则，并为这一改变而努力。他要求营销人员推动一系列的福特汽车安全广告，这在当时美国汽车之都——底特律是前所未有的。可是当时不少的人对麦克纳马拉这一行动持着质疑的态度，甚至福特公司内部也有人怀疑，比如福特公司董事长亨利·福特自己就喜欢开快车。但麦克纳马拉仍然将公司出厂的汽车都装上了安全带。于是他的安全带受到了来自很多方面的误解和攻击。他们说："麦克纳马拉卖的是安全，通用汽车公司卖的才是汽车。"然而麦克纳马拉并不妥协,凭借对大众的那份责任感而坚守自己的信念。

麦克纳马拉最终说动了亨利·福特支持他这项努力,于是福特公司以后推出的车型均安装了加衬垫的仪表板和更安全的方向盘,并率先配备了安全带。

安装了安全带的福特汽车,证明了那些竞争对手的攻击是非常错误的。当时的统计资料证明麦克纳马拉的主张完全是正确的,并且也证实了他的承诺:利润和社会责任两者能兼顾。在统计资料中显示这么一个例子:一位驾驶员在美国西海岸公路上翻车,他开的是一部福特公司生产的汽车,速度达到120公里,可是因为系了安全带,使得他毫发无损。

后来麦克纳马拉回忆说:"当时汽车行业的普遍观点是,若谈到汽车安全问题,一定会吓坏大众。对一个公司领导人来说,坚持自己的信念是非常重要的。公司领导人是带着使命感要为公司创造利润,同时也要完成某种社会价值的。假如一个公司领导人头脑中光想的是利润,那么他是不会成功的。一个有信念的公司领导人只有为社会创造财富,为自己的国家发展做出贡献时,才能真正成功。"

在那段时间里,不管多困难,麦克纳马拉依然坚持自己的信念继续走了下去,坚忍执着的麦克纳马拉成功了。也正是麦克纳马拉坚持"安全第一"的理念,从而为福特汽车创造了巨大的收益。

这个案例告诉我们:要塑造一家有灵魂的公司,首先要求公司领导人是有信念、有追求的人。 公司的灵魂就来源于领导人的信念和追求,要将它提炼为公司的理念。 这是十分痛苦的过程,但一旦形成,她是很有生命力的。 这就是信念的力量。

信念就是一种深层的内在激励,没有任何一种激励能够替代它。 当一个人经常生活在自我贬抑的混沌之中,如果他忽然有了自信、热情以及神圣的历史感,那么,他就感觉到光明和热量。此时,他已经开始减退并超越了自我的私念,乐意为了一个更伟大的、超越个人的事业去奉献。

成功者之所以成功,就在于他们有坚定的信念,成功的军事家是如此,成功的企业家也是如此,成功的男人更是如此! 领导者是企业信念的支撑,如果领导者没有强大的信念,团队就不会有信念;一个没有信念的领导者带领一个没有信念的团队,结果不言而喻,更谈不上做事的态度;一个没有信念的男人注定一生失败。

【西点寄语】

成功者之所以成功,就在于他们有坚定的信念,成功的军事家是如此,成功的企业家也是如此,成功的男人更是如此! 领导者是企业信念的支撑,如果领导者没有强大的信念,团队就不会有信念;一个没有信念的领导者带领一个没有信念的团队,结果不言而喻,更谈不上做事的态度;一个没有信念的男人注定一生失败。

远大的理想激发无限潜能

多年以来,美国陆军的新兵招募口号就是:"实现你全部的潜能(Be all you can be)。"而西点军校的招生口号则是:"我们将不断地挑战和磨炼你,促使你努力成为一个全面发展的领袖人物。"

西点的学生冲着这些口号而来就已经意味着,他们理想远大,旨在成为一个全面发展的人才,一位经受得住挑战的领袖人物。

可以说,人类社会就是由理想的不断实现推动向前的,先有理想才有理想的实现。

一百多年前,一位穷苦的牧羊人带着两个幼小的儿子替别人放羊。

有一天,他们赶着羊群来到一座山坡上,一群大雁鸣叫着从天空飞过,很快消失在远方。

牧羊人的小儿子问父亲:"大雁要飞到哪里去呢?"

牧羊人说:"它们要去一个温暖的地方,在那里安家,度过寒冷的冬天。"

大儿子眨着眼睛羡慕地说:"要是我们也能像大雁那样飞起来就好了。"

小儿子也说:"要是能做一只会飞的大雁,那该有多好啊!"

牧羊人沉默了一会儿,然后对两个儿子说:"只要你们想,你们也能飞起来。"

两个儿子试了试,都没能飞起来,他们用怀疑的眼神看着父亲。牧羊人说:"让我飞给你们看。"于是他张开双臂,学着大雁的样子,但也没能飞起来。可是,牧羊人肯定地说:"我因为年纪大了才飞不起来,而你们年纪还小,只要不断努力,将来一定能飞起来,到那时,你们就可以去任何想去的地方。"

两个儿子牢牢记住了父亲的话,并一直不懈地努力着。

等到他们长大——哥哥36岁,弟弟32岁的时候——两人果真飞起来了,因为他们发明了飞机。

牧羊人的这两个儿子,就是美国著名的莱特兄弟。

在遥远的年代,如果谁提出想要飞起来,必定会被众人无情嘲讽,觉得他"脑子有问题"。但莱特兄弟却并不因为这个理想的"空洞"而停止了继续探索的脚步,他们从结构简单的玩具飞机开始,凭着自己的幻想制作出了可以飞翔的笨拙机器,并且不断改良革新,在思考中不断完善自己的作品,最终实现了"展翅翱翔"的宏伟壮志,成为人类飞行的先驱。

人若没有理想,就像鸟儿没有翅膀,不能飞翔。在我们的周围,经常会听到这样一句话:"我想都不敢想。"试问,如果连想都不敢,你会去做吗?而如果你不去做,你能得到什么好的结果吗?

敢想,才有化梦幻为实际的可能;如果连想都不敢想,或者没想到,那人类怎么来实现不断进步、不断发展的历史进程呢?

因为渴望能快速地在各地之间传送信息,所以电报被发明了,无线电被发明了,电话也被发明了,即使相隔千里,即使在一望无垠的汪洋上,我们都可以进行交流。

在蒸汽机、柴油机等动力装置被发明之前,人类的许多运输或是农活都是依靠牲口来完成的。要出行我们骑马,要送货我们用驴,要拉磨我们还有骡子,但是人类始终没有放弃过探寻更快更省力的机器。瓦特因为偶尔看到蒸气顶开水壶盖而得到灵感,从而发明了蒸汽机。或许这是偶然,但是从古至今那么多的人看到了这个现象,发明了蒸汽机的却只有瓦特一个,不能不说这也是因为瓦特敢于去想,敢于把理想变成现实才帮助他发明了这台改变人类命运的机器。

像这样的已经被实现的人类理想有很多，但是仍然等待被实现的理想也还有很多。人类社会依靠着少数理想家的理想和实践才能够向前行。人类因为有了理想才有了希望，才有了前进的动力。

达尔文出生在英国的施鲁斯伯里。祖父和父亲都是当地的名医，家里希望他将来继承祖业，16岁时便被父亲送到爱丁堡大学学医。

但达尔文从小就热爱大自然，尤其喜欢打猎、采集矿物和动植物标本。进到医学院后，他仍然经常到野外采集动植物标本。父亲认为他"游手好闲""不务正业"，一怒之下，于1828年又送他到剑桥大学，改学神学，希望他将来成为一个"尊贵的牧师"。

但是达尔文对神学院十分厌烦，他的理想仍然是成为一名科学家。他把大部分时间用在听自然科学讲座，自学大量的自然科学书籍，热心于收集甲虫等动植物标本，对神秘的大自然充满了浓厚的兴趣。

为此他不断遭到父亲的斥责："你放着正经事不干，整天只管打猎、捉耗子，将来怎么办？"父亲认为他所做的研究都是在整天玩乐，在做毫无前途的研究。甚至在小时候，所有的老师和长辈都认为达尔文资质平庸，与聪明是沾不上边的。

但就是这个被认为资质平庸的达尔文，凭借自己对自然科学的一腔热情和坚忍不拔的研究精神，最后写成了《物种起源》，成就了自己的"进化论"，成为举世闻名的自然科学家。

人们因渴望而有了理想，因理想而有了信念，因信念而发生了奇迹。曾经是人类的做梦一般的理想，也曾经被许多人嘲笑为不可能的事情，但是它们现在都实实在在存在于我们的生活中了。

西点人尊重理想，他们甚至把理想比喻为人生航船的舵，而信念是船上的帆。在西点的教育中也包含着理想的教育，每个学员都必须有自己的理想，并矢志为此而奋斗。

一个漆黑、凉爽的夜晚，坦桑尼亚的奥运马拉松选手艾克瓦里吃力地跑进了奥运体育场，他是最后一名抵达终点的选手。

这场比赛的优胜者早就领了奖杯，庆祝胜利的典礼也早就结束，因此艾克瓦里一个人孤零零地抵达体育场时，整个体育场已经几乎空无一人。艾克瓦里的双腿沾满血污，绑着绷带，他努力地绕完体育场一圈，跑到了终点。在体育场的一个角落，享誉国际的纪录片制作人格林斯潘远远看着这一切。接着，在好奇心的驱使下，格林斯潘走了过去，问艾克瓦里，为什么这么累还要跑至终点。

这位来自坦桑尼亚的年轻人轻喘着气回答道："我的国家从两万多公里之外送我来这里，不是叫我在这场比赛中起跑的，而是派我来完成这场比赛的。"

虽然艾克瓦里是整个赛事的最后一名，虽然没有观众、鲜花和掌声迎接他跑到终点,但他无疑也是一个胜利者。支撑他跑到终点的是他的荣誉感和他对理想的坚持。任何一个体育弱国的强盛离不开这样一些坚持理想,并且因为理想而焕发潜能的先行者。我们国家也曾经有几个选手漂洋过海参加奥运,在奥运会上也曾经很多年没有斩获,但是却能够在2008年获得奥运金牌榜第一名,这样的成就同样是由一批又一批拥有远大理想的运动员所铸就的。

无论现在的境况如何,每个人都可以展望自己的未来,只要明天还没有来到,你就永远可以为了明天能达成理想而奋斗不止。

一个20岁以下的男孩,还未经历世事的磨炼,如果就已经胸无大志,那无疑是可怕的。因为没有人生的目标,他可能会碌碌无为甚至糊涂地度过一生。人不能没有理想,一旦失去理想,人便失去了斗志,精神变得萎靡,那就不可能再取得任何的进步。

雄鹰不是在最初就拥有了强健的翅膀,是因为它们拥有了强烈的向上的愿望,才生长出了翅膀。最后,经过千万年的演变进化,才发展成我们现在所看到的雄鹰,拥有强健的双翼,双翼两端之间的距离足有两米长。只有拥有这样强烈的向上的愿望,才能拥有如此强健的双翼;只有拥有了这样强健的双翼,雄鹰才能飞得更高更远。

一个人不能没有目标,失去了目标,理想就找不到一个固定的落点,心灵因找不到一个确定的目标而变得盲目。

爱默生曾经告诫我们:"把你的人生之车系在遥远的星辰上。"这不是说一个人的理想定得越高越好,而是说人生的目标要像星辰一样,永远那样清晰、明亮,闪耀在头顶的上空。它将引导我们不断前进,提升我们的人生境界。

哈佛大学曾就"目标对人生有着怎样的影响"这个问题做过一

项跟踪调查，调查对象是一群智力、学历、环境等条件相差不多的年轻人。 调查结果显示：

3％的人有自己清晰的长远目标；

10％的人有清晰但比较短期的目标；

60％的人只有一些模糊的目标；

27％的人没有目标。

25年后，哈佛大学再次对这一群人进行了跟踪调查，结果是这样的：

那3％的人几乎都成了社会各界的精英、行业领袖。

那10％的人也都是各专业领域的成功人士，生活在社会的中高层，事业有成。

那60％的人基本上属于社会大众群体，生活在社会中下层，事业平平。

那27％的人过得很不如意，工作不安定，常常抱怨社会、抱怨政府、怨天尤人。

没有目标的人生是相当可怕的。 当你的人生失去了目标，你的生活就会渐渐地失去生机，你的能力便会逐渐退化，你的斗志会慢慢被消磨，你的精神会逐渐萎靡。

就如同种地一样。 如果我们埋下的是一块石头，那它只会根据重力和引力定律静静地躺在地里，假如没有人挖掘，就永远埋藏在土里；如果我们埋下的是一颗植物的种子，那它会冲破重力，顶破泥土，向上生长。 因为种子里有一股奇特的力量，它抗拒着大自然的重力和地球的引力，凭借着顽强的生命力不断向上。 就仿佛天上的星辰才是它的终点，它要不断向上生长。

亲爱的男孩们，想一想，自己是否能够达成父母的期望，如何才能发挥自己的优点和能力。 想想10年后的自己在哪里，做些什么，距离理想还有多远。

理想就在你的前方，无限的潜能等待被开发。多读一些有益的书籍，多交一些和你有共同理想的朋友，多了解一些曾经为自己的理想奋斗并取得了成功的人的事迹，这些都将对你有所帮助。

理想的背后永远存在着现实，但我们的理想是上帝赐予我们的珍贵礼物，让我们从无知走向文明，从愚昧走向神圣，从平凡走向高尚。这样的一件礼物请你务必珍藏好。

【西点寄语】

无论现在的境况如何，每个人都可以展望自己的未来，只要明天还没有来到，你就永远可以为了明天能达成理想而奋斗不止。

战胜不了别人，至少也要战胜自己

虽然西点军校与哈佛大学、耶鲁大学、哥伦比亚大学一样，被列为最难考入的大学之一，但"西点状元"桂冠也曾经两度被华裔学员摘走。

2006年5月27日，在西点军校的毕业典礼上，美国总统小布什亲自为本年度的西点女状元——21岁的华裔姑娘刘洁颁奖。在本届毕业生中，只有平均成绩排名前5%的学员才有资格接受总统亲手颁发的毕业证书。而优秀者中的最优秀者是西点军校有史以来第一位华裔女状元——刘洁。在现场所有人的注视中，21岁的刘洁迈着军人特有的沉稳步伐走上主席台，向布什总统行标准礼，然后从他手中接过了毕业证书。这个场景，吸引了全世界华人的目光。

刘洁的外曾祖父刘峙是参加过抗日战争的著名将领，祖父刘寿森也是一位将军，将门出虎女，刘洁身上很早就显露出将门遗风。刘洁一家居住在弗吉尼亚州。从小，刘洁就比两个哥哥争强好胜。她非常喜欢踢足球。人们经常看见小刘洁像小鹿一样满场飞奔，和男孩们针锋相对、激烈拼抢。她不喜欢洋娃娃，却对玩具枪情有独钟。花裙子在她眼里也远远不如野战迷彩服漂亮。

5岁时，父母带着刘洁参观军舰。一踏上舰艇，她就学着肃立敬礼的士兵，一本正经地跟着敬个礼，俨然像个小海军。参观军事纪念馆时，她着迷地看着那些陈列的军装、军徽、勋章等，任父母怎么催也不肯挪动半步。美国的孩子都要参加童子军，小刘洁发现女童子军都是做手工、参观博物馆，一点也打不起精神。相反，她却对男童子军的野营露宿羡慕不已。

升入高中后，刘洁的学习成绩非常优秀，曾多次获得学校的嘉奖。此外，刘洁的体育成绩也很出色。在一次主题为"模拟作为美国联邦储备委员会主席格林斯潘的助手并提出工作建议"的活动中，刘洁所在的小组荣获了全国第一名的好成绩。花旗银行也为此特别给他们颁发了3万美元的奖学金。

高中二年级时，刘洁就收到了西点军校的录取通知书。在选择大学的问题上，刘洁和父母之间爆发了一场"战争"。父母坚决反对刘洁去西点军校受苦。他们觉得刘洁是女生，单从体能上来说，西点军校的严酷训练不是一般人所能承受的,更何况是女孩!再说舞刀弄枪也不是女孩该做的事。父母希望女儿学习理工科,将来安安稳稳地做学问、搞科研,但刘洁心里已经暗暗打定了主意——一定要上西点军校!

要想真正跨进西点军校,光有录取通知书是不够的,还必须有州参议员的推荐信和体检合格证明。对平时就爱运动的刘洁来说,体检不是问题。但怎样才能拿到参议员的推荐信呢?父母本来就不赞成她去上军校,所以根本不会帮忙去争取。这下得完全靠刘洁自己想办法了。不管有多大困难,刘洁发誓不达目的绝不罢休。于是,还在上高中的她就自己去查资料,寻找联系参议员的方法渠道。刘洁一个人到州里索取申请表、填写理由、表明意志。最终,刘洁的名字被排在推荐信的第一优先位置。这意味着,除非她自己放弃,不然没有人能从她手中夺走这个机会。刘洁最终说服了家人,带着自信的微笑跨进了西点军校的大门。

作为新学员,女孩也没有任何优待。刘洁入学后,首先要接受3个月的封闭式"魔鬼训练",也就是"兽营"。刘洁和男学员一起摸爬滚打,接受高强度的体能训练。实在想家了,她就睡前趴在床上,打着手电筒给父母写封短信,以解思念之情。

军校纪律和"魔鬼训练"的严格对刘洁来说并不是最难忍受的,学长的"刁难"才是最残酷的考验。这是西点军校的"习俗"——只要学长愿意,任何东西都可以成为发难的理由:即使家人或朋友寄来的信封颜色稍鲜艳一点或邮票花哨一点,都可能引来一场体罚。刘洁为这吃了不少苦头。

一次,刘洁的好朋友给她寄来一盒饼干,想慰劳一下这个"受苦"的朋友。不料被教官发现了,教官当场下令严惩刘洁——一块饼干做10个俯卧撑。刘洁被这个惩罚累惨了,她一口气做了上百个俯卧撑,几乎"瘫痪"。幸亏排长先帮她吃掉了半盒饼干,不然后果不堪设想。通过这些惩罚,刘洁逐渐感悟到:所有严酷的纪律和看似不合理的规定,其实都是要训练军人的服从能力,服从是无条件的。

艰苦的一年级军校生活过去了,刘洁咬紧牙关挺过来了。二年级时,刘洁开始负责带一名新生,到三年级则负责带领一个班、一个排,甚至更大的队伍——刘洁感觉到军校的生活越来越得心应手,她已经完全适应了西点军校的一切。

刘洁在学习中勤奋刻苦,成绩一直名列前茅。在西点军校表扬优秀毕业生的颁奖典礼上,刘洁共获得7个学业成绩优异、表现杰出的奖项,她还作为毕业生代表,向包括布什总统在内的所有来宾致辞。

毕业典礼终于到来了,当毕业生一起把白色军帽抛向天空的时候,刘洁知道她已经完成了人生旅途上的一个重要阶段。对于未来,刘洁希望可以回到西点军校执教,把自己在母校中学到的东西传授给一批又一批新来的学员。

2008年5月31日,在西点军校举行的毕业典礼上,又一名华裔状元从西点军校里走出。他就是来自伊利诺伊州德瑞恩市的美籍华裔男生杨亦周。在全校973名应届毕业生中,杨亦周脱颖而出,他不仅是毕业生中综合成绩的第一名,而且是西点军校建校200多年来,首位综合成绩第一名的华裔学员。

杨亦周在5岁半时就随父母从云南昆明来到了美国，虽然从小在美国长大，杨亦周却对中国有着深深的眷恋之情："我的外公和奶奶还住在中国，我是一个中国人，不能忘记中国的历史和文化，因为我们的根在那里！"

22岁的杨亦周戴着一副高度近视眼镜，他个子不高，却精神抖擞。杨亦周的妈妈希望儿子长大后可以继承她的事业，去做一名医生。然而，杨亦周却喜欢上了军人这个职业，选择了西点军校。这也是他第一次违背父母的意愿，他说："我的父母是这个世界上唯一不会伤害我的两个人，我却伤害了他们，做出了上西点军校的决定。"

报考西点军校，除了高考，还必须通过体能测试。由于杨亦周自身的身体条件不太好，为了能够进入军校，一上高中他便开始勤奋地锻炼身体，他喜欢长跑、摔跤等运动，慢慢培养了自己的体育能力。高中毕业时，他第一次违背父母的意愿申请报名了西点军校，由于眼睛高度近视，杨亦周遭到了西点军校的拒绝。但他并没有因此而放弃，他写了一封言辞恳切的申请信，信中说："我很愿意为国家服务，这是我的心愿……"同时，他也试图说服西点军校相信，虽然是近视眼，却并不会妨碍他成为一名优秀的学员。最终，西点军校同意录取他。

西点军校的生活是紧张而充实的。周一到周五上课，周六、周日有时要参加训练。杨亦周和其他新学员一般早上6点就得起床锻炼身体，7点半开始上课。高年级的学员还要开会，晚上10点后才能真正有属于自己可以支配的时间。但回到宿舍还要做作业。学校规定晚上12点熄灯，那些没有完成作业的学员就只能打着手电继续写,直到做完才能睡觉。

在西点军校的第一、二年,杨亦周还辅修过中文。中文在西点军校是可以选修的课程。课程包括学初级汉语、中级汉语、中国文化、中国文学、新闻用语、军事用语等,杨亦周经常会看一些中国的报纸,比如《人民日报》之类,除了可以提高中文水平,还可以帮助他了解一下中国的政治、军事、人文。杨亦周很愿意学习中文,在家里他也跟父母说中文。此外,他还认为,华裔学生和其他族裔的学员相比,更能吃苦,他们在学习、锻炼、工作等各个方面也都非常出色。

杨亦周希望在意大利服役后,再找一所大学念研究生。他希望自己这一生都可以当一名军人。

刘洁和杨亦周是西点学员的一个缩影,他们勇争第一的决心值得我们学习,作为华裔状元,他们更是华人的骄傲。

在西点军校,不存在平级之间的调动。要么晋升要么出局,留下来的全都是积极进取的、成功的学员。不进步就是退步,所以他们没有松懈的时候,他们每时每刻都在尽自己最大的努力争取更优异的表现。

对每一个西点人来说,军衔意味着荣誉、能力和尊严。军衔是对自己能力的最直接的肯定。西点学员们非常了解自己在团队中所处的等级。通过军衔,学员们一眼便能看出他服役了多长时间,升到了什么职位。

军衔就像一个个会行走的成功标志牌。军官的袖口佩戴有袖条,每一杠表明4年的服役期;肩上佩有肩章,表明他们晋升到的级别。根据这些标志,很快就能断定他是在部队里不断获得晋升，还是即将退役。有时候，袖条的数量和肩章的数量不相符，说明这位军官被降了级，一条肩章被摘下了。这充分地证明了西点体制的公正性。被降级的军官所接受的惩罚是每个人都看得到的。当他的肩章恢复原样，所有的学员又会看到他被复职了。

一名西点学员应该力求晋升。如果他这一时期没有得到晋升，那就代表他在西点没有前途了。对西点学员来说，要晋升就要具备比别人预期更多更好的才能。如果一个学员只知道听命行事、唯唯诺诺或者漠不关心，就不会获得升迁。

所以，每当有新任务的时候，学员们明白，此刻正是他突破困难、大有作为、得到晋升的大好时机，必须抓住时机，充分表现，勇争第一。每个西点学员都知道——能不能升迁，并不是上司决定的，而是你自己的能力决定的。

在"勇争第一"的口号下，西点学员可以把重压变为动力，并能够在重压下取得成绩。西点军校人人都是管理者，人人都被管理。所以每个人都在争当榜样，争当第一。为实现目标，每个西点学员都必须靠积极的心态去生活，即使失败也要很快调整好自己，全力以赴地投入下一场战斗中去。其实，我们每个人也渴望争当第一，可面对现实却总喜欢找借口，认为我们自己不行，实力不够，那我们首先在勇气上就输给了对方。其实，争当第一没有什么不可能，从现在开始，让我们向西点军人看齐，挑战自己、改变自己，即使战胜不了别人，那至少也要学会战胜自己。

【西点寄语】

为实现目标，每个西点学员都必须靠积极的心态去生活，即使失败也要很快调整好自己，全力以赴地投入下一场战斗中去。

吃得苦中苦，方为人上人

"哈利·波特之母"J. K. 罗琳从小就热爱英国文学，热爱写作和讲故事，而且她从来没有放弃过写作。大学时，她主修法语。毕业后，她只身前往葡萄牙发展，随即和当地的一位记者坠入情网，并很快结了婚。

无奈的是，这段婚姻来得快去得也快。婚后，丈夫的本来面目暴露无遗，他殴打她，并不顾她的哀求将她赶出家门。

不久，罗琳便带着3个月大的女儿回到了英国，栖身于爱丁堡一间没有暖气的小公寓里。

丈夫离她而去，工作没有了，居无定所，身无分文，再加上嗷嗷待哺的女儿，罗琳一下子变得穷困潦倒。她不得不靠救济金生活，经常是女儿吃饱了，她还饿着肚子。

但是，家庭和事业的失败并没有打消罗琳写作的积极性，用她自己的话说："或许是为了完成多年的梦想，或许是为了排遣心中的不快，也或许是为了每晚能把自己编的故事讲给女儿听。"她成天不停地写呀写，有时为了省钱省电，她甚至待在咖啡馆里写上一天。

就这样，在女儿的哭叫声中，她的第一本《哈利·波特》诞生了，并创造了出版界的奇迹，相继被翻译成35种语言在115个国家和地区发行，引起了全世界的轰动。

说起罗琳成名的故事，几乎所有人都会惊为奇迹：是什么支撑着一个女人，在面临被丈夫抛弃、没有任何经济来源、居无定所，还要哺育女儿等困难的状况时仍然能够将写作这项事业坚持下来呢？是信念。

西点军校毕业生、曾任校长的道格拉斯·麦克阿瑟曾经说过："信念不坚定，难有大的作为。"

的确，信念可以给弱者以勇气，给气馁者以希望，给那些强者以更强大的力量。正如毕业于西点的美国陆军上将约瑟夫·T.麦克纳尼所说："有了信念，才不会有退让、逃避、惰性和放弃。"

艾尔弗莱德·沃登也曾这样说："一个有着坚定信念的人，胜过一百个只有兴趣的人。"

作为男孩，问一问自己：你是否也有着坚定的信念，是否也清楚地知道自己最终追逐的是什么。

男孩，是时候该建立自己坚定的信念了。当你的内心也有了一个清楚的方向，当你的内心也有了一个清晰的声音，你就能循着这个方向、这个声音坚定不移地走下去，并最终创造出属于你自己的奇迹。

【西点寄语】

一个有着坚定信念的人，胜过一百个只有兴趣的人。